教科書ガイド

啓林館 版

数学Ⅲ

TEXT BOOK GUIDE

文研出版

目次

第4章 積分法

第1節 不定積分

第2節 定積分

第3節 積分法の応用

巻末広場

第1章　数列の極限

第1節　無限数列

1　無限数列の極限

問1 次の数列 $\{a_n\}$ において，n を限りなく大きくするとき，第 n 項 a_n の値がどのようになるかを調べよ。

教科書 p.7

(1)　数列 $\dfrac{2}{2+1}$, $\dfrac{2}{4+1}$, $\dfrac{2}{6+1}$, ……, $\dfrac{2}{2n+1}$, ……

(2)　数列 $3+1$, $3-\dfrac{1}{2}$, $3+\dfrac{1}{4}$, ……, $3+\left(-\dfrac{1}{2}\right)^{n-1}$, ……

ガイド 項が限りなく続く数列

a_1, a_2, a_3, ……, a_n, ……

を**無限数列**といい，$\{a_n\}$ と表す。

今後，数列といえば，無限数列を意味するものとする。

解答 (1)　数列 $\dfrac{2}{2+1}$, $\dfrac{2}{4+1}$, $\dfrac{2}{6+1}$, ……, $\dfrac{2}{2n+1}$, ……

では，n を限りなく大きくするとき，$2n+1$ の値は限りなく大きくなるから，$\dfrac{2}{2n+1}$ の値は0に限りなく近づく。

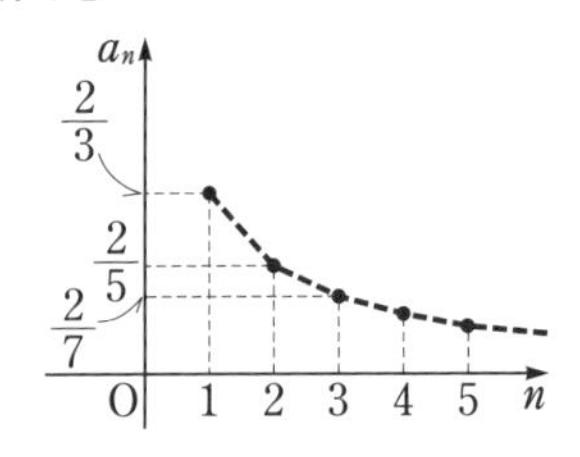

よって，a_n は**0に限りなく近づく**。

(2)　数列 $3+1$, $3-\dfrac{1}{2}$, $3+\dfrac{1}{4}$, ……, $3+\left(-\dfrac{1}{2}\right)^{n-1}$, ……

では，n を限りなく大きくするとき，$\left(-\dfrac{1}{2}\right)^{n-1}$ の値は0に限りなく近づくから，$3+\left(-\dfrac{1}{2}\right)^{n-1}$ の値は3に限りなく近づく。

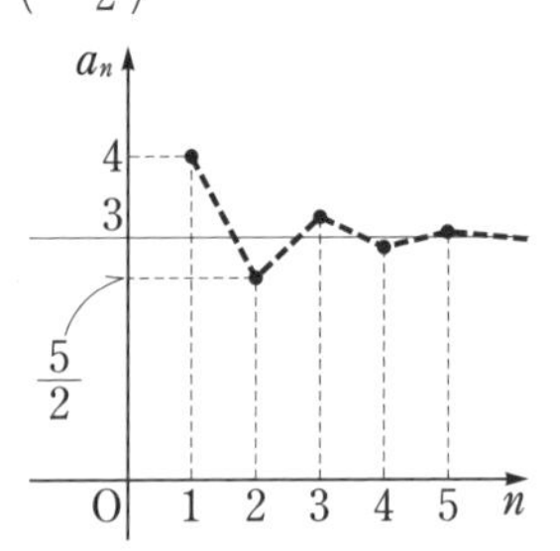

よって，a_n は**3に限りなく近づく**。

問 2 次の極限値を求めよ。

教科書 p.7

(1) $\displaystyle\lim_{n\to\infty}\left(3-\frac{1}{n+1}\right)$　　(2) $\displaystyle\lim_{n\to\infty}\left\{2-\left(\frac{1}{3}\right)^n\right\}$

ガイド 一般に，数列 $\{a_n\}$ において，n を限りなく大きくするとき，a_n がある一定の値 α に限りなく近づくことを，数列 $\{a_n\}$ は α に**収束する**といい，

$$\lim_{n\to\infty} a_n=\alpha \qquad \text{または，}\qquad n\to\infty \text{ のとき } a_n\to\alpha$$

と表す。このとき，値 α を数列 $\{a_n\}$ の**極限値**という。また，数列 $\{a_n\}$ の**極限**は α であるともいう。

記号∞は，「無限大」と読む。なお，∞は数を表すものではない。

各項が同じ値 c である数列 c，c，c，……，c，…… も極限値 c に収束すると考え，

$$\lim_{n\to\infty} c=c$$

と表す。

解答 (1) n を限りなく大きくするとき，$\dfrac{1}{n+1}$ の値は0に限りなく近づくから，$3-\dfrac{1}{n+1}$ の値は3に限りなく近づく。

よって，　$\displaystyle\lim_{n\to\infty}\left(3-\frac{1}{n+1}\right)=\mathbf{3}$

(2) n を限りなく大きくするとき，$\left(\dfrac{1}{3}\right)^n$ の値は0に限りなく近づくから，$2-\left(\dfrac{1}{3}\right)^n$ の値は2に限りなく近づく。

よって，　$\displaystyle\lim_{n\to\infty}\left\{2-\left(\frac{1}{3}\right)^n\right\}=\mathbf{2}$

参考 数列 $\{a_n\}$ の極限値が α であるとは，n が限りなく大きくなるとき，点 a_n と点 α の距離 $|a_n-\alpha|$ が0に限りなく近づくということである。

$|a_n-\alpha|$

a_1　a_2　a_3　a_n α

すなわち，$n\to\infty$ のとき $|a_n-\alpha|\to 0$ である。

特に，$\displaystyle\lim_{n\to\infty}|a_n|=0$ は $\displaystyle\lim_{n\to\infty}a_n=0$ と同じことである。

問3 次の数列 $\{a_n\}$ の極限を調べよ。

教科書 p.9

(1) $-2,\ 1,\ 4,\ \cdots\cdots,\ 3n-5,\ \cdots\cdots$

(2) $1,\ \dfrac{1}{4},\ \dfrac{1}{9},\ \cdots\cdots,\ \dfrac{1}{n^2},\ \cdots\cdots$

ガイド 数列には，一定の値に収束しないものもある。数列 $\{a_n\}$ が収束しないとき，数列 $\{a_n\}$ は**発散する**という。

一般に，数列 $\{a_n\}$ において，n を限りなく大きくするとき，a_n が限りなく大きくなることを，数列 $\{a_n\}$ は**正の無限大に発散する**，または数列 $\{a_n\}$ の極限は正の無限大であるといい，次のように表す。

$\lim_{n\to\infty} a_n=\infty$ または，$n\to\infty$ のとき $a_n\to\infty$

また，数列 $\{a_n\}$ において，n を限りなく大きくするとき，a_n が負の値をとりながら絶対値が限りなく大きくなることを，数列 $\{a_n\}$ は**負の無限大に発散する**，または数列 $\{a_n\}$ の極限は負の無限大であるといい，次のように表す。

$\lim_{n\to\infty} a_n=-\infty$ または，$n\to\infty$ のとき $a_n\to-\infty$

さらに，発散する数列 $\{a_n\}$ が，正の無限大にも負の無限大にも発散しないことを，数列 $\{a_n\}$ は**振動する**という。振動する数列の極限はない。

数列 $\{a_n\}$ は，極限に関して次のように分類できる。

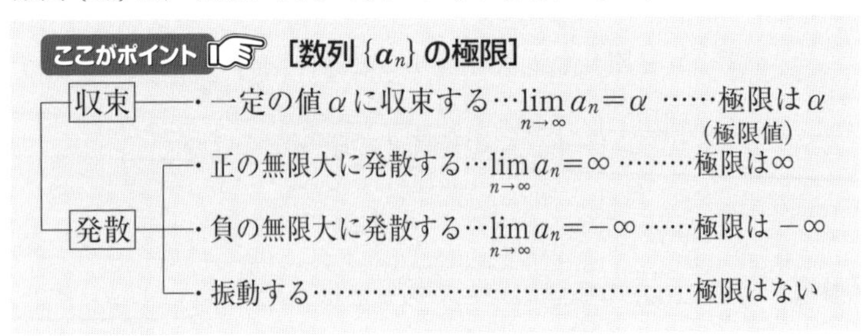

∞ は数ではないから，極限が ∞，$-\infty$ となるとき，極限値はない。

解答 (1)　数列 $-2,\ 1,\ 4,\ \cdots\cdots,\ 3n-5,\ \cdots\cdots$ では，$a_n=3n-5$ とすると，n を限りなく大きくするとき，a_n は限りなく大きくなる。

　よって，数列 $\{a_n\}$ は**正の無限大に発散する**。

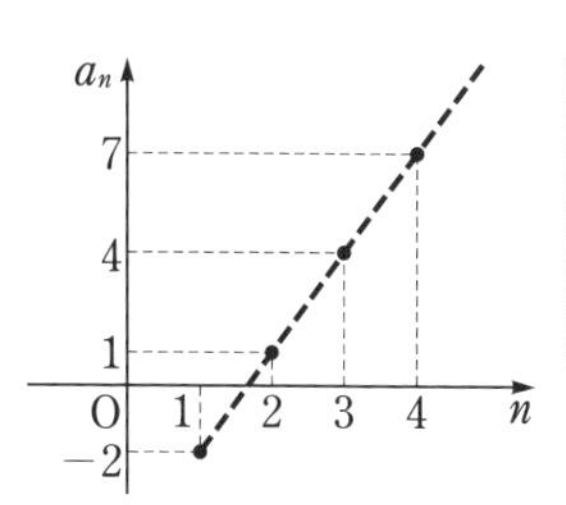

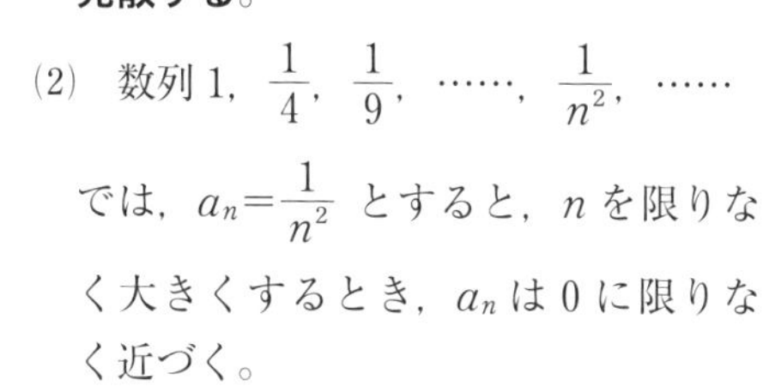

(2)　数列 $1,\ \dfrac{1}{4},\ \dfrac{1}{9},\ \cdots\cdots,\ \dfrac{1}{n^2},\ \cdots\cdots$

では，$a_n=\dfrac{1}{n^2}$ とすると，n を限りなく大きくするとき，a_n は 0 に限りなく近づく。

　よって，数列 $\{a_n\}$ は **0 に収束する**。

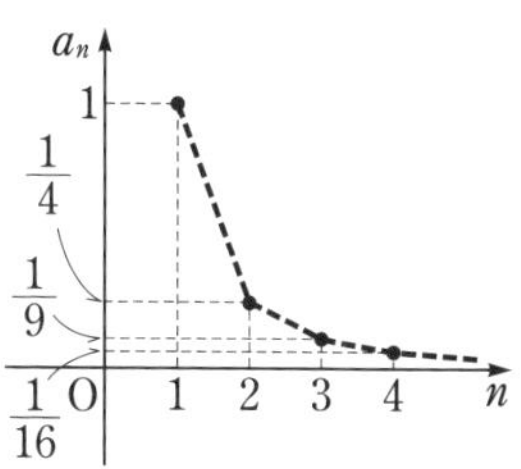

問 4　第 n 項が次の式で表される数列の極限を調べよ。

教科書 p.9

(1)　$4-\dfrac{1}{3}n$　　(2)　$\sqrt{4+\dfrac{1}{n}}$　　(3)　$1+(-1)^n$

ガイド (3)　n が偶数のとき，$(-1)^n=1$，n が奇数のとき，$(-1)^n=-1$ となる。

解答 (1)　$a_n=4-\dfrac{1}{3}n$ とすると，n を限りなく大きくするとき，a_n は負の値をとりながら絶対値が限りなく大きくなる。

　よって，数列 $\{a_n\}$ は**負の無限大に発散する**。

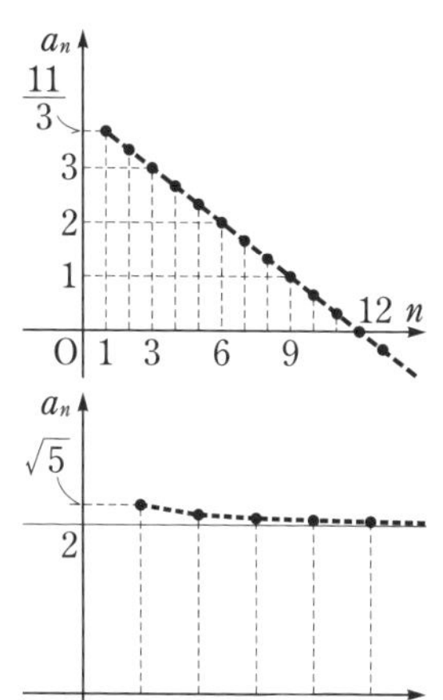

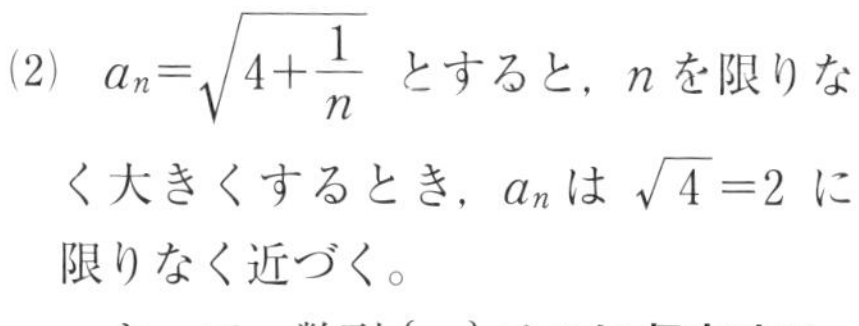

(2)　$a_n=\sqrt{4+\dfrac{1}{n}}$ とすると，n を限りなく大きくするとき，a_n は $\sqrt{4}=2$ に限りなく近づく。

　よって，数列 $\{a_n\}$ は **2 に収束する**。

(3)　$a_n=1+(-1)^n$ とする。

n が偶数のとき，$1+(-1)^n=2$，奇数のとき，$1+(-1)^n=0$ となるから，n を限りなく大きくしても，a_n は一定の値に収束しない。

また，正の無限大にも負の無限大にも発散しない。

よって，数列 $\{a_n\}$ は**振動する**。

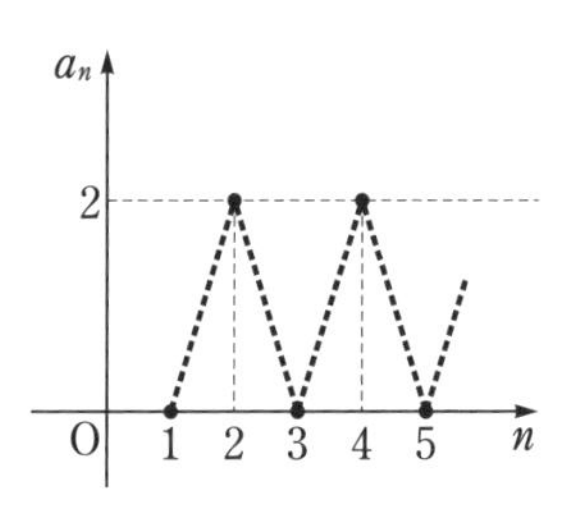

問 5　$\lim_{n\to\infty} a_n=2$，$\lim_{n\to\infty} b_n=-1$ のとき，次の極限値を求めよ。

教科書 p.10

(1)　$\lim_{n\to\infty}(3a_n-4b_n)$　　(2)　$\lim_{n\to\infty}\frac{1}{a_nb_n}$　　(3)　$\lim_{n\to\infty}\frac{4b_n+1}{a_n+5b_n}$

ガイド　収束する数列の極限値については，次の性質が成り立つ。

ここがポイント **[極限値の性質]**

数列 $\{a_n\}$，$\{b_n\}$ が収束して，$\lim_{n\to\infty} a_n=\alpha$，$\lim_{n\to\infty} b_n=\beta$ のとき，

1. $\lim_{n\to\infty} ka_n=k\alpha$　　ただし，k は定数
2. $\lim_{n\to\infty}(a_n+b_n)=\alpha+\beta$，　$\lim_{n\to\infty}(a_n-b_n)=\alpha-\beta$
3. $\lim_{n\to\infty} a_nb_n=\alpha\beta$
4. $\lim_{n\to\infty}\frac{a_n}{b_n}=\frac{\alpha}{\beta}$　　ただし，$\beta\neq 0$

解答

(1)　$\lim_{n\to\infty}(3a_n-4b_n)=3\lim_{n\to\infty} a_n-4\lim_{n\to\infty} b_n=3\cdot 2-4\cdot(-1)=\mathbf{10}$

(2)　$\lim_{n\to\infty}\frac{1}{a_nb_n}=\frac{\lim_{n\to\infty} 1}{\lim_{n\to\infty} a_n\cdot\lim_{n\to\infty} b_n}=\frac{1}{2\cdot(-1)}=-\mathbf{\frac{1}{2}}$

(3)　$\lim_{n\to\infty}\frac{4b_n+1}{a_n+5b_n}=\frac{4\lim_{n\to\infty} b_n+\lim_{n\to\infty} 1}{\lim_{n\to\infty} a_n+5\lim_{n\to\infty} b_n}=\frac{4\cdot(-1)+1}{2+5\cdot(-1)}=\mathbf{1}$

問 6　次の極限値を求めよ。

教科書 p.11

(1) $\displaystyle\lim_{n\to\infty}\frac{3n}{2n-1}$　(2) $\displaystyle\lim_{n\to\infty}\frac{n^2+n+1}{2n^2+1}$　(3) $\displaystyle\lim_{n\to\infty}\frac{2n+5}{n^2+n-4}$

ガイド　数列 $\{a_n\}$, $\{b_n\}$ において, $\displaystyle\lim_{n\to\infty}a_n=\infty$, $\displaystyle\lim_{n\to\infty}b_n=\infty$ のとき,

$$\lim_{n\to\infty}(a_n+b_n)=\infty,\quad \lim_{n\to\infty}a_nb_n=\infty,\quad \lim_{n\to\infty}\frac{1}{a_n}=0$$

は成り立つが, $\displaystyle\lim_{n\to\infty}(a_n-b_n)$, $\displaystyle\lim_{n\to\infty}\frac{a_n}{b_n}$ については, 収束する場合や発散する場合がある。

分母が 0 以外の値に収束するように, 分母と分子をそれぞれ, 分母の最高次, すなわち, (1)では n で, (2), (3)では n^2 で割る。

解答　(1) $\displaystyle\lim_{n\to\infty}\frac{3n}{2n-1}=\lim_{n\to\infty}\frac{3}{2-\frac{1}{n}}=\frac{3}{2-0}=\boldsymbol{\frac{3}{2}}$

(2) $\displaystyle\lim_{n\to\infty}\frac{n^2+n+1}{2n^2+1}=\lim_{n\to\infty}\frac{1+\frac{1}{n}+\frac{1}{n^2}}{2+\frac{1}{n^2}}=\frac{1+0+0}{2+0}=\boldsymbol{\frac{1}{2}}$

(3) $\displaystyle\lim_{n\to\infty}\frac{2n+5}{n^2+n-4}=\lim_{n\to\infty}\frac{\frac{2}{n}+\frac{5}{n^2}}{1+\frac{1}{n}-\frac{4}{n^2}}=\frac{0+0}{1+0-0}=\boldsymbol{0}$

注意　数列 $\{a_n\}$, $\{b_n\}$ において, $\{b_n\}$ が収束し, $\displaystyle\lim_{n\to\infty}a_n=\infty$, $\displaystyle\lim_{n\to\infty}b_n=\beta$ のときも, $\displaystyle\lim_{n\to\infty}(a_n+b_n)=\infty$ が成り立つ。

問 7　次の極限を調べよ。

教科書 p.11

(1) $\displaystyle\lim_{n\to\infty}\frac{1+5n^2}{2-3n}$　(2) $\displaystyle\lim_{n\to\infty}(n^2-4n)$

ガイド　一般に, 数列 $\{a_n\}$, $\{b_n\}$ において, $\{b_n\}$ が収束し, $\displaystyle\lim_{n\to\infty}a_n=\infty$, $\displaystyle\lim_{n\to\infty}b_n=\beta$ のとき, 次のことがいえる。

$\beta>0$ のとき, $\displaystyle\lim_{n\to\infty}a_nb_n=\infty$　　$\beta<0$ のとき, $\displaystyle\lim_{n\to\infty}a_nb_n=-\infty$

(2) 最高次の n^2 でくくり出す。

解答 (1) $$\lim_{n\to\infty}\frac{1+5n^2}{2-3n}=\lim_{n\to\infty}\frac{\frac{1}{n}+5n}{\frac{2}{n}-3}$$

$\lim_{n\to\infty}\left(\frac{1}{n}+5n\right)=\infty$，$\lim_{n\to\infty}\left(\frac{2}{n}-3\right)=-3$ より，

$$\lim_{n\to\infty}\frac{1+5n^2}{2-3n}=-\infty$$

(2) $$\lim_{n\to\infty}(n^2-4n)=\lim_{n\to\infty}n^2\left(1-\frac{4}{n}\right)$$

$\lim_{n\to\infty}n^2=\infty$，$\lim_{n\to\infty}\left(1-\frac{4}{n}\right)=1$ より，　$\lim_{n\to\infty}(n^2-4n)=\infty$

問 8 次の極限を調べよ。

教科書 **p.12**

(1) $\lim_{n\to\infty}\frac{n-2}{\sqrt{4n^2+1}}$　　(2) $\lim_{n\to\infty}\frac{1}{\sqrt{n+2}-\sqrt{n-2}}$

ガイド (1) 根号の中の式を n^2 でくくり出し，n を根号の外に出す。

(2) 分母と分子に $\sqrt{n+2}+\sqrt{n-2}$ を掛けて，分母を有理化する。

解答 (1) $$\lim_{n\to\infty}\frac{n-2}{\sqrt{4n^2+1}}=\lim_{n\to\infty}\frac{n-2}{\sqrt{n^2\left(4+\frac{1}{n^2}\right)}}$$

$$=\lim_{n\to\infty}\frac{n-2}{n\sqrt{4+\frac{1}{n^2}}}=\lim_{n\to\infty}\frac{1-\frac{2}{n}}{\sqrt{4+\frac{1}{n^2}}}=\boldsymbol{\frac{1}{2}}$$

(2) $$\lim_{n\to\infty}\frac{1}{\sqrt{n+2}-\sqrt{n-2}}=\lim_{n\to\infty}\frac{\sqrt{n+2}+\sqrt{n-2}}{(\sqrt{n+2}-\sqrt{n-2})(\sqrt{n+2}+\sqrt{n-2})}$$

$$=\lim_{n\to\infty}\frac{\sqrt{n+2}+\sqrt{n-2}}{(n+2)-(n-2)}$$

$$=\lim_{n\to\infty}\frac{\sqrt{n+2}+\sqrt{n-2}}{4}=\infty$$

問 9 次の極限値を求めよ。

教科書 **p.12**

(1) $\lim_{n\to\infty}(\sqrt{n+1}-\sqrt{n})$　　(2) $\lim_{n\to\infty}(\sqrt{n^2-3n}-n)$

ガイド (1) $\sqrt{n+1}-\sqrt{n}=\dfrac{\sqrt{n+1}-\sqrt{n}}{1}$ と考え，分母と分子に $\sqrt{n+1}+\sqrt{n}$ を掛けて，分子を有理化する。

(2) $\sqrt{n^2-3n}-n=\dfrac{\sqrt{n^2-3n}-n}{1}$ と考え，分母と分子に $\sqrt{n^2-3n}+n$ を掛けて，分子を有理化する。

解答 (1)

$$\lim_{n\to\infty}(\sqrt{n+1}-\sqrt{n})=\lim_{n\to\infty}\frac{(\sqrt{n+1}-\sqrt{n})(\sqrt{n+1}+\sqrt{n})}{\sqrt{n+1}+\sqrt{n}}$$

$$=\lim_{n\to\infty}\frac{(n+1)-n}{\sqrt{n+1}+\sqrt{n}}$$

$$=\lim_{n\to\infty}\frac{1}{\sqrt{n+1}+\sqrt{n}}=\mathbf{0}$$

(2)

$$\lim_{n\to\infty}(\sqrt{n^2-3n}-n)=\lim_{n\to\infty}\frac{(\sqrt{n^2-3n}-n)(\sqrt{n^2-3n}+n)}{\sqrt{n^2-3n}+n}$$

$$=\lim_{n\to\infty}\frac{(n^2-3n)-n^2}{\sqrt{n^2-3n}+n}=\lim_{n\to\infty}\frac{-3n}{\sqrt{n^2-3n}+n}$$

$$=\lim_{n\to\infty}\frac{-3}{\sqrt{1-\dfrac{3}{n}}+1}=-\frac{\mathbf{3}}{\mathbf{2}}$$

問10 極限値 $\displaystyle\lim_{n\to\infty}\frac{1}{n}\cos\frac{n\pi}{4}$ を求めよ。

教科書 **p.13**

ガイド 数列 $\{a_n\}$，$\{b_n\}$，$\{c_n\}$ の極限と大小関係について，次の性質が成り立つ。

ここがポイント [数列の極限と大小関係]

[1] $a_n \leqq b_n$ $(n=1,\ 2,\ 3,\ \cdots\cdots)$ のとき，

(1) $\displaystyle\lim_{n\to\infty}a_n=\alpha$，$\displaystyle\lim_{n\to\infty}b_n=\beta$ ならば，　$\alpha\leqq\beta$

(2) $\displaystyle\lim_{n\to\infty}a_n=\infty$ ならば，　$\displaystyle\lim_{n\to\infty}b_n=\infty$

[2] $a_n\leqq c_n\leqq b_n$ $(n=1,\ 2,\ 3,\ \cdots\cdots)$ のとき，

$\displaystyle\lim_{n\to\infty}a_n=\lim_{n\to\infty}b_n=\alpha$ ならば，数列 $\{c_n\}$ は収束し，

$$\lim_{n\to\infty}c_n=\alpha$$

1(1)で，つねに $a_n<b_n$ であっても，$\alpha=\beta$ となる場合がある。

例えば，$a_n=1-\dfrac{1}{n}$，$b_n=1+\dfrac{1}{n}$ のとき，

つねに $a_n<b_n$ であるが，

$$\lim_{n\to\infty} a_n=1,\quad \lim_{n\to\infty} b_n=1$$

となるから，$\alpha=\beta$ である。

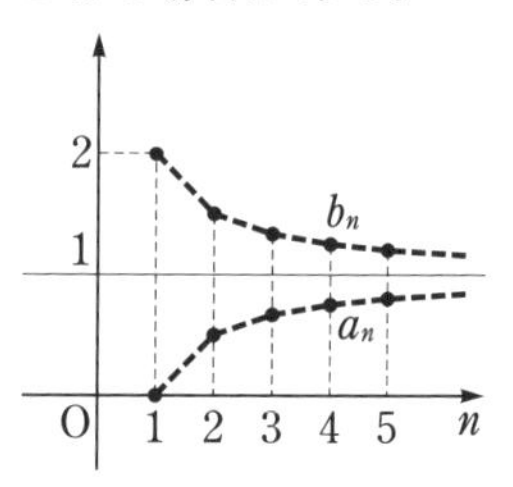

解答 $-1\leqq\cos\dfrac{n\pi}{4}\leqq 1$ より，

$$-\frac{1}{n}\leqq\frac{1}{n}\cos\frac{n\pi}{4}\leqq\frac{1}{n}$$

$\displaystyle\lim_{n\to\infty}\left(-\frac{1}{n}\right)=0$，$\displaystyle\lim_{n\to\infty}\frac{1}{n}=0$ であるから，　$\displaystyle\lim_{n\to\infty}\frac{1}{n}\cos\frac{n\pi}{4}=\mathbf{0}$

参考 ここがポイント の2を「はさみうちの原理」ということがある。
また，2から一般に，$\displaystyle\lim_{n\to\infty}|a_n|=0$ ならば，$\displaystyle\lim_{n\to\infty}a_n=0$ である。

2 無限等比数列の極限

問11 第 n 項が次の式で表される数列の極限を調べよ。

教科書 p.15

(1) $(-3)^n$　(2) $\left(\dfrac{5}{7}\right)^n$　(3) $\left(\dfrac{\sqrt{5}}{2}\right)^n$　(4) $(\sqrt{2}-2)^n$

ガイド 項が限りなく続く等比数列 a，ar，ar^2，……，ar^{n-1}，……を初項 a，公比 r の**無限等比数列**という。

ここがポイント [無限等比数列 $\{r^n\}$ の極限]

(I) $r>1$ のとき，$\displaystyle\lim_{n\to\infty}r^n=\infty$ ……………正の無限大に発散する

(II) $r=1$ のとき，$\displaystyle\lim_{n\to\infty}r^n=1$ ……………1に収束する

(III) $|r|<1$ のとき，$\displaystyle\lim_{n\to\infty}r^n=0$ ……………0に収束する

(IV) $r\leqq-1$ のとき，数列 $\{r^n\}$ の極限はない …振動する

解答 (1) 数列 $\{(-3)^n\}$ は，$-3\leqq-1$ より，**振動する**。

(2) 数列 $\left\{\left(\dfrac{5}{7}\right)^n\right\}$ では，$\left|\dfrac{5}{7}\right|<1$ より，　$\displaystyle\lim_{n\to\infty}\left(\frac{5}{7}\right)^n=\mathbf{0}$

(3)　数列 $\left\{\left(\dfrac{\sqrt{5}}{2}\right)^n\right\}$ では，$\dfrac{\sqrt{5}}{2}>1$ より，　$\displaystyle\lim_{n\to\infty}\left(\frac{\sqrt{5}}{2}\right)^n=\infty$

(4)　$1<\sqrt{2}<2$ より，　$-1<\sqrt{2}-2<0$

よって，数列 $\{(\sqrt{2}-2)^n\}$ では，$|\sqrt{2}-2|<1$ より，

$\displaystyle\lim_{n\to\infty}\{(\sqrt{2}-2)^n\}=\mathbf{0}$

問12　無限等比数列 $\{(2x+1)^n\}$ が収束するような x の値の範囲を求めよ。また，そのときの極限値を求めよ。

教科書 p.15

ガイド　問 11 の ここがポイント から，次のことが成り立つ。

> **ここがポイント**
> **数列 $\{r^n\}$ が収束する $\iff$ $-1<r\leqq 1$**

解答　無限等比数列 $\{(2x+1)^n\}$ が収束するような x の値の範囲は，公比が $2x+1$ であるから，$-1<2x+1\leqq 1$ より，　$\boldsymbol{-1<x\leqq 0}$

また，そのときの**極限値は，$\boldsymbol{x=0}$ のとき 1，$\boldsymbol{-1<x<0}$ のとき 0**

問13　次の極限を調べよ。

教科書 p.16

(1)　$\displaystyle\lim_{n\to\infty}\frac{3^{n+1}-4^{n-1}}{3^n+4^n}$　　(2)　$\displaystyle\lim_{n\to\infty}(5^n-3^{2n})$　　(3)　$\displaystyle\lim_{n\to\infty}\frac{4^n}{2^n+1}$

ガイド　(1)　分母の項のうち，公比の大きい 4^n で分母と分子をそれぞれ割る。

(2)　$3^{2n}=9^n$ であるから，公比の大きい 9^n でくくり出す。

(3)　2^n で分母と分子をそれぞれ割る。

解答　(1)　$\displaystyle\lim_{n\to\infty}\frac{3^{n+1}-4^{n-1}}{3^n+4^n}=\lim_{n\to\infty}\frac{3\left(\frac{3}{4}\right)^n-\frac{1}{4}}{\left(\frac{3}{4}\right)^n+1}=\frac{3\cdot 0-\frac{1}{4}}{0+1}=\boldsymbol{-\frac{1}{4}}$

(2)　$\displaystyle\lim_{n\to\infty}(5^n-3^{2n})=\lim_{n\to\infty}(5^n-9^n)=\lim_{n\to\infty}9^n\left\{\left(\frac{5}{9}\right)^n-1\right\}=\boldsymbol{-\infty}$

(3)　$\displaystyle\lim_{n\to\infty}\frac{4^n}{2^n+1}=\lim_{n\to\infty}\frac{2^n}{1+\left(\frac{1}{2}\right)^n}=\boldsymbol{\infty}$

問14 数列 $\left\{\dfrac{1}{1+r^n}\right\}$ の極限を調べよ。ただし，$r \neq -1$ とする。

教科書 p.17

ガイド $r>1$，$r=1$，$|r|<1$，$r<-1$ の場合に分けて考える。

解答 (i) **$r>1$ のとき**，$\left|\dfrac{1}{r}\right|=\dfrac{1}{|r|}<1$ より，$\displaystyle\lim_{n\to\infty}\left(\dfrac{1}{r}\right)^n=0$ であるから，

$$\lim_{n\to\infty}\frac{1}{1+r^n}=\lim_{n\to\infty}\frac{\left(\dfrac{1}{r}\right)^n}{\left(\dfrac{1}{r}\right)^n+1}=\frac{0}{0+1}=\mathbf{0}$$

(ii) **$r=1$ のとき**，$\displaystyle\lim_{n\to\infty}r^n=1$ であるから，

$$\lim_{n\to\infty}\frac{1}{1+r^n}=\frac{1}{1+1}=\mathbf{\frac{1}{2}}$$

(iii) **$|r|<1$ のとき**，$\displaystyle\lim_{n\to\infty}r^n=0$ であるから，

$$\lim_{n\to\infty}\frac{1}{1+r^n}=\frac{1}{1+0}=\mathbf{1}$$

(iv) **$r<-1$ のとき**，$\left|\dfrac{1}{r}\right|=\dfrac{1}{|r|}<1$ より，(i)と同様に，

$$\lim_{n\to\infty}\frac{1}{1+r^n}=\mathbf{0}$$

参考 $r>1$ と $r<-1$ のときは，ともに $\left|\dfrac{1}{r}\right|<1$ となるため，$|r|>1$ として1つにまとめることもできる。

問15 次のように定められる数列 $\{a_n\}$ について，極限を調べよ。

教科書 p.17

(1) $a_1=2$，$a_{n+1}=-\dfrac{1}{3}a_n+4$ $(n=1, 2, 3, \cdots\cdots)$

(2) $a_1=2$，$a_{n+1}=3a_n-1$ $(n=1, 2, 3, \cdots\cdots)$

ガイド (1) $a_{n+1}-\alpha=-\dfrac{1}{3}(a_n-\alpha)$ となる α を，$\alpha=-\dfrac{1}{3}\alpha+4$ より求める。

(2) $a_{n+1}-\alpha=3(a_n-\alpha)$ となる α を，$\alpha=3\alpha-1$ より求める。

解答 (1)　$a_{n+1}=-\dfrac{1}{3}a_n+4$ は，$a_{n+1}-3=-\dfrac{1}{3}(a_n-3)$ と変形できるから，

数列 $\{a_n-3\}$ は，初項 $a_1-3=-1$，公比 $-\dfrac{1}{3}$ の等比数列となる。

したがって，

$$a_n-3=-\left(-\frac{1}{3}\right)^{n-1} \qquad すなわち，\qquad a_n=3-\left(-\frac{1}{3}\right)^{n-1}$$

よって，$\displaystyle\lim_{n\to\infty}a_n=\lim_{n\to\infty}\left\{3-\left(-\frac{1}{3}\right)^{n-1}\right\}=\mathbf{3}$

(2)　$a_{n+1}=3a_n-1$ は，$a_{n+1}-\dfrac{1}{2}=3\left(a_n-\dfrac{1}{2}\right)$ と変形できるから，

数列 $\left\{a_n-\dfrac{1}{2}\right\}$ は，初項 $a_1-\dfrac{1}{2}=\dfrac{3}{2}$，公比 3 の等比数列となる。

したがって，

$$a_n-\frac{1}{2}=\frac{3}{2}\cdot 3^{n-1} \qquad すなわち，\qquad a_n=\frac{1}{2}(3^n+1)$$

よって，$\displaystyle\lim_{n\to\infty}a_n=\lim_{n\to\infty}\frac{1}{2}(3^n+1)=\infty$

参考 **問 15** (1)は，グラフを用いて，次のように考えることもできる。

右の図のように，2 直線

$$y=-\frac{1}{3}x+4$$

$$y=x$$

をかくと，$a_1=2$ から順に x 軸上にこの数列

$$a_1,\ a_2,\ a_3,\ a_4,\ \cdots\cdots$$

をとっていくことができる。

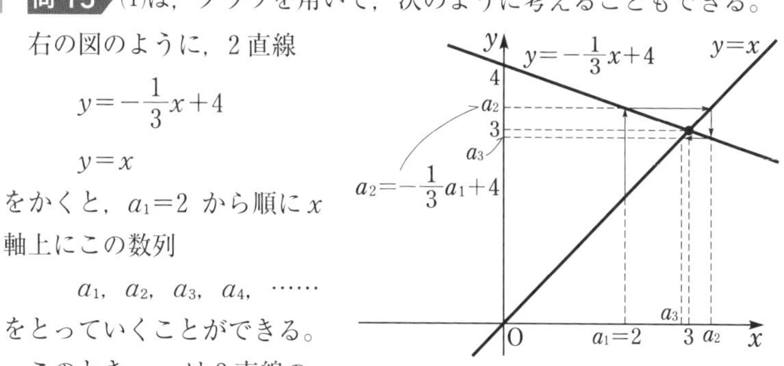

このとき，a_n は 2 直線の交点の x 座標 3 に近づいていく。

数列 $\{a_n\}$ が収束するとき，その極限値は，方程式 $x=-\dfrac{1}{3}x+4$ の解として求めることができる。

節末問題

第1節 | 無限数列

1 第 n 項が次の式で表される数列の極限を調べよ。

教科書 p.18

(1) $\dfrac{2n^2+5}{(3n-1)(n+1)}$ (2) $\sqrt{n^2+4n+1}-n-1$

(3) $\dfrac{\sqrt{n+1}-\sqrt{n}}{\sqrt{n+2}-\sqrt{n-1}}$ (4) $\left(\dfrac{1}{2}\right)^n\cos n\pi$

(5) $3^{2n}-2^{3n}$ (6) $\dfrac{(-4)^n}{3^n-1}$

ガイド (1) 分母を展開してから，分母の最高次の n^2 で分母と分子をそれぞれ割る。

(2) $\sqrt{n^2+4n+1}-(n+1)=\dfrac{\sqrt{n^2+4n+1}-(n+1)}{1}$ と考え，分母と分子に $\sqrt{n^2+4n+1}+(n+1)$ を掛けて，分子を有理化する。

(3) $(\sqrt{n+1}+\sqrt{n})(\sqrt{n+2}+\sqrt{n-1})$ を，分母と分子にそれぞれ掛ける。

(4) はさみうちの原理を利用する。

(5) $3^{2n}=9^n$，$2^{3n}=8^n$ であるから，公比の大きい 9^n でくくり出す。

(6) 分母と分子を，それぞれ 3^n で割る。

解答 与えられた数列を $\{a_n\}$ とする。

(1)
$$\lim_{n\to\infty}\frac{2n^2+5}{(3n-1)(n+1)}=\lim_{n\to\infty}\frac{2n^2+5}{3n^2+2n-1}=\lim_{n\to\infty}\frac{2+\dfrac{5}{n^2}}{3+\dfrac{2}{n}-\dfrac{1}{n^2}}$$
$$=\frac{2+0}{3+0-0}=\frac{2}{3}$$

よって，数列 $\{a_n\}$ は $\dfrac{2}{3}$ **に収束する**。

(2)
$$\lim_{n\to\infty}(\sqrt{n^2+4n+1}-n-1)$$
$$=\lim_{n\to\infty}\frac{\{\sqrt{n^2+4n+1}-(n+1)\}\{\sqrt{n^2+4n+1}+(n+1)\}}{\sqrt{n^2+4n+1}+(n+1)}$$
$$=\lim_{n\to\infty}\frac{(n^2+4n+1)-(n+1)^2}{\sqrt{n^2+4n+1}+(n+1)}=\lim_{n\to\infty}\frac{2n}{\sqrt{n^2+4n+1}+(n+1)}$$

$$=\lim_{n\to\infty}\frac{2}{\sqrt{1+\frac{4}{n}+\frac{1}{n^2}}+1+\frac{1}{n}}=\frac{2}{\sqrt{1+0+0}+1+0}=1$$

よって，数列 $\{a_n\}$ は **1 に収束する**。

(3)
$$\lim_{n\to\infty}\frac{\sqrt{n+1}-\sqrt{n}}{\sqrt{n+2}-\sqrt{n-1}}$$
$$=\lim_{n\to\infty}\frac{(\sqrt{n+1}-\sqrt{n})(\sqrt{n+1}+\sqrt{n})(\sqrt{n+2}+\sqrt{n-1})}{(\sqrt{n+2}-\sqrt{n-1})(\sqrt{n+1}+\sqrt{n})(\sqrt{n+2}+\sqrt{n-1})}$$
$$=\lim_{n\to\infty}\frac{\{(n+1)-n\}(\sqrt{n+2}+\sqrt{n-1})}{\{(n+2)-(n-1)\}(\sqrt{n+1}+\sqrt{n})}$$
$$=\lim_{n\to\infty}\frac{\sqrt{n+2}+\sqrt{n-1}}{3(\sqrt{n+1}+\sqrt{n})}=\lim_{n\to\infty}\frac{\sqrt{1+\frac{2}{n}}+\sqrt{1-\frac{1}{n}}}{3\left(\sqrt{1+\frac{1}{n}}+1\right)}$$
$$=\frac{\sqrt{1+0}+\sqrt{1-0}}{3(\sqrt{1+0}+1)}=\frac{1}{3}$$

よって，数列 $\{a_n\}$ は $\frac{1}{3}$ **に収束する**。

(4) $-1\leqq\cos n\pi\leqq1$ より，　$-\left(\frac{1}{2}\right)^n\leqq\left(\frac{1}{2}\right)^n\cos n\pi\leqq\left(\frac{1}{2}\right)^n$

$\lim_{n\to\infty}\left\{-\left(\frac{1}{2}\right)^n\right\}=0$，$\lim_{n\to\infty}\left(\frac{1}{2}\right)^n=0$ であるから，

$$\lim_{n\to\infty}\left(\frac{1}{2}\right)^n\cos n\pi=0$$

よって，数列 $\{a_n\}$ は **0 に収束する**。

(5)
$$\lim_{n\to\infty}(3^{2n}-2^{3n})=\lim_{n\to\infty}(9^n-8^n)$$
$$=\lim_{n\to\infty}9^n\left\{1-\left(\frac{8}{9}\right)^n\right\}=\infty$$

よって，数列 $\{a_n\}$ は**正の無限大に発散する**。

(6)
$$\lim_{n\to\infty}\frac{(-4)^n}{3^n-1}=\lim_{n\to\infty}\frac{\left(-\frac{4}{3}\right)^n}{1-\left(\frac{1}{3}\right)^n}$$

$-\frac{4}{3}\leqq-1$ より，数列 $\left\{\left(-\frac{4}{3}\right)^n\right\}$ は振動する。

また，数列 $\left\{1-\left(\frac{1}{3}\right)^n\right\}$ は 1 に収束する。

よって，数列 $\{a_n\}$ は**振動する**。

☐ **2** 次の極限値を求めよ。

教科書 **p.18**

(1) $\lim_{n\to\infty}\frac{1}{n^2}(1+2+3+\cdots\cdots+n)$

(2) $\lim_{n\to\infty}\frac{1}{n^3}(1^2+2^2+3^2+\cdots\cdots+n^2)$

ガイド (1) $\sum_{k=1}^{n}k=\frac{1}{2}n(n+1)$ を利用する。

(2) $\sum_{k=1}^{n}k^2=\frac{1}{6}n(n+1)(2n+1)$ を利用する。

解答 (1) $1+2+3+\cdots\cdots+n=\sum_{k=1}^{n}k=\frac{1}{2}n(n+1)$ であるから，

$$\lim_{n\to\infty}\frac{1}{n^2}(1+2+3+\cdots\cdots+n)$$

$$=\lim_{n\to\infty}\left\{\frac{1}{n^2}\cdot\frac{1}{2}n(n+1)\right\}=\lim_{n\to\infty}\frac{1}{2}\left(1+\frac{1}{n}\right)=\boldsymbol{\frac{1}{2}}$$

(2) $1^2+2^2+3^2+\cdots\cdots+n^2=\sum_{k=1}^{n}k^2=\frac{1}{6}n(n+1)(2n+1)$ であるから，

$$\lim_{n\to\infty}\frac{1}{n^3}(1^2+2^2+3^2+\cdots\cdots+n^2)$$

$$=\lim_{n\to\infty}\left\{\frac{1}{n^3}\cdot\frac{1}{6}n(n+1)(2n+1)\right\}=\lim_{n\to\infty}\frac{1}{6}\left(1+\frac{1}{n}\right)\left(2+\frac{1}{n}\right)=\boldsymbol{\frac{1}{3}}$$

☐ **3** 無限数列 $\{a_n\}$，$\{b_n\}$ について述べた次の事柄は正しいか。正しくないものについては，それが成り立たない例を作れ。

教科書 **p.18**

(1) $\lim_{n\to\infty}a_n=\infty$，$\lim_{n\to\infty}b_n=\infty$ ならば，$\lim_{n\to\infty}(a_n-b_n)=0$

(2) $\lim_{n\to\infty}a_n=\infty$，$\lim_{n\to\infty}b_n=\infty$ ならば，$\lim_{n\to\infty}\frac{a_n}{b_n}=1$

(3) $\lim_{n\to\infty}a_n=\infty$，$\lim_{n\to\infty}b_n=-\infty$ ならば，$\lim_{n\to\infty}a_nb_n=-\infty$

ガイド 形式的に(1)は $\infty-\infty$，(2)は $\frac{\infty}{\infty}$ となるが，$\infty-\infty=0$，$\frac{\infty}{\infty}=1$ になるとは限らない。

解答 (1) **正しくない**

反例は，$\boldsymbol{a_n=n+2}$，$\boldsymbol{b_n=n}$ で，$\lim_{n\to\infty}(a_n-b_n)=2$ である。

(2) **正しくない**

反例は，$\boldsymbol{a_n=2n}$，$\boldsymbol{b_n=n}$ で，$\displaystyle\lim_{n\to\infty}\frac{a_n}{b_n}=2$ である。

(3) **正しい**

4 教科書 p.18

無限等比数列 $\{(x^2-2)^n\}$ が収束するような x の値の範囲を求めよ。また，そのときの極限値を求めよ。

ガイド 収束するのは，$-1<x^2-2\leqq 1$ のときである。

解答 無限等比数列 $\{(x^2-2)^n\}$ が収束するような x の値の範囲は，公比が x^2-2 であるから，$-1<x^2-2\leqq 1$ である。

$-1<x^2-2$ より，　$x^2-1>0$　　$(x+1)(x-1)>0$

したがって，　$x<-1,\ 1<x$　……①

$x^2-2\leqq 1$ より，　$x^2-3\leqq 0$　　$(x+\sqrt{3})(x-\sqrt{3})\leqq 0$

したがって，　$-\sqrt{3}\leqq x\leqq\sqrt{3}$　……②

①，②より，求める x の値の範囲は，

$\boldsymbol{-\sqrt{3}\leqq x<-1,\ 1<x\leqq\sqrt{3}}$

また，そのときの**極限値は**，

$\boldsymbol{x=\pm\sqrt{3}}$ **のとき 1**

$\boldsymbol{-\sqrt{3}<x<-1,\ 1<x<\sqrt{3}}$ **のとき 0**

5 教科書 p.18

数列 $\left\{\dfrac{r^{2n+1}-1}{r^{2n}+1}\right\}$ の極限を調べよ。

ガイド $r^{2n}=(r^2)^n$，$r^{2n+1}=r\times(r^2)^n$ と考え，$|r|<1$，$r=1$，$r=-1$，$|r|>1$ の場合に分けて考える。

解答 (i) $|r|<1$ のとき，$0\leqq r^2<1$ より，$\displaystyle\lim_{n\to\infty}r^{2n}=\lim_{n\to\infty}(r^2)^n=0$ であるから，

$$\lim_{n\to\infty}\frac{r^{2n+1}-1}{r^{2n}+1}=\lim_{n\to\infty}\frac{r\cdot r^{2n}-1}{r^{2n}+1}=\frac{r\cdot 0-1}{0+1}=-1$$

(ii) $r=1$ のとき，$\displaystyle\lim_{n\to\infty}r^{2n}=\lim_{n\to\infty}r^{2n+1}=1$ であるから，

$$\lim_{n\to\infty}\frac{r^{2n+1}-1}{r^{2n}+1}=\lim_{n\to\infty}\frac{1-1}{1+1}=0$$

(iii)　$r=-1$ のとき，$\lim_{n\to\infty} r^{2n}=1$，$\lim_{n\to\infty} r^{2n+1}=-1$ であるから，

$$\lim_{n\to\infty}\frac{r^{2n+1}-1}{r^{2n}+1}=\lim_{n\to\infty}\frac{-1-1}{1+1}=-1$$

(iv)　$|r|>1$ のとき，$\left|\frac{1}{r}\right|=\frac{1}{|r|}<1$ より，　$0<\left(\frac{1}{r}\right)^2<1$

これより，$\lim_{n\to\infty}\left(\frac{1}{r}\right)^{2n}=\lim_{n\to\infty}\left\{\left(\frac{1}{r}\right)^2\right\}^n=0$ であるから，

$$\lim_{n\to\infty}\frac{r^{2n+1}-1}{r^{2n}+1}=\lim_{n\to\infty}\frac{r-\left(\frac{1}{r}\right)^{2n}}{1+\left(\frac{1}{r}\right)^{2n}}=\frac{r-0}{1+0}=r$$

よって，**$-1\leqq r<1$ のとき，-1 に収束する。**
$r=1$ のとき，0 に収束する。
$r<-1$，$1<r$ のとき，r に収束する。

□ **6**　次のように定められる数列 $\{a_n\}$ について，極限値 $\lim_{n\to\infty} a_n$ を求めよ。

$a_1=1$，$4a_{n+1}+3a_n-2=0$　$(n=1,\ 2,\ 3,\ \cdots\cdots)$

教科書 p.18

ガイド　$4a_{n+1}+3a_n-2=0$ を，$a_{n+1}-\alpha=-\frac{3}{4}(a_n-\alpha)$ の形に変形する。

解答　$4a_{n+1}+3a_n-2=0$ より，　$a_{n+1}=-\frac{3}{4}a_n+\frac{1}{2}$

これは，$a_{n+1}-\frac{2}{7}=-\frac{3}{4}\left(a_n-\frac{2}{7}\right)$ と変形できるから，数列 $\left\{a_n-\frac{2}{7}\right\}$ は，初項 $a_1-\frac{2}{7}=\frac{5}{7}$，公比 $-\frac{3}{4}$ の等比数列となる。

したがって，

$$a_n-\frac{2}{7}=\frac{5}{7}\left(-\frac{3}{4}\right)^{n-1}\qquad すなわち，\quad a_n=\frac{2}{7}+\frac{5}{7}\left(-\frac{3}{4}\right)^{n-1}$$

よって，　$\lim_{n\to\infty} a_n=\lim_{n\to\infty}\left\{\frac{2}{7}+\frac{5}{7}\left(-\frac{3}{4}\right)^{n-1}\right\}=\mathbf{\frac{2}{7}}$

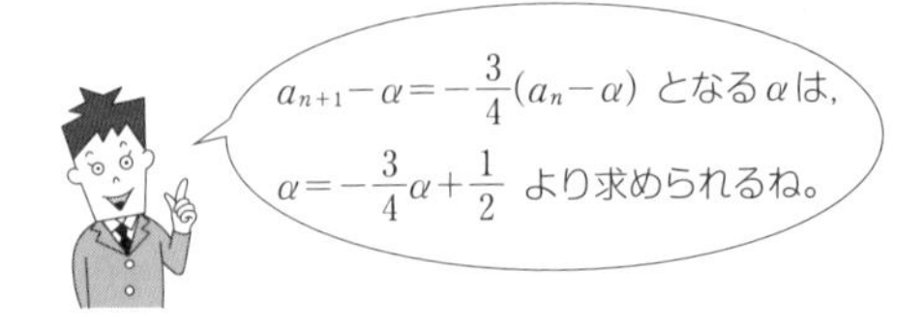

第2節 無限級数

1 無限級数の収束・発散

☐ **問16** 次の無限級数の収束，発散を調べ，収束するときはその和を求めよ。

教科書 p. 20

(1) $\dfrac{1}{3\cdot5}+\dfrac{1}{5\cdot7}+\dfrac{1}{7\cdot9}+\cdots\cdots+\dfrac{1}{(2n+1)(2n+3)}+\cdots\cdots$

(2) $\displaystyle\sum_{n=1}^{\infty}\frac{1}{\sqrt{3n-2}+\sqrt{3n+1}}$

ガイド 無限数列 $\{a_n\}$ の各項を順に＋の記号で結んで表した式

$$a_1+a_2+a_3+\cdots\cdots+a_n+\cdots\cdots$$

を**無限級数**という。この無限級数を記号 $\sum$ を用いて，$\displaystyle\sum_{n=1}^{\infty}\boldsymbol{a_n}$ とも書く。

無限級数 $\displaystyle\sum_{n=1}^{\infty}a_n$ において，a_1 を**初項**，a_n を**第 n 項**といい，初項から第 n 項までの和　$S_n=\displaystyle\sum_{k=1}^{n}a_k=a_1+a_2+a_3+\cdots\cdots+a_n$

を，この無限級数の**第 n 項までの部分和**という。

部分和 S_n を第 n 項として，次の無限数列 $\{S_n\}$ を作る。

$$S_1,\ S_2,\ S_3,\ \cdots\cdots,\ S_n,\ \cdots\cdots$$

(I) 数列 $\{S_n\}$ が収束して，その極限値が S であるとき，すなわち，

$$\lim_{n\to\infty}S_n=\lim_{n\to\infty}\sum_{k=1}^{n}a_k=S$$

となるとき，無限級数 $\displaystyle\sum_{n=1}^{\infty}a_n$ は S に**収束する**といい，S を無限級数 $\displaystyle\sum_{n=1}^{\infty}a_n$ の**和**という。また，$\displaystyle\sum_{n=1}^{\infty}a_n=S$ と書くことがある。

(II) 数列 $\{S_n\}$ が発散するとき，無限級数 $\displaystyle\sum_{n=1}^{\infty}a_n$ は**発散する**という。

解答 第 n 項までの部分和を S_n とする。

(1) $\dfrac{1}{(2n+1)(2n+3)}=\dfrac{1}{2}\left(\dfrac{1}{2n+1}-\dfrac{1}{2n+3}\right)$ より，

$$S_n=\frac{1}{3\cdot5}+\frac{1}{5\cdot7}+\frac{1}{7\cdot9}+\cdots\cdots+\frac{1}{(2n+1)(2n+3)}$$
$$=\frac{1}{2}\left\{\left(\frac{1}{3}-\frac{1}{5}\right)+\left(\frac{1}{5}-\frac{1}{7}\right)+\left(\frac{1}{7}-\frac{1}{9}\right)+\cdots\cdots+\left(\frac{1}{2n+1}-\frac{1}{2n+3}\right)\right\}$$
$$=\frac{1}{2}\left(\frac{1}{3}-\frac{1}{2n+3}\right)$$

したがって，　$\lim_{n\to\infty}S_n=\lim_{n\to\infty}\frac{1}{2}\left(\frac{1}{3}-\frac{1}{2n+3}\right)=\frac{1}{6}$

よって，この無限級数は**収束し**，**その和は $\boldsymbol{\frac{1}{6}}$** である。

(2)
$$S_n=\sum_{k=1}^{n}\frac{1}{\sqrt{3k-2}+\sqrt{3k+1}}$$
$$=\sum_{k=1}^{n}\frac{\sqrt{3k-2}-\sqrt{3k+1}}{(\sqrt{3k-2}+\sqrt{3k+1})(\sqrt{3k-2}-\sqrt{3k+1})}$$
$$=\frac{1}{3}\sum_{k=1}^{n}(-\sqrt{3k-2}+\sqrt{3k+1})$$
$$=\frac{1}{3}\{(-\sqrt{1}+\sqrt{4})+(-\sqrt{4}+\sqrt{7})+(-\sqrt{7}+\sqrt{10})+\cdots\cdots+(-\sqrt{3n-2}+\sqrt{3n+1})\}$$
$$=\frac{1}{3}(-1+\sqrt{3n+1})$$

したがって，　$\lim_{n\to\infty}S_n=\lim_{n\to\infty}\frac{1}{3}(-1+\sqrt{3n+1})=\infty$

よって，この無限級数は**発散する**。

2 無限等比級数の収束・発散

問17 次の無限等比級数の収束，発散を調べ，収束するときはその和を求めよ。

教科書 **p.22**

(1) $27+9+3+1+\cdots\cdots$　　(2) $2-2+2-2+\cdots\cdots$

ガイド 初項 a，公比 r の無限等比数列 $\{ar^{n-1}\}$ から作られる無限級数

$$\sum_{n=1}^{\infty}ar^{n-1}=a+ar+ar^2+\cdots\cdots+ar^{n-1}+\cdots\cdots$$

を，初項 a，公比 r の**無限等比級数**という。

ここがポイント

無限等比級数 $a+ar+ar^2+\cdots\cdots+ar^{n-1}+\cdots\cdots$
の収束，発散は，次のようになる。
(I)　$a=0$ のとき，収束し，その和は 0 である。
(II)　$a\neq 0$ のとき，

$|r|<1$ ならば，収束し，その和は $\dfrac{a}{1-r}$ である。

$|r|\geqq 1$ ならば，発散する。

解答　(1)　初項 $a=27$，公比 $r=\dfrac{1}{3}$ の無限等比級数である。

$|r|<1$ であるから**収束し**，**その和 S は**，

$$S=\frac{27}{1-\frac{1}{3}}=\boldsymbol{\frac{81}{2}}$$

(2)　初項 $a=2$，公比 $r=-1$ の無限等比級数である。

$|r|\geqq 1$ であるから**発散する**。

問18　次の無限等比級数が収束するような x の値の範囲を求めよ。また，そのときの和を求めよ。

教科書 p.22

$$x+x(1-3x)+x(1-3x)^2+x(1-3x)^3+\cdots\cdots$$

ガイド　収束するのは，$x=0$ または，$|1-3x|<1$ のときである。

解答　初項 x，公比 $1-3x$ の無限等比級数であるから，収束するのは，$x=0$ または，$|1-3x|<1$ のときである。

$|1-3x|<1$ のとき，$-1<1-3x<1$ であるから，

$$0<x<\frac{2}{3}$$

よって，求める x の値の範囲は，　$\boldsymbol{0\leqq x<\frac{2}{3}}$

また，収束するときの**和 S は**，

$x=0$ のとき，　$S=0$

$0<x<\dfrac{2}{3}$ のとき，　$S=\dfrac{x}{1-(1-3x)}=\boldsymbol{\dfrac{1}{3}}$

問19 次の循環小数を分数で表せ。

教科書 p.23

(1) $0.\dot{5}$　　(2) $0.\dot{9}\dot{3}$　　(3) $1.6\dot{8}\dot{1}$

ガイド 無限等比級数で表して，その和を求める。

解答 (1)
$$0.\dot{5}=0.555\cdots\cdots$$
$$=0.5+0.05+0.005+\cdots\cdots$$
$$=0.5+0.5\times0.1+0.5\times0.1^2+\cdots\cdots$$

右辺は，初項 0.5，公比 0.1 の無限等比級数である。

公比について，$|0.1|<1$ であるから収束し，その和 S は，

$$S=\frac{0.5}{1-0.1}=\frac{5}{9}$$

よって，　$0.\dot{5}=\boldsymbol{\frac{5}{9}}$

(2)
$$0.\dot{9}\dot{3}=0.939393\cdots\cdots$$
$$=0.93+0.0093+0.000093+\cdots\cdots$$
$$=0.93+0.93\times0.01+0.93\times0.01^2+\cdots\cdots$$

右辺は，初項 0.93，公比 0.01 の無限等比級数である。

公比について，$|0.01|<1$ であるから収束し，その和 S は，

$$S=\frac{0.93}{1-0.01}=\frac{93}{99}=\frac{31}{33}$$

よって，　$0.\dot{9}\dot{3}=\boldsymbol{\frac{31}{33}}$

(3)
$$1.6\dot{8}\dot{1}=1.6818181\cdots\cdots$$
$$=1.6+0.081+0.00081+0.0000081+\cdots\cdots$$
$$=1.6+(0.081+0.081\times0.01+0.081\times0.01^2+\cdots\cdots)$$

右辺の $0.081+0.081\times0.01+0.081\times0.01^2+\cdots\cdots$ は，初項 0.081，公比 0.01 の無限等比級数である。

公比について，$|0.01|<1$ であるから収束し，その和 S は，

$$S=\frac{0.081}{1-0.01}=\frac{81}{990}=\frac{9}{110}$$

よって，　$1.6\dot{8}\dot{1}=1.6+\frac{9}{110}=\frac{185}{110}=\boldsymbol{\frac{37}{22}}$

□ **問20** 数直線上で，動点Pが原点Oから正の向きに1進み，そこから負の向きに $\dfrac{2}{3}$，そこから正の向きに $\left(\dfrac{2}{3}\right)^2$，そこから負の向きに $\left(\dfrac{2}{3}\right)^3$，…… と進む。以下，このような運動を限りなく続けるとき，次の問いに答えよ。

教科書 p.24

(1)　Pが近づいていく点の座標を求めよ。

(2)　Pが動く距離の和を求めよ。

ガイド (1)　Pの座標を無限等比級数で表して，その和を求める。

(2)　Pが動く距離の和を無限等比級数で表して，その和を求める。

解答 (1)　Pの座標は，順に次のようになる。

$$1,\ 1-\frac{2}{3},\ 1-\frac{2}{3}+\left(\frac{2}{3}\right)^2,\ 1-\frac{2}{3}+\left(\frac{2}{3}\right)^2-\left(\frac{2}{3}\right)^3,\ \cdots\cdots$$

したがって，Pが近づいていく点の座標は，初項1，公比 $-\dfrac{2}{3}$ の無限等比級数で表される。

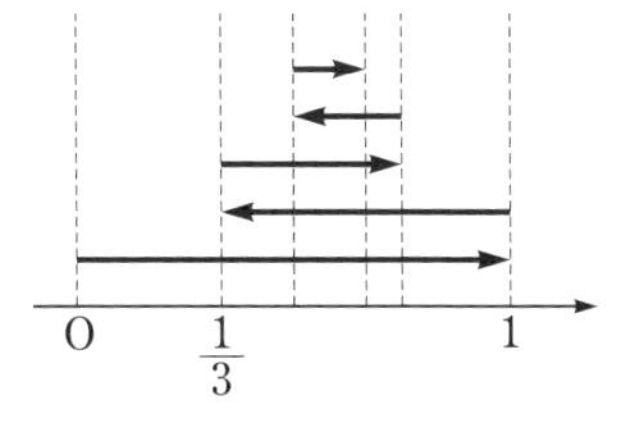

公比について，$\left|-\dfrac{2}{3}\right|<1$ であるから収束し，その和は，

$$\frac{1}{1-\left(-\dfrac{2}{3}\right)}=\frac{3}{5}$$

よって，Pが近づいていく点の座標は，　$\boldsymbol{\dfrac{3}{5}}$

(2)　Pが動く距離の和は，順に次のようになる。

$$1,\ 1+\frac{2}{3},\ 1+\frac{2}{3}+\left(\frac{2}{3}\right)^2,\ 1+\frac{2}{3}+\left(\frac{2}{3}\right)^2+\left(\frac{2}{3}\right)^3,\ \cdots\cdots$$

したがって，Pが動く距離の和は，初項1，公比 $\dfrac{2}{3}$ の無限等比級数で表される。

公比について，$\left|\dfrac{2}{3}\right|<1$ であるから収束し，その和は，

$$\frac{1}{1-\dfrac{2}{3}}=3$$

よって，Pが動く距離の和は，　**3**

問21 1辺の長さが2の正三角形 $A_1B_1C_1$ がある。

教科書 p.25

右の図のように，3辺の中点をそれぞれ結んでさらに正三角形を作っていく。

$\triangle A_1B_1C_1$ から始めて，次々と $\triangle A_2B_2C_2$，$\triangle A_3B_3C_3$，……，$\triangle A_nB_nC_n$，…… を作るとき，これらの正三角形の周の長さの総和を求めよ。

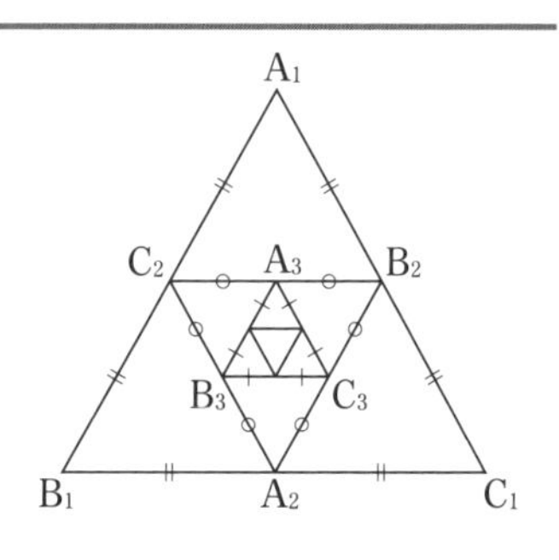

ガイド 正三角形の周の長さの和を無限等比級数で表して，その和を求める。

解答 $\triangle A_1B_1C_1$ の周の長さは，　$2\times3=6$

$\triangle A_{n+1}B_{n+1}C_{n+1} \backsim \triangle A_nB_nC_n$ で，相似比は $1:2$ であるから，周の長さの比も $1:2$ である。

すなわち，$\triangle A_nB_nC_n$ の周の長さを a_n とすると，　$a_{n+1}=\dfrac{1}{2}a_n$

したがって，求める正三角形の周の長さの総和は，初項6，公比 $\dfrac{1}{2}$ の無限等比級数で表される。

公比について，$\left|\dfrac{1}{2}\right|<1$ であるから収束し，その和は，

$$\frac{6}{1-\dfrac{1}{2}}=12$$

よって，正三角形の周の長さの総和は，　**12**

3 いろいろな無限級数

問22 次の無限級数の和を求めよ。

教科書 p.26

(1) $\displaystyle\sum_{n=1}^{\infty}\left\{\frac{3}{5^n}+\frac{5}{(-4)^n}\right\}$　　(2) $\displaystyle\sum_{n=1}^{\infty}\frac{3^n-2^n}{4^n}$

ガイド

ここがポイント [無限級数の性質]

無限級数 $\sum_{n=1}^{\infty} a_n$, $\sum_{n=1}^{\infty} b_n$ が収束して, $\sum_{n=1}^{\infty} a_n = S$, $\sum_{n=1}^{\infty} b_n = T$ のとき,

1 $\boldsymbol{\sum_{n=1}^{\infty} ka_n = kS}$　　ただし, k は定数

2 $\boldsymbol{\sum_{n=1}^{\infty} (a_n + b_n) = S + T}$,　$\boldsymbol{\sum_{n=1}^{\infty} (a_n - b_n) = S - T}$

解答 (1) $\sum_{n=1}^{\infty} \frac{3}{5^n}$ は, 初項 $\frac{3}{5}$, 公比 $\frac{1}{5}$ の無限等比級数であり, $\sum_{n=1}^{\infty} \frac{5}{(-4)^n}$ は, 初項 $-\frac{5}{4}$, 公比 $-\frac{1}{4}$ の無限等比級数である。

公比について, $\left|\frac{1}{5}\right| < 1$, $\left|-\frac{1}{4}\right| < 1$ であるから, ともに収束し, それぞれの和は,

$$\sum_{n=1}^{\infty} \frac{3}{5^n} = \frac{\frac{3}{5}}{1-\frac{1}{5}} = \frac{3}{4}, \quad \sum_{n=1}^{\infty} \frac{5}{(-4)^n} = \frac{-\frac{5}{4}}{1-\left(-\frac{1}{4}\right)} = -1$$

よって, $\sum_{n=1}^{\infty} \left\{\frac{3}{5^n} + \frac{5}{(-4)^n}\right\} = \frac{3}{4} + (-1) = \boldsymbol{-\frac{1}{4}}$

(2) $$\sum_{n=1}^{\infty} \frac{3^n - 2^n}{4^n} = \sum_{n=1}^{\infty} \left\{\left(\frac{3}{4}\right)^n - \left(\frac{1}{2}\right)^n\right\}$$

$\sum_{n=1}^{\infty} \left(\frac{3}{4}\right)^n$ は, 初項 $\frac{3}{4}$, 公比 $\frac{3}{4}$ の無限等比級数であり, $\sum_{n=1}^{\infty} \left(\frac{1}{2}\right)^n$ は, 初項 $\frac{1}{2}$, 公比 $\frac{1}{2}$ の無限等比級数である。

公比について, $\left|\frac{3}{4}\right| < 1$, $\left|\frac{1}{2}\right| < 1$ であるから, ともに収束し, それぞれの和は,

$$\sum_{n=1}^{\infty} \left(\frac{3}{4}\right)^n = \frac{\frac{3}{4}}{1-\frac{3}{4}} = 3, \quad \sum_{n=1}^{\infty} \left(\frac{1}{2}\right)^n = \frac{\frac{1}{2}}{1-\frac{1}{2}} = 1$$

よって, $\sum_{n=1}^{\infty} \frac{3^n - 2^n}{4^n} = 3 - 1 = \boldsymbol{2}$

問23 次の無限級数は発散することを示せ。

教科書 p.27

(1) $\frac{1}{2}+\frac{2}{3}+\frac{3}{4}+\frac{4}{5}+\cdots\cdots$　　(2) $1-2+3-4+\cdots\cdots$

ガイド

ここがポイント [無限級数の収束・発散]

1 無限級数 $\sum_{n=1}^{\infty} a_n$ が収束する $\Longrightarrow \lim_{n\to\infty} a_n=0$

2 数列 $\{a_n\}$ が 0 に収束しない $\Longrightarrow$ 無限級数 $\sum_{n=1}^{\infty} a_n$ は発散する。

2は1の対偶である。

解答 (1)

$$\frac{1}{2}+\frac{2}{3}+\frac{3}{4}+\frac{4}{5}+\cdots\cdots=\sum_{n=1}^{\infty}\frac{n}{n+1}$$

$\lim_{n\to\infty}\frac{n}{n+1}=\lim_{n\to\infty}\frac{1}{1+\frac{1}{n}}=1$ であるから，数列 $\left\{\frac{n}{n+1}\right\}$ は 0 に収束しない。

よって，与えられた無限級数は発散する。

(2)

$$1-2+3-4+\cdots\cdots=\sum_{n=1}^{\infty}\{(-1)^{n-1}\cdot n\}$$

数列 $\{(-1)^{n-1}\cdot n\}$ は振動し，0 に収束しない。

よって，与えられた無限級数は発散する。

注意 ここがポイント の1の逆は成り立たない。

すなわち，数列の極限が 0 であっても，無限級数が収束するとは限らない。

例えば，$\lim_{n\to\infty}\frac{1}{\sqrt{3n-2}+\sqrt{3n+1}}=0$ であるが，**問 16** (2)で調べたように，$\sum_{n=1}^{\infty}\frac{1}{\sqrt{3n-2}+\sqrt{3n+1}}$ は正の無限大に発散する。

数列の極限が 0 であっても
無限級数が収束するとは
限らないよ。注意しよう！

節末問題

第2節｜無限級数

1 次の無限級数の収束，発散を調べ，収束するときはその和を求めよ。

教科書 p.29

(1) $\dfrac{2}{1\cdot 3}+\dfrac{2}{2\cdot 4}+\dfrac{2}{3\cdot 5}+\cdots\cdots+\dfrac{2}{n(n+2)}+\cdots\cdots$

(2) $\displaystyle\sum_{n=1}^{\infty}\frac{1}{\sqrt{n+1}+\sqrt{n+3}}$

ガイド (1) 第 n 項は，$\dfrac{2}{n(n+2)}=\dfrac{1}{n}-\dfrac{1}{n+2}$ と変形できる。

(2) 分母を有理化する。

解答 第 n 項までの部分和を S_n とする。

(1)
$$S_n=\frac{2}{1\cdot 3}+\frac{2}{2\cdot 4}+\frac{2}{3\cdot 5}+\cdots\cdots+\frac{2}{n(n+2)}$$
$$=\left(\frac{1}{1}-\frac{1}{3}\right)+\left(\frac{1}{2}-\frac{1}{4}\right)+\left(\frac{1}{3}-\frac{1}{5}\right)+$$
$$\cdots\cdots+\left(\frac{1}{n-2}-\frac{1}{n}\right)+\left(\frac{1}{n-1}-\frac{1}{n+1}\right)+\left(\frac{1}{n}-\frac{1}{n+2}\right)$$
$$=1+\frac{1}{2}-\frac{1}{n+1}-\frac{1}{n+2}$$

したがって，　$\displaystyle\lim_{n\to\infty}S_n=\lim_{n\to\infty}\left(1+\frac{1}{2}-\frac{1}{n+1}-\frac{1}{n+2}\right)=\frac{3}{2}$

よって，この無限級数は**収束し**，**その和は** $\dfrac{3}{2}$ である。

(2)
$$S_n=\sum_{k=1}^{n}\frac{1}{\sqrt{k+1}+\sqrt{k+3}}$$
$$=\sum_{k=1}^{n}\frac{\sqrt{k+1}-\sqrt{k+3}}{(\sqrt{k+1}+\sqrt{k+3})(\sqrt{k+1}-\sqrt{k+3})}$$
$$=\frac{1}{2}\sum_{k=1}^{n}(-\sqrt{k+1}+\sqrt{k+3})$$
$$=\frac{1}{2}\{(-\sqrt{2}+\sqrt{4})+(-\sqrt{3}+\sqrt{5})+(-\sqrt{4}+\sqrt{6})+$$
$$\cdots\cdots+(-\sqrt{n-1}+\sqrt{n+1})+(-\sqrt{n}+\sqrt{n+2})$$
$$+(-\sqrt{n+1}+\sqrt{n+3})\}$$
$$=\frac{1}{2}(-\sqrt{2}-\sqrt{3}+\sqrt{n+2}+\sqrt{n+3})$$

したがって，

$$\lim_{n\to\infty} S_n = \lim_{n\to\infty}\left\{\frac{1}{2}(-\sqrt{2}-\sqrt{3}+\sqrt{n+2}+\sqrt{n+3})\right\}=\infty$$

よって，この無限級数は**発散する**。

□ **2** 教科書 p.29

次の無限等比級数の収束，発散を調べ，収束するときはその和を求めよ。

(1) $4-6+9-\dfrac{27}{2}+\cdots\cdots$

(2) $\sqrt{2}+(2-\sqrt{2})+(3\sqrt{2}-4)+(10-7\sqrt{2})+\cdots\cdots$

ガイド 公比 r について，$|r|<1$ ならば収束し，$|r|\geqq 1$ ならば発散する。

解答 (1) 初項 $a=4$，公比 $r=-\dfrac{3}{2}$ の無限等比級数である。

$|r|\geqq 1$ であるから**発散する**。

(2) 初項 $a=\sqrt{2}$，公比 $r=\dfrac{2-\sqrt{2}}{\sqrt{2}}=\sqrt{2}-1$ の無限等比級数である。

$|r|<1$ であるから**収束し**，**その和 S は**，

$$S=\frac{\sqrt{2}}{1-(\sqrt{2}-1)}=\boldsymbol{\sqrt{2}+1}$$

□ **3** 教科書 p.29

第 2 項が -4，和が 9 である無限等比級数の初項と公比を求めよ。

ガイド 初項を a，公比を r とすると，0 以外の値に収束することから，$|r|<1$ である。また，$ar=-4$，$\dfrac{a}{1-r}=9$ である。

解答 この無限等比級数の初項を a，公比を r とする。

無限等比級数は 0 以外の値に収束することから，　$|r|<1$

第 2 項が -4 であることから，　$ar=-4$　……①

和が 9 であることから，　$\dfrac{a}{1-r}=9$　　$a=9(1-r)$　……②

②を①に代入すると，　$9(1-r)\cdot r=-4$

$9r^2-9r-4=0$

$(3r-4)(3r+1)=0$

したがって，　$r=\dfrac{4}{3},\ -\dfrac{1}{3}$

$|r|<1$ より，　$r=-\dfrac{1}{3}$

①より，　$a=12$

よって，　**初項 12，公比 $-\dfrac{1}{3}$**

□ **4**
教科書 p.29

無限等比級数 $\displaystyle\sum_{n=1}^{\infty}(6x^2+5x)^n$ が収束するような x の値の範囲を求めよ。また，そのときの和を求めよ。

ガイド 収束するのは，初項 a について $a=0$ または，公比 r について $|r|<1$ のときである。

解答 初項 $6x^2+5x$，公比 $6x^2+5x$ の無限等比級数であるから，収束するのは，初項について $6x^2+5x=0$ または，公比について $|6x^2+5x|<1$ のときである。

すなわち，$-1<6x^2+5x<1$ のときである。

$-1<6x^2+5x$ より，　$6x^2+5x+1>0$　　$(2x+1)(3x+1)>0$

したがって，　$x<-\dfrac{1}{2},\ -\dfrac{1}{3}<x$　……①

$6x^2+5x<1$ より，　$6x^2+5x-1<0$　　$(x+1)(6x-1)<0$

したがって，　$-1<x<\dfrac{1}{6}$　……②

①，②より，求める x の値の範囲は，

$$-1<x<-\frac{1}{2},\ -\frac{1}{3}<x<\frac{1}{6}$$

また，収束するときの和 S は，$6x^2+5x\neq 0$ のとき，

$$S=\frac{6x^2+5x}{1-(6x^2+5x)}=\frac{6x^2+5x}{-6x^2-5x+1}$$

$6x^2+5x=0$ のとき，和は 0 であり，S はこれを満たす。

よって，求める**和**は，　$\dfrac{6x^2+5x}{-6x^2-5x+1}$

☐ **5**

教科書 p.29

$OA=8$，$OB=4$，$\angle AOB=90°$ の直角三角形 OAB の内部に，右の図のように次々と正方形 $OA_1C_1B_1$，$A_1A_2C_2B_2$，$A_2A_3C_3B_3$，…… を作るとき，これらの正方形の面積の総和を求めよ。

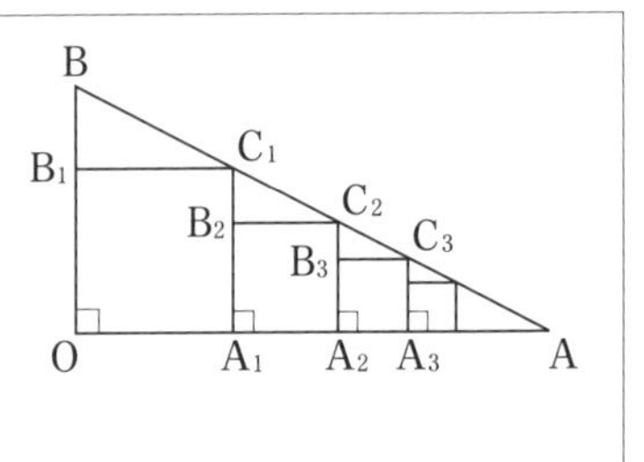

ガイド　正方形の1辺の長さを数列とみて，初項と漸化式を求める。すると，正方形の面積の総和を無限等比級数で表せる。

解答　$\triangle B_1C_1B \backsim \triangle OAB$ より，

$$B_1B : B_1C_1 = OB : OA$$
$$= 4 : 8 = 1 : 2$$

$B_nC_n = a_n$ とすると，

$B_1O = B_1C_1 = a_1$ より，

$$B_1B = OB - B_1O = 4 - a_1$$

したがって，$(4-a_1) : a_1 = 1 : 2$ より，　$a_1 = \dfrac{8}{3}$

同様に，$\triangle B_{n+1}C_{n+1}C_n \backsim \triangle OAB$ より，$B_{n+1}C_n : B_{n+1}C_{n+1} = 1 : 2$

$$B_{n+1}C_n = A_nC_n - A_nB_{n+1} = B_nC_n - B_{n+1}C_{n+1} = a_n - a_{n+1}$$

したがって，$(a_n - a_{n+1}) : a_{n+1} = 1 : 2$ より，　$a_{n+1} = \dfrac{2}{3}a_n$

これより，求める正方形の面積の総和は，

$$\left(\frac{8}{3}\right)^2 + \left(\frac{8}{3}\cdot\frac{2}{3}\right)^2 + \left\{\frac{8}{3}\left(\frac{2}{3}\right)^2\right\}^2 + \cdots\cdots + \left\{\frac{8}{3}\left(\frac{2}{3}\right)^{n-1}\right\}^2 + \cdots\cdots$$

$$= \left(\frac{8}{3}\right)^2 + \left(\frac{8}{3}\right)^2\left(\frac{2}{3}\right)^2 + \left(\frac{8}{3}\right)^2\left\{\left(\frac{2}{3}\right)^2\right\}^2 + \cdots\cdots + \left(\frac{8}{3}\right)^2\left\{\left(\frac{2}{3}\right)^2\right\}^{n-1} + \cdots\cdots$$

であり，初項 $\left(\dfrac{8}{3}\right)^2 = \dfrac{64}{9}$，公比 $\left(\dfrac{2}{3}\right)^2 = \dfrac{4}{9}$ の無限等比級数で表される。

公比について，$\left|\dfrac{4}{9}\right| < 1$ であるから収束し，その和は，

$$\frac{\dfrac{64}{9}}{1-\dfrac{4}{9}} = \frac{64}{5}$$

よって，正方形の面積の総和は，　$\boldsymbol{\dfrac{64}{5}}$

☐ **6** 次の無限級数の和を求めよ。

教科書 p.29

(1) $\displaystyle\sum_{n=1}^{\infty}\frac{2^n-(-1)^n}{3^n}$　　(2) $\displaystyle\sum_{n=1}^{\infty}2^{n-1}\left(\frac{1}{3^n}-\frac{1}{4^{n+1}}\right)$

ガイド 問 22 の ここがポイント の2を利用する。

解答 (1)
$$\sum_{n=1}^{\infty}\frac{2^n-(-1)^n}{3^n}=\sum_{n=1}^{\infty}\left\{\left(\frac{2}{3}\right)^n-\left(-\frac{1}{3}\right)^n\right\}$$

$\displaystyle\sum_{n=1}^{\infty}\left(\frac{2}{3}\right)^n$ は，初項 $\dfrac{2}{3}$，公比 $\dfrac{2}{3}$ の無限等比級数であり，

$\displaystyle\sum_{n=1}^{\infty}\left(-\frac{1}{3}\right)^n$ は，初項 $-\dfrac{1}{3}$，公比 $-\dfrac{1}{3}$ の無限等比級数である。

公比について，$\left|\dfrac{2}{3}\right|<1$，$\left|-\dfrac{1}{3}\right|<1$ であるから，ともに収束し，それぞれの和は，

$$\sum_{n=1}^{\infty}\left(\frac{2}{3}\right)^n=\frac{\frac{2}{3}}{1-\frac{2}{3}}=2,\quad \sum_{n=1}^{\infty}\left(-\frac{1}{3}\right)^n=\frac{-\frac{1}{3}}{1-\left(-\frac{1}{3}\right)}=-\frac{1}{4}$$

よって，$\displaystyle\sum_{n=1}^{\infty}\frac{2^n-(-1)^n}{3^n}=2-\left(-\frac{1}{4}\right)=\boldsymbol{\frac{9}{4}}$

(2)
$$\sum_{n=1}^{\infty}2^{n-1}\left(\frac{1}{3^n}-\frac{1}{4^{n+1}}\right)=\sum_{n=1}^{\infty}\left\{\frac{1}{3}\left(\frac{2}{3}\right)^{n-1}-\frac{1}{16}\left(\frac{1}{2}\right)^{n-1}\right\}$$

$\displaystyle\sum_{n=1}^{\infty}\frac{1}{3}\left(\frac{2}{3}\right)^{n-1}$ は，初項 $\dfrac{1}{3}$，公比 $\dfrac{2}{3}$ の無限等比級数であり，

$\displaystyle\sum_{n=1}^{\infty}\frac{1}{16}\left(\frac{1}{2}\right)^{n-1}$ は，初項 $\dfrac{1}{16}$，公比 $\dfrac{1}{2}$ の無限等比級数である。

公比について，$\left|\dfrac{2}{3}\right|<1$，$\left|\dfrac{1}{2}\right|<1$ であるから，ともに収束し，それぞれの和は，

$$\sum_{n=1}^{\infty}\frac{1}{3}\left(\frac{2}{3}\right)^{n-1}=\frac{\frac{1}{3}}{1-\frac{2}{3}}=1,\quad \sum_{n=1}^{\infty}\frac{1}{16}\left(\frac{1}{2}\right)^{n-1}=\frac{\frac{1}{16}}{1-\frac{1}{2}}=\frac{1}{8}$$

よって，$\displaystyle\sum_{n=1}^{\infty}2^{n-1}\left(\frac{1}{3^n}-\frac{1}{4^{n+1}}\right)=1-\frac{1}{8}=\boldsymbol{\frac{7}{8}}$

章末問題

A

1. 教科書 p.31

極限値 $\displaystyle\lim_{n\to\infty}\frac{1}{\sqrt{n}}\left(\frac{1}{\sqrt{2}+1}+\frac{1}{\sqrt{3}+\sqrt{2}}+\cdots\cdots+\frac{1}{\sqrt{n+1}+\sqrt{n}}\right)$ を求めよ。

ガイド $\displaystyle\frac{1}{\sqrt{2}+1}+\frac{1}{\sqrt{3}+\sqrt{2}}+\cdots\cdots+\frac{1}{\sqrt{n+1}+\sqrt{n}}=-1+\sqrt{n+1}$ である。

解答

$$\frac{1}{\sqrt{2}+1}+\frac{1}{\sqrt{3}+\sqrt{2}}+\cdots\cdots+\frac{1}{\sqrt{n+1}+\sqrt{n}}$$

$$=\sum_{k=1}^{n}\frac{1}{\sqrt{k+1}+\sqrt{k}}=\sum_{k=1}^{n}\frac{\sqrt{k+1}-\sqrt{k}}{(\sqrt{k+1}+\sqrt{k})(\sqrt{k+1}-\sqrt{k})}$$

$$=\sum_{k=1}^{n}(-\sqrt{k}+\sqrt{k+1})$$

$$=(-\sqrt{1}+\sqrt{2})+(-\sqrt{2}+\sqrt{3})+\cdots\cdots+(-\sqrt{n}+\sqrt{n+1})$$

$$=-1+\sqrt{n+1}$$

したがって,

$$\lim_{n\to\infty}\frac{1}{\sqrt{n}}\left(\frac{1}{\sqrt{2}+1}+\frac{1}{\sqrt{3}+\sqrt{2}}+\cdots\cdots+\frac{1}{\sqrt{n+1}+\sqrt{n}}\right)$$

$$=\lim_{n\to\infty}\frac{1}{\sqrt{n}}(-1+\sqrt{n+1})=\lim_{n\to\infty}\left(-\frac{1}{\sqrt{n}}+\sqrt{1+\frac{1}{n}}\right)=\mathbf{1}$$

2. 教科書 p.31

次の問いに答えよ。

(1) $(1+x)^n={}_n\mathrm{C}_0+{}_n\mathrm{C}_1x+{}_n\mathrm{C}_2x^2+\cdots\cdots+{}_n\mathrm{C}_nx^n$

を利用して, $2^n\geqq1+n+\dfrac{n(n-1)}{2}$ が成り立つことを証明せよ。

(2) 極限値 $\displaystyle\lim_{n\to\infty}\frac{n}{2^n}$ を求めよ。

ガイド (1) 与えられた式に $x=1$ を代入する。

(2) (1)より, $2^n\geqq\dfrac{n^2+n+2}{2}$ である。この不等式の両辺の逆数をとって, n を掛けた式を利用する。

解答 (1) $(1+x)^n={}_n\mathrm{C}_0+{}_n\mathrm{C}_1x+{}_n\mathrm{C}_2x^2+\cdots\cdots+{}_n\mathrm{C}_nx^n$

これに $x=1$ を代入して， $2^n={}_n\mathrm{C}_0+{}_n\mathrm{C}_1+{}_n\mathrm{C}_2+\cdots\cdots+{}_n\mathrm{C}_n$

ここで，$n\geqq 2$ のとき，

$$2^n={}_n\mathrm{C}_0+{}_n\mathrm{C}_1+{}_n\mathrm{C}_2+\cdots\cdots+{}_n\mathrm{C}_n\geqq{}_n\mathrm{C}_0+{}_n\mathrm{C}_1+{}_n\mathrm{C}_2$$

よって， $2^n\geqq 1+n+\dfrac{n(n-1)}{2}$

これは，$n=1$ のときも成り立つ。

(2) (1)より，

$$2^n\geqq 1+n+\frac{n(n-1)}{2}=\frac{n^2+n+2}{2}>0$$

したがって， $0<\dfrac{1}{2^n}\leqq\dfrac{2}{n^2+n+2}$

n を掛けると， $0<\dfrac{n}{2^n}\leqq\dfrac{2n}{n^2+n+2}$

$$\lim_{n\to\infty}\frac{2n}{n^2+n+2}=\lim_{n\to\infty}\frac{\frac{2}{n}}{1+\frac{1}{n}+\frac{2}{n^2}}=0$$ であるから，

$$\lim_{n\to\infty}\frac{n}{2^n}=\mathbf{0}$$

3. 教科書 p.31

等式 $\dfrac{n}{(n+1)!}=\dfrac{1}{n!}-\dfrac{1}{(n+1)!}$ を示し，次の無限級数の和を求めよ。

$$\frac{1}{2!}+\frac{2}{3!}+\frac{3}{4!}+\frac{4}{5!}+\cdots\cdots$$

ガイド $\dfrac{1}{n!}=\dfrac{n+1}{n!(n+1)}=\dfrac{n+1}{(n+1)!}$ と変形して等式を示す。

与えられた等式を用いて，無限級数の部分和を考える。

解答

$$右辺=\frac{1}{n!}-\frac{1}{(n+1)!}=\frac{n+1}{n!(n+1)}-\frac{1}{(n+1)!}$$

$$=\frac{n+1}{(n+1)!}-\frac{1}{(n+1)!}=\frac{n}{(n+1)!}=左辺$$

よって， $\dfrac{n}{(n+1)!}=\dfrac{1}{n!}-\dfrac{1}{(n+1)!}$

無限級数は，$\displaystyle\sum_{n=1}^{\infty}\frac{n}{(n+1)!}$ と表すことができる。

第 n 項までの部分和を S_n とすると，

$$S_n=\frac{1}{2!}+\frac{2}{3!}+\frac{3}{4!}+\frac{4}{5!}+\cdots\cdots+\frac{n}{(n+1)!}$$

$$=\left(\frac{1}{1!}-\frac{1}{2!}\right)+\left(\frac{1}{2!}-\frac{1}{3!}\right)+\left(\frac{1}{3!}-\frac{1}{4!}\right)+\cdots\cdots+\left\{\frac{1}{n!}-\frac{1}{(n+1)!}\right\}$$

$$=1-\frac{1}{(n+1)!}$$

したがって，　$\displaystyle\lim_{n\to\infty}S_n=\lim_{n\to\infty}\left\{1-\frac{1}{(n+1)!}\right\}=1$

よって，与えられた無限級数の和は，　**1**

B

4. 教科書 p.31

数列 $\{a_n\}$ が，$a_n=\dfrac{1}{\sqrt{n^2+1}}+\dfrac{1}{\sqrt{n^2+2}}+\cdots\cdots+\dfrac{1}{\sqrt{n^2+n}}$

$(n=1,\ 2,\ 3,\ \cdots\cdots)$ で定義されているとき，次の問いに答えよ。

(1)　$\dfrac{n}{\sqrt{n^2+n}}\leqq a_n\leqq\dfrac{n}{\sqrt{n^2+1}}$ が成り立つことを示せ。

(2)　極限値 $\displaystyle\lim_{n\to\infty}a_n$ を求めよ。

ガイド　(1)　$k=1,\ 2,\ 3,\ \cdots\cdots,\ n$ のとき，$\dfrac{1}{\sqrt{n^2+n}}\leqq\dfrac{1}{\sqrt{n^2+k}}\leqq\dfrac{1}{\sqrt{n^2+1}}$

であることを用いる。

(2)　はさみうちの原理を利用する。

解答　(1)　$$a_n=\frac{1}{\sqrt{n^2+1}}+\frac{1}{\sqrt{n^2+2}}+\cdots\cdots+\frac{1}{\sqrt{n^2+n}}=\sum_{k=1}^{n}\frac{1}{\sqrt{n^2+k}}$$

$k=1,\ 2,\ 3,\ \cdots\cdots,\ n$ のとき，$1\leqq k\leqq n$ であるから，

$$\sqrt{n^2+1}\leqq\sqrt{n^2+k}\leqq\sqrt{n^2+n}$$

$\sqrt{n^2+1}>0$ より，

$$\frac{1}{\sqrt{n^2+n}}\leqq\frac{1}{\sqrt{n^2+k}}\leqq\frac{1}{\sqrt{n^2+1}}$$

したがって，

$$\sum_{k=1}^{n}\frac{1}{\sqrt{n^2+n}} \leqq \sum_{k=1}^{n}\frac{1}{\sqrt{n^2+k}} \leqq \sum_{k=1}^{n}\frac{1}{\sqrt{n^2+1}}$$

よって，

$$\frac{n}{\sqrt{n^2+n}} \leqq a_n \leqq \frac{n}{\sqrt{n^2+1}}$$

(2)　(1)より，　$\dfrac{n}{\sqrt{n^2+n}} \leqq a_n \leqq \dfrac{n}{\sqrt{n^2+1}}$

ここで，$\displaystyle\lim_{n\to\infty}\frac{n}{\sqrt{n^2+n}}=\lim_{n\to\infty}\frac{1}{\sqrt{1+\frac{1}{n}}}=1$，

$\displaystyle\lim_{n\to\infty}\frac{n}{\sqrt{n^2+1}}=\lim_{n\to\infty}\frac{1}{\sqrt{1+\frac{1}{n^2}}}=1$ であるから，

$$\lim_{n\to\infty} a_n = \mathbf{1}$$

5. 教科書 p.31

無限等比数列 $\{a_n\}$ がある。無限級数 $a_4+a_5+a_6+a_7+\cdots\cdots$ は $-\dfrac{8}{9}$ に収束し，$a_5+a_7+a_9+a_{11}+\cdots\cdots$ は $\dfrac{16}{9}$ に収束する。このとき，無限等比数列 $\{a_n\}$ の公比を求めよ。また，無限級数 $\displaystyle\sum_{n=1}^{\infty}a_n$ の和を求めよ。

ガイド　無限等比数列 $\{a_n\}$ の初項を a，公比を r とする。2つの無限級数はともに無限等比級数となるから，それぞれの初項と公比を a，r を用いて表す。

解答　無限等比数列 $\{a_n\}$ の初項を a，公比を r とする。

無限級数 $a_4+a_5+a_6+a_7+\cdots\cdots$ は，無限級数

$$ar^3+ar^4+ar^5+ar^6+\cdots\cdots$$

で表され，これは，初項 ar^3，公比 r の無限等比級数である。

この無限等比級数が $-\dfrac{8}{9}$ に収束するから，$ar^3 \neq 0$ かつ $|r|<1$ で，

$$\frac{ar^3}{1-r}=-\frac{8}{9} \quad \cdots\cdots①$$

無限級数 $a_5+a_7+a_9+a_{11}+\cdots\cdots$ は，無限級数

$$ar^4+ar^6+ar^8+ar^{10}+\cdots\cdots$$

で表され，これは，初項 ar^4，公比 r^2 の無限等比級数である。

この無限等比級数が $\dfrac{16}{9}$ に収束するから，$ar^4 \neq 0$ かつ $|r^2|<1$ で，

$$\frac{ar^4}{1-r^2}=\frac{16}{9} \quad \cdots\cdots②$$

②÷① より，

$$\frac{\dfrac{ar^4}{1-r^2}}{\dfrac{ar^3}{1-r}}=\frac{\dfrac{16}{9}}{-\dfrac{8}{9}}$$

$$\frac{r}{1+r}=-2$$

したがって， $r=-\dfrac{2}{3}$

これは，$|r|<1$，$|r^2|<1$ を満たす。

また，$r=-\dfrac{2}{3}$ を①に代入すると，

$$\frac{a\left(-\dfrac{2}{3}\right)^3}{1-\left(-\dfrac{2}{3}\right)}=-\frac{8}{9}$$

$$-\frac{8}{45}a=-\frac{8}{9}$$

したがって， $a=5$

これは，$ar^3 \neq 0$，$ar^4 \neq 0$ を満たす。

よって，$\displaystyle\sum_{n=1}^{\infty}a_n$ は，初項 5，公比 $-\dfrac{2}{3}$ の無限等比級数である。

公比について，$\left|-\dfrac{2}{3}\right|<1$ であるから収束し，その和は，

$$\frac{5}{1-\left(-\dfrac{2}{3}\right)}=3$$

よって， **公比 $-\dfrac{2}{3}$，和 3**

思考力を養う　無限級数　課題学習

第1章 数列の極限

□ **Q 1**　教科書 p.32

1本のビンのジュースをA，Bの2人で分ける。まず，ジュースの半分をAのコップに注ぎ，次に残ったジュースの半分をBのコップに注ぎ，さらに，残ったジュースの半分をAのコップに注ぐ。このように，残ったジュースの半分をAとBのコップに交互に注ぐ操作を無限に繰り返すとき，AとBのジュースの量は，それぞれいくらになるか求めてみよう。ただし，最初にビンに入っている量を1とする。

ガイド 無限等比級数を用いて考える。

解答 最初にビンに入っている量を1とすると，Aのジュースの量は，

$$\frac{1}{2}+\left(\frac{1}{2}\right)^3+\left(\frac{1}{2}\right)^5+\left(\frac{1}{2}\right)^7+\cdots\cdots$$

となり，初項 $\frac{1}{2}$，公比 $\left(\frac{1}{2}\right)^2=\frac{1}{4}$ の無限等比級数で表される。

公比について，$\left|\frac{1}{4}\right|<1$ であるから収束し，その和は，

$$\frac{\frac{1}{2}}{1-\frac{1}{4}}=\frac{2}{3}$$

同様に，Bのジュースの量は，

$$\left(\frac{1}{2}\right)^2+\left(\frac{1}{2}\right)^4+\left(\frac{1}{2}\right)^6+\left(\frac{1}{2}\right)^8+\cdots\cdots$$

となり，初項 $\left(\frac{1}{2}\right)^2=\frac{1}{4}$，公比 $\left(\frac{1}{2}\right)^2=\frac{1}{4}$ の無限等比級数で表される。

公比について，$\left|\frac{1}{4}\right|<1$ であるから収束し，その和は，

$$\frac{\frac{1}{4}}{1-\frac{1}{4}}=\frac{1}{3}$$

よって，**Aのジュースの量は $\frac{2}{3}$**，**Bのジュースの量は $\frac{1}{3}$** になる。

Q 2 小数

教科書 p.32

$$0.02040816326530\cdots\cdots$$

を無限級数で表して，和が $\dfrac{1}{49}$ になることを確かめてみよう。

ガイド 2桁ごとに，2の累乗の数2，4，8，16，32，……が現れていることから考える。

解答 右のように，与えられた小数には，2桁ごとに，2の累乗の数2，4，8，16，32，……が現れている。

0.|02|04|08|16|32|65|30|…
02
04
08
16
32
64
1|28
2|56
…

よって，この小数を無限級数で表すと，

$$\begin{aligned}&0.02040816326530\cdots\cdots\\&=0.02+0.0004+0.000008+0.00000016+\cdots\cdots\\&=\frac{2}{100}+\left(\frac{2}{100}\right)^2+\left(\frac{2}{100}\right)^3+\left(\frac{2}{100}\right)^4+\cdots\cdots\end{aligned}$$

これは，初項 $\dfrac{2}{100}$，公比 $\dfrac{2}{100}$ の無限等比級数である。

公比について，$\left|\dfrac{2}{100}\right|<1$ であるから収束し，その和は，

$$\frac{\dfrac{2}{100}}{1-\dfrac{2}{100}}=\frac{1}{49}$$

以上のように，与えられた小数を無限級数で表して，その和が $\dfrac{1}{49}$ になることが確かめられる。

第2章　関数とその極限

第1節　分数関数と無理関数

1　分数関数

問 1　次の関数のグラフをかけ。

教科書 p.34

(1)　$y=\dfrac{2}{x}$　　(2)　$y=-\dfrac{3}{x}$　　(3)　$y=\dfrac{2}{3x}$

ガイド　$y=\dfrac{4}{x}$, $y=\dfrac{3x-2}{x+1}$ のように，x の分数式で表される関数を，x の**分数関数**という。分数関数の定義域は，分母が 0 になる値を除く実数全体である。

k を 0 でない定数とするとき，分数関数 $y=\dfrac{k}{x}$ のグラフは次の図のようになる。

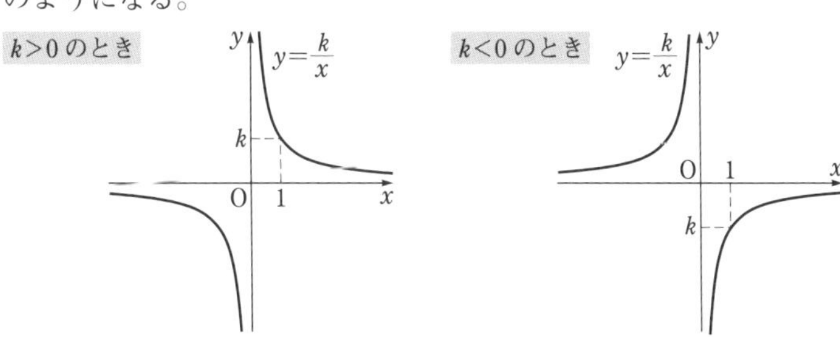

この関数のグラフは原点に関して対称であり，x 軸と y 軸は漸近線である。これらの 2 つの漸近線は直交するから，この関数のグラフは**直角双曲線**と呼ばれる。

また，関数 $y=\dfrac{k}{x}$ の定義域は $x \neq 0$，値域は $y \neq 0$ である。

「$x \neq 0$」，「$y \neq 0$」は，それぞれ 0 を除く実数全体を表す。

解答 (1)

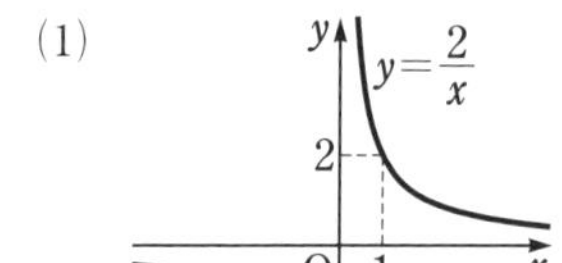

(2)

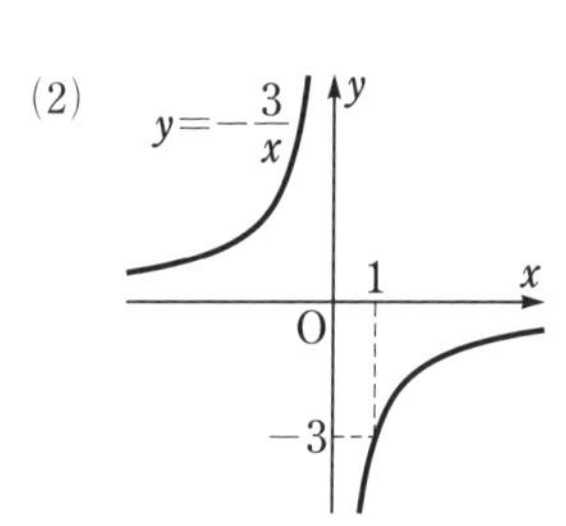

(3) $y=\frac{2}{3x}=\frac{\frac{2}{3}}{x}$

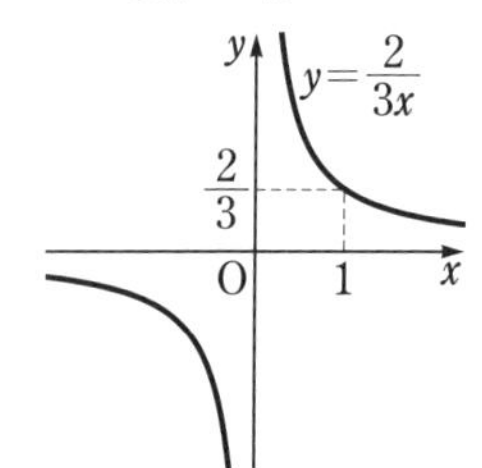

問 2 次の関数のグラフをかき，漸近線を求めよ。また，その定義域，値域を求めよ。

教科書 p.35

(1) $y=\frac{1}{x-2}-2$　　　(2) $y=-\frac{2}{x+3}+1$

ガイド 一般に，関数 $y=f(x-p)+q$ のグラフは，関数 $y=f(x)$ のグラフを x 軸方向に p，y 軸方向に q だけ平行移動した曲線である。

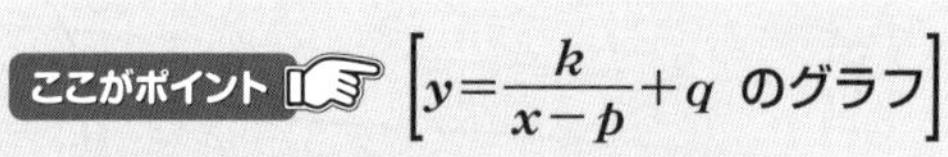

ここがポイント $\left[y=\frac{k}{x-p}+q\right.$ **のグラフ**$\left.\right]$

分数関数 $y=\frac{k}{x-p}+q$ のグラフは，関数 $y=\frac{k}{x}$ のグラフを

x 軸方向に p，
y 軸方向に q

だけ平行移動した直角双曲線で，漸近線は，2直線 $x=p$，$y=q$ である。

また，定義域は $x \neq p$，値域は $y \neq q$ である。

解答 (1)　このグラフは，関数 $y=\dfrac{1}{x}$ のグラフを

x 軸方向に 2，y 軸方向に -2

だけ平行移動した直角双曲線である。

漸近線は，2 直線 $x=2$，$y=-2$

であり，グラフは右の図のようになる。

また，**定義域は $x \neq 2$，値域は $y \neq -2$** である。

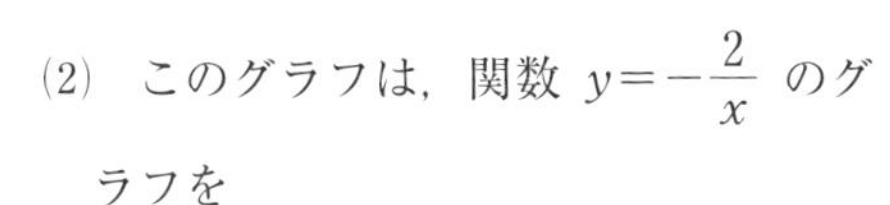

(2)　このグラフは，関数 $y=-\dfrac{2}{x}$ のグラフを

x 軸方向に -3，y 軸方向に 1

だけ平行移動した直角双曲線である。

漸近線は，2 直線 $x=-3$，$y=1$

であり，グラフは右の図のようになる。

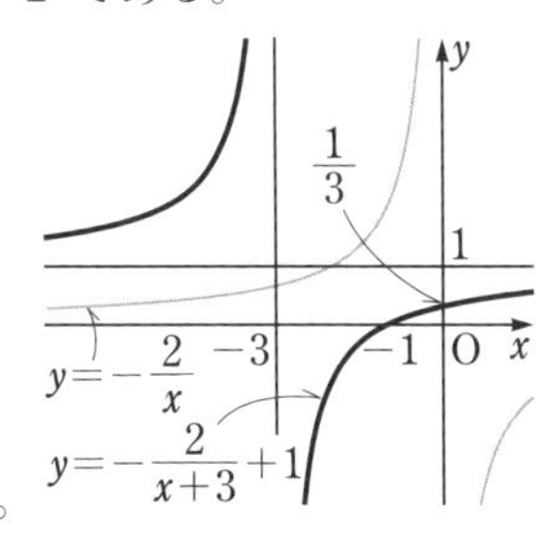

また，**定義域は $x \neq -3$，値域は $y \neq 1$** である。

問 3　次の関数のグラフをかき，漸近線を求めよ。また，その定義域，値域を求めよ。

教科書 p.36

(1)　$y=\dfrac{4x-5}{x-2}$　　(2)　$y=\dfrac{-3x+8}{x-3}$　　(3)　$y=\dfrac{-4x+2}{2x+3}$

ガイド　関数の式を $y=\dfrac{k}{x-p}+q$ の形に変形する。

解答 (1)　$\dfrac{4x-5}{x-2}=\dfrac{4(x-2)+3}{x-2}=\dfrac{3}{x-2}+4$

と変形できるから，この関数は，

$$y=\frac{3}{x-2}+4$$

と表される。

よって，このグラフは，関数 $y=\dfrac{3}{x}$ のグラフを

x 軸方向に 2，

y 軸方向に 4

だけ平行移動した直角双曲線である。

漸近線は，2 直線 $x=2$，$y=4$

であり，グラフは右の図のようになる。

また，**定義域は $x \neq 2$，値域は $y \neq 4$** である。

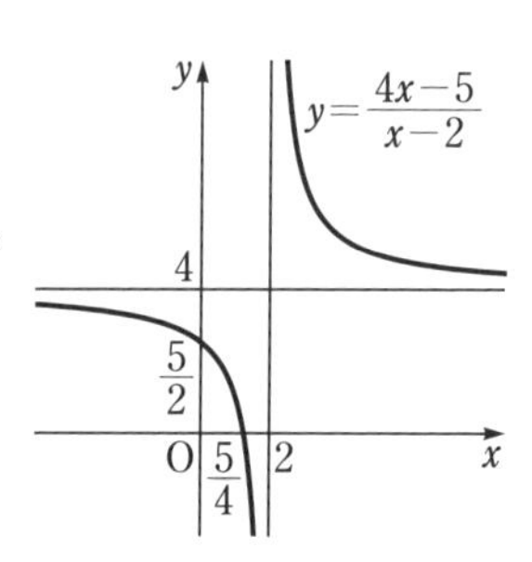

(2) $$\frac{-3x+8}{x-3}=\frac{-3(x-3)-1}{x-3}=-\frac{1}{x-3}-3$$

と変形できるから，この関数は，

$$y=-\frac{1}{x-3}-3$$

と表される。

よって，このグラフは，関数 $y=-\frac{1}{x}$ のグラフを

x 軸方向に 3，

y 軸方向に -3

だけ平行移動した直角双曲線である。

漸近線は，2 直線 $x=3$，$y=-3$

であり，グラフは右の図のようになる。

また，**定義域は $x \neq 3$，値域は $y \neq -3$** である。

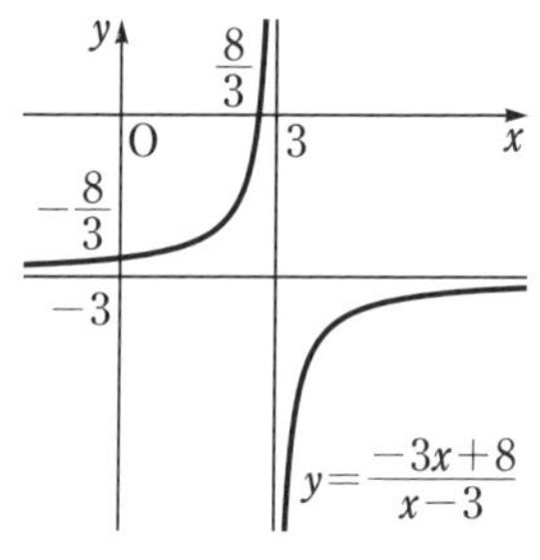

(3) $$\frac{-4x+2}{2x+3}=\frac{-2(2x+3)+8}{2x+3}=\frac{8}{2x+3}-2=\frac{4}{x+\frac{3}{2}}-2$$

と変形できるから，この関数は，

$$y=\frac{4}{x+\frac{3}{2}}-2$$

と表される。

よって，このグラフは，関数 $y=\frac{4}{x}$ のグラフを

x 軸方向に $-\frac{3}{2}$，

y 軸方向に -2

だけ平行移動した直角双曲線である。

漸近線は，2直線 $x=-\frac{3}{2}$，$y=-2$ であり，グラフは右の図のようになる。

また，**定義域は $x \neq -\frac{3}{2}$，値域は $y \neq -2$** である。

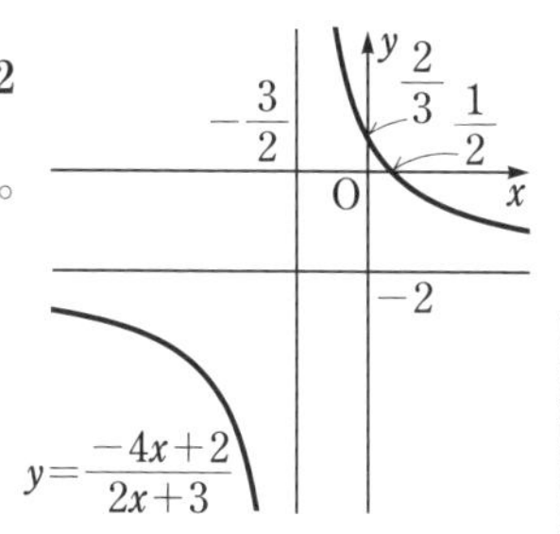

問4　次の問いに答えよ。

教科書 p.37

(1)　関数 $y=\frac{3x+1}{x+1}$ のグラフと直線 $y=-x+3$ の共有点の x 座標を求めよ。

(2)　グラフを用いて，不等式 $\frac{3x+1}{x+1} \geqq -x+3$ を解け。

ガイド　(2)　関数 $y=\frac{3x+1}{x+1}$ のグラフと直線 $y=-x+3$ の位置関係を調べる。

解答　(1)　共有点の x 座標は，次の方程式の解である。

$$\frac{3x+1}{x+1}=-x+3 \qquad \cdots\cdots①$$

①の両辺に $x+1$ を掛けると，　$3x+1=(-x+3)(x+1)$

整理すると，　$x^2+x-2=0$　　これより，　$x=-2,\ 1$

よって，求める共有点の x 座標は，　$\boldsymbol{x=-2,\ 1}$

(2)　$$y=\frac{3x+1}{x+1}=-\frac{2}{x+1}+3$$

であるから，グラフは右の図のようになる。

求める不等式の解は，

$y=\frac{3x+1}{x+1}$ のグラフが，直線 $y=-x+3$ よりも上側にあるか，または交わるときの x の値の範囲であるから，図より，

$$\boldsymbol{-2 \leqq x < -1,\ 1 \leqq x}$$

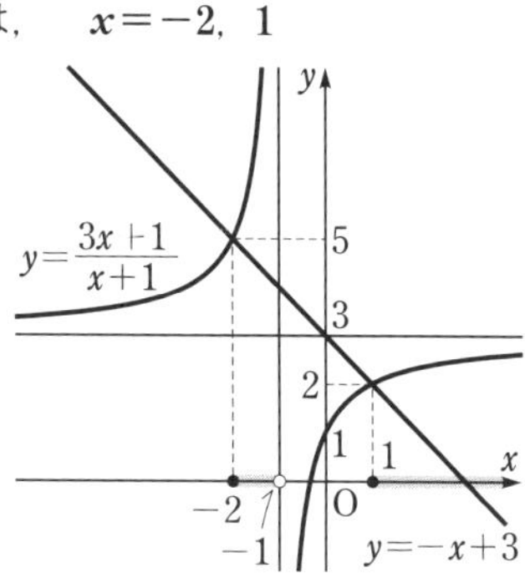

2　無理関数

問 5　次の関数の定義域を求めよ。

教科書 p.38

(1)　$y=\sqrt{-x}$　　(2)　$y=-\sqrt{3x}$　　(3)　$y=\sqrt{4x+1}$

ガイド　$\sqrt{2x}$, $-\sqrt{x-6}$, $\sqrt{1-x^2}$ のように，根号内に文字を含む式を**無理式**といい，根号内に x を含む関数を x の**無理関数**という。無理関数の定義域は，根号内が0以上になる実数全体である。

解答　(1)　$-x\geqq 0$ より，関数 $y=\sqrt{-x}$ の定義域は $\boldsymbol{x\leqq 0}$ である。

(2)　$3x\geqq 0$ より，関数 $y=-\sqrt{3x}$ の定義域は $\boldsymbol{x\geqq 0}$ である。

(3)　$4x+1\geqq 0$ より，関数 $y=\sqrt{4x+1}$ の定義域は $\boldsymbol{x\geqq -\frac{1}{4}}$ である。

問 6　次の関数のグラフをかけ。また，その定義域，値域を求めよ。

教科書 p.39

(1)　$y=\sqrt{2x}$　　(2)　$y=-\sqrt{2x}$　　(3)　$y=\sqrt{-2x}$

ガイド　無理関数 $y=\sqrt{ax}$ のグラフは，a の正負によって次の図のようになる。

$a>0$ のとき　　$a<0$ のとき

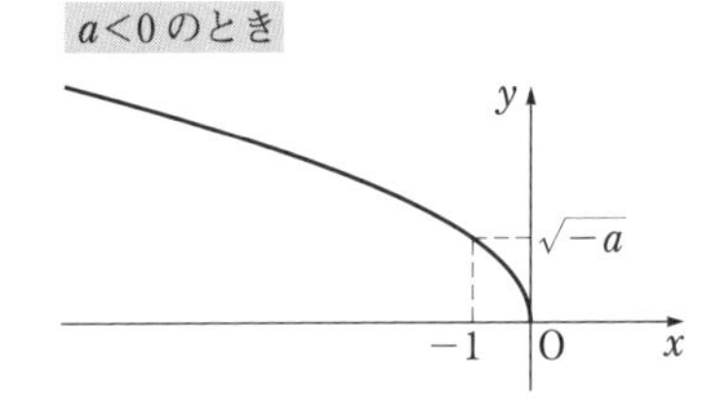

関数 $y=-\sqrt{ax}$ のグラフと関数 $y=\sqrt{ax}$ のグラフは，x 軸に関して対称の位置にある。

解答　(1)　無理関数 $y=\sqrt{2x}$　……①

の**定義域は** $\boldsymbol{x\geqq 0}$，**値域は** $\boldsymbol{y\geqq 0}$ である。

①の両辺を2乗すると，

$y^2=2x$　……②

となり，②は，原点を頂点とし，x 軸を軸とする放物線を表す。

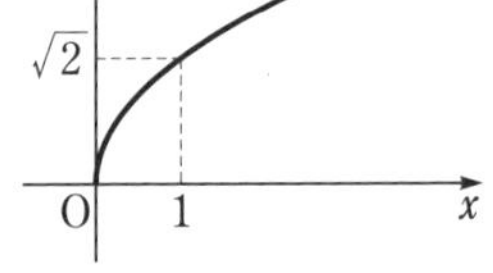

①では $y\geqq 0$ であるから，関数①のグラフは放物線②の $y\geqq 0$ の部分であり，右上の図のようになる。

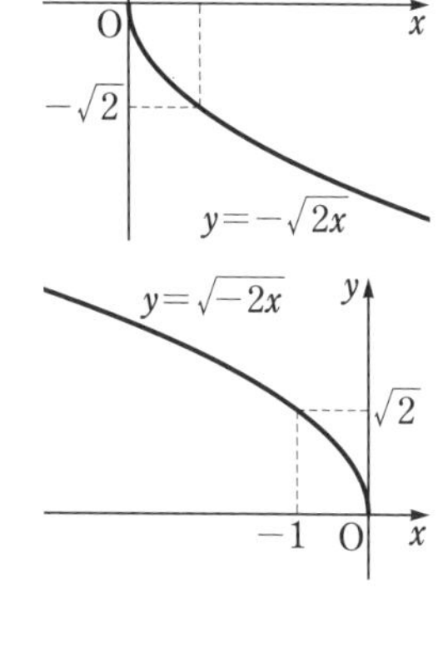

(2)　無理関数 $y=-\sqrt{2x}$ の**定義域は** $\boldsymbol{x\geqq0}$，**値域は** $\boldsymbol{y\leqq0}$ である。

　$y=-\sqrt{2x}$ のグラフは，関数 $y=\sqrt{2x}$ のグラフと x 軸に関して対称の位置にあり，右の図のようになる。

(3)　無理関数 $y=\sqrt{-2x}$ の**定義域は** $\boldsymbol{x\leqq0}$，**値域は** $\boldsymbol{y\geqq0}$ である。

　$\sqrt{-2x}=\sqrt{2(-x)}$ であるから，$y=\sqrt{-2x}$ のグラフは，関数 $y=\sqrt{2x}$ のグラフと y 軸に関して対称の位置にあり，右の図のようになる。

参考　関数 $y=-\sqrt{2x}$ のグラフは，放物線 $y^2=2x$ の $y\leqq0$ の部分であり，関数 $y=\sqrt{-2x}$ のグラフは，放物線 $y^2=-2x$ の $y\geqq0$ の部分である。

問 7　次の関数のグラフをかけ。また，その定義域，値域を求めよ。

教科書 p.39

(1)　$y=\sqrt{3x+3}$　　(2)　$y=\sqrt{2-x}$　　(3)　$y=-\sqrt{2-3x}$

ガイド　根号の中を $a(x-b)$ の形に変形する。

解答　(1)　この関数は，$y=\sqrt{3(x+1)}$ と変形できる。

　よって，このグラフは，関数 $y=\sqrt{3x}$ のグラフを，x 軸方向に -1 だけ平行移動したもので，**定義域は** $\boldsymbol{x\geqq-1}$，**値域は** $\boldsymbol{y\geqq0}$ である。

　グラフは右上の図のようになる。

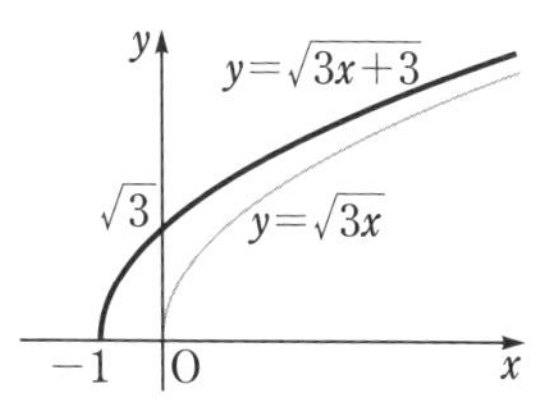

(2)　この関数は，$y=\sqrt{-(x-2)}$ と変形できる。

　よって，このグラフは，関数

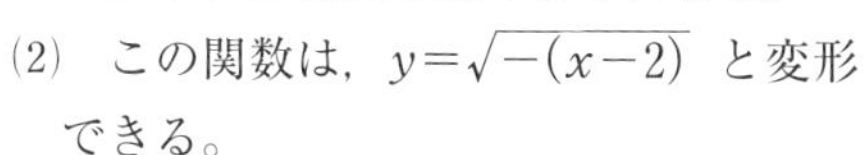

$y=\sqrt{-x}$ のグラフを，x 軸方向に 2 だけ平行移動したもので，**定義域は** $\boldsymbol{x\leqq2}$，**値域は** $\boldsymbol{y\geqq0}$ である。

　グラフは右上の図のようになる。

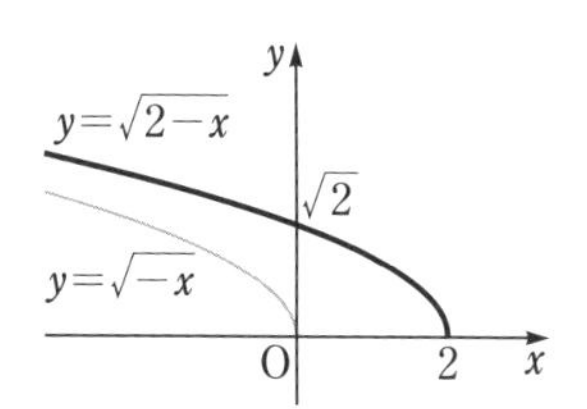

(3)　この関数は，$y=-\sqrt{-3\left(x-\frac{2}{3}\right)}$

と変形できる。

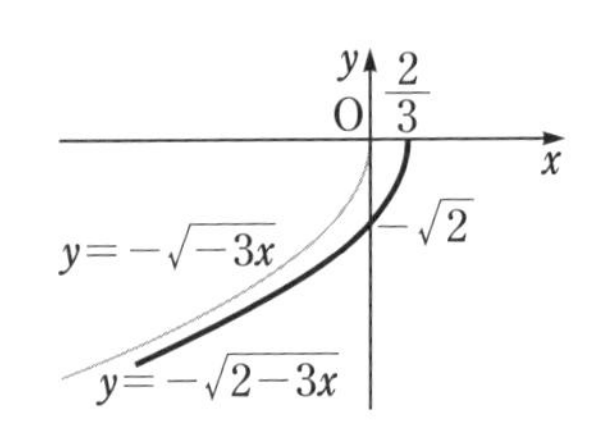

よって，このグラフは，関数 $y=-\sqrt{-3x}$ のグラフを，x 軸方向に $\frac{2}{3}$ だけ平行移動したもので，**定義域は $x \leqq \frac{2}{3}$**，**値域は $y \leqq 0$** である。

グラフは右上の図のようになる。

ポイントプラス **[$y=\sqrt{ax+b}$ のグラフ]**

無理関数 $y=\sqrt{ax+b}$ のグラフは，

関数 $y=\sqrt{ax}$ のグラフを x 軸方向に $-\frac{b}{a}$ だけ平行移動したもので，定義域は $ax+b \geqq 0$ を満たす x の値全体，値域は $y \geqq 0$ である。

問 8　次の問いに答えよ。

教科書 p.40

(1)　関数 $y=\sqrt{x-1}$ のグラフと直線 $y=-x+3$ の共有点の x 座標を求めよ。

(2)　グラフを用いて，不等式 $\sqrt{x-1}<-x+3$ を解け。

ガイド　(1)　方程式の両辺を2乗して得た解は，もとの方程式を満たすかどうかを調べなければならない。

(2)　関数 $y=\sqrt{x-1}$ のグラフと直線 $y=-x+3$ の位置関係を調べる。

解答　(1)　共有点の x 座標は，次の方程式の解である。

$$\sqrt{x-1}=-x+3 \qquad \cdots\cdots①$$

①の両辺を2乗して整理すると，　$x^2-7x+10=0$

これを解くと，　$x=2,\ 5$

ここで，$x=2$ は①を満たすが，$x=5$ は①を満たさない。

よって，求める共有点の x 座標は，　$\boldsymbol{x=2}$

(2) 関数 $y=\sqrt{x-1}$ の定義域は，$x \geqq 1$ であり，グラフは右の図のようになる。

求める不等式の解は，$y=\sqrt{x-1}$ のグラフが，直線 $y=-x+3$ よりも下側にあるときの x の値の範囲であるから，図より，　$\boldsymbol{1 \leqq x < 2}$

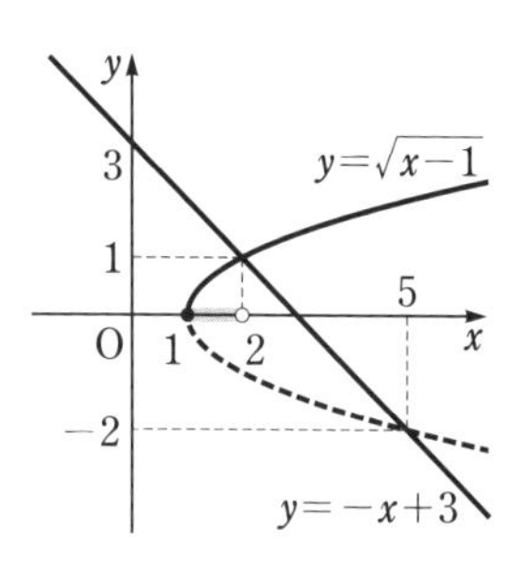

3 逆関数と合成関数

問9　関数 $y=-\sqrt{x+2}$ の逆関数を求めよ。

教科書 p.42

ガイド　一般に，関数 $y=f(x)$ が増加関数または減少関数のとき，値域内の y の値 b に対して $b=f(a)$ となる x の値 a がただ1つに定まる。

したがって，x は y の関数ととらえることができる。この関数を $x=g(y)$ と表すとき，変数 x と y を入れ換えて得られる関数 $y=g(x)$ を関数 $f(x)$ の**逆関数**といい，$\boldsymbol{y=f^{-1}(x)}$ と表す。

一般に，逆関数の定義域は，もとの関数の値域と同じである。

解答　この関数の値域は $y \leqq 0$ である。

$y=-\sqrt{x+2}$ を x について解くと，　$x=y^2-2 \quad (y \leqq 0)$

よって，求める逆関数は，x と y を入れ換えて，

$\boldsymbol{y=x^2-2 \quad (x \leqq 0)}$

問10　次の関数の逆関数を求めよ。

教科書 p.42

(1) $y=\dfrac{2}{x}+1$　　　(2) $y=\dfrac{2x-1}{x-1}$

ガイド　逆関数を求めるには，次のようにするとよい。

ここがポイント　**[関数 $y=f(x)$ の逆関数の求め方]**

① $y=f(x)$ を x について解き，$x=g(y)$ の形にする。

② 変数 x と y を入れ換え，$y=g(x)$ とする。

逆関数 $g(x)$ の定義域は，関数 $f(x)$ の値域と同じである。

解答 (1) 関数 $y=\dfrac{2}{x}+1$ の値域は $y\neq 1$ である。

$xy=2+x$ より，　$(y-1)x=2$

$y\neq 1$ であるから，　$x=\dfrac{2}{y-1}$

よって，求める逆関数は，x と y を入れ換えて，　$\boldsymbol{y=\dfrac{2}{x-1}}$

(2) $\dfrac{2x-1}{x-1}=\dfrac{1}{x-1}+2$ より，関数 $y=\dfrac{2x-1}{x-1}$ の値域は $y\neq 2$ である。

$(x-1)y=2x-1$ より，　$xy-y=2x-1$

$(y-2)x=y-1$

$y\neq 2$ であるから，　$x=\dfrac{y-1}{y-2}$

よって，求める逆関数は，x と y を入れ換えて，　$\boldsymbol{y=\dfrac{x-1}{x-2}}$

問11 関数 $y=-x^2+2\ (x\geqq 0)$ の逆関数を求め，もとの関数と逆関数のグラフを同じ座標平面上にかけ。

教科書 p.43

ガイド 逆関数のグラフは，もとの関数のグラフと直線 $y=x$ に関して対称の位置にある。

解答 この関数の値域は，$y\leqq 2$ である。

$x\geqq 0$ の範囲で $y=-x^2+2$ を x について解くと，　$x=\sqrt{-y+2}$

求める逆関数は，x と y を入れ換えて，

$\boldsymbol{y=\sqrt{-x+2}}$

定義域は $x\leqq 2$ である。

逆関数のグラフは右の図のようになり，もとの関数のグラフと直線 $y=x$ に関して対称の位置にある。

$y=\sqrt{-x+2}$　y　$y=x$
2
$\sqrt{2}$
O　$\sqrt{2}$　2　x
$y=-x^2+2$
$(x\geqq 0)$

参考 一般に，関数 $y=f(x)$ とその逆関数 $y=f^{-1}(x)$ について，

$\boldsymbol{b=f(a) \iff a=f^{-1}(b)}$

が成り立つ。

ポイントプラス [逆関数の性質]

1　関数 $f(x)$ とその逆関数 $f^{-1}(x)$ では，定義域と値域が入れ換わる。

2　関数 $y=f(x)$ のグラフとその逆関数 $y=f^{-1}(x)$ のグラフは，直線 $y=x$ に関して対称の位置にある。

問12 次の関数の逆関数を求めよ。

教科書 p.44

(1)　$y=3^x$　　　(2)　$y=\log_2(x+3)$

ガイド 一般に，$a>0$ かつ $a\neq1$ のとき，

指数関数 $y=a^x$ の逆関数は対数関数 $y=\log_a x$ である。

対数関数 $y=\log_a x$ の逆関数は指数関数 $y=a^x$ である。

解答 (1)　この関数の値域は $y>0$ である。

$y=3^x$ を x について解くと，

$x=\log_3 y$

よって，求める逆関数は，x と y を入れ換えて，

$\boldsymbol{y=\log_3 x}$

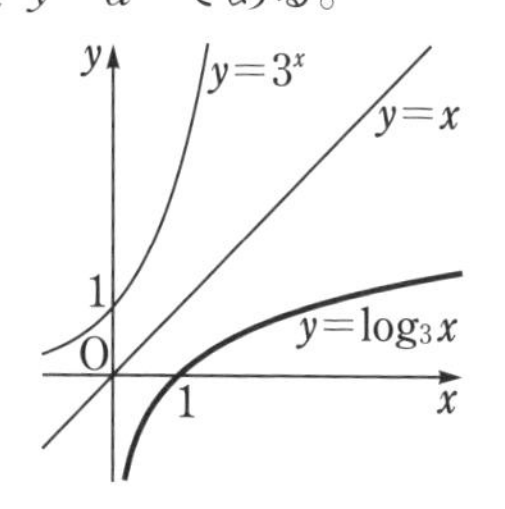

(2)　この関数の値域は実数全体である。

$y=\log_2(x+3)$ を x について解くと，

$x=2^y-3$

よって，求める逆関数は，x と y を入れ換えて，

$\boldsymbol{y=2^x-3}$

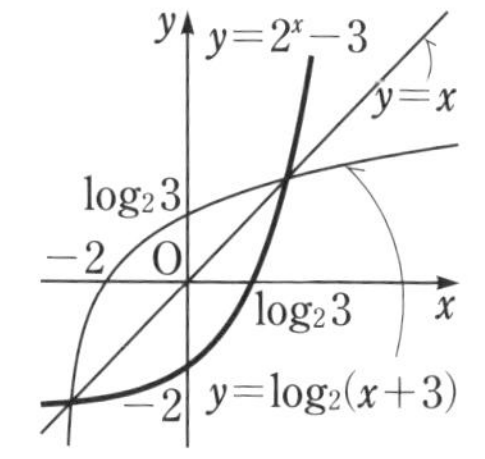

問13 2つの関数 $f(x)=x^2-3$，$g(x)=2x$ について，合成関数 $(g\circ f)(x)$ と $(f\circ g)(x)$ を求めよ。

教科書 p.45

ガイド 一般に，2つの関数 $f(x)$，$g(x)$ において，$f(x)$ の値域が $g(x)$ の定義域に含まれているとする。このとき，$y=g(u)$，$u=f(x)$ として，$y=g(u)$ に $u=f(x)$ を代入すると，$y=g(f(x))$ が得られ，y は x の関数となる。

この関数 $g(f(x))$ を，$f(x)$ と $g(x)$ の**合成関数**といい，$(\boldsymbol{g\circ f})(\boldsymbol{x})$ とも表す。すなわち，

$$(\boldsymbol{g\circ f})(\boldsymbol{x})=\boldsymbol{g}(\boldsymbol{f}(\boldsymbol{x}))$$

解答 $(\boldsymbol{g\circ f})(\boldsymbol{x})=g(f(x))=g(x^2-3)=2(x^2-3)=\boldsymbol{2x^2-6}$

$(\boldsymbol{f\circ g})(\boldsymbol{x})=f(g(x))=f(2x)=(2x)^2-3=\boldsymbol{4x^2-3}$

参考 一般に，合成関数 $(g\circ f)(x)$ と $(f\circ g)(x)$ は一致しない。

問14 2つの関数 $f(x)=\dfrac{x+2}{x+1}$，$g(x)=\dfrac{-x+2}{x-1}$ について，$x \neq \pm 1$ のとき，合成関数 $(g\circ f)(x)$ と $(f\circ g)(x)$ を求めよ。

教科書 p.46

ガイド **問13** と同様にして，合成関数を求める。

解答 $$(\boldsymbol{g\circ f})(\boldsymbol{x})=g(f(x))=g\left(\frac{x+2}{x+1}\right)=\frac{-\dfrac{x+2}{x+1}+2}{\dfrac{x+2}{x+1}-1}$$

$$=\frac{-(x+2)+2(x+1)}{x+2-(x+1)}=\boldsymbol{x}$$

$$(\boldsymbol{f\circ g})(\boldsymbol{x})=f(g(x))=f\left(\frac{-x+2}{x-1}\right)=\frac{\dfrac{-x+2}{x-1}+2}{\dfrac{-x+2}{x-1}+1}$$

$$=\frac{-x+2+2(x-1)}{-x+2+(x-1)}=\boldsymbol{x}$$

参考 一般に，関数 $f(x)$ の逆関数が $g(x)$ であるとき，合成関数 $(g\circ f)(x)$，$(f\circ g)(x)$ はそれぞれの定義域において，

$$(g\circ f)(x)=x,\quad (f\circ g)(x)=x$$

となる。すなわち，次のことがいえる。

ポイントプラス

関数 $f(x)$ が逆関数 $f^{-1}(x)$ をもつとき，

$$(f^{-1}\circ f)(x)=f^{-1}(f(x))=x$$
$$(f\circ f^{-1})(x)=f(f^{-1}(x))=x$$

f: x → $f(x)$，f^{-1}: $f(x)$ → x

教科書 p.42 の例題 4 から，**問 14** の $g(x)$ は $f(x)$ の逆関数であり，**解答** のように，$(g\circ f)(x)=x$，$(f\circ g)(x)=x$ となっている。

節末問題

第１節｜分数関数と無理関数

1 教科書 p.47

関数 $y=-\dfrac{4x}{2x+1}$ のグラフをかけ。また，この関数の定義域を $x \geqq 0$ とするとき，値域を求めよ。

ガイド 関数の式を $y=\dfrac{k}{x-p}+q$ の形に変形する。

解答

$$-\frac{4x}{2x+1}=\frac{-2(2x+1)+2}{2x+1}=\frac{2}{2x+1}-2=\frac{1}{x+\frac{1}{2}}-2$$

と変形できるから，この関数は，

$$y=\frac{1}{x+\frac{1}{2}}-2$$

と表される。

よって，このグラフは，関数 $y=\dfrac{1}{x}$ のグラフを

x 軸方向に $-\dfrac{1}{2}$，

y 軸方向に -2

だけ平行移動した直角双曲線である。

漸近線は，2 直線 $x=-\dfrac{1}{2}$，$y=-2$ であり，グラフは右の図のようになる。

また，定義域を $x \geqq 0$ とするとき，**値域は $-2<y \leqq 0$** である。

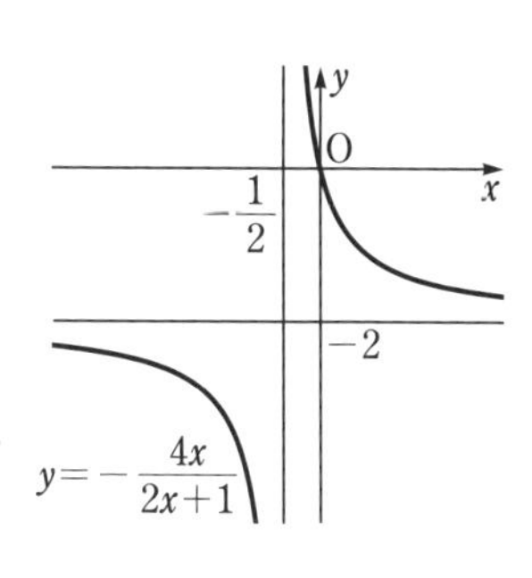

2 教科書 p.47

関数 $y=\dfrac{3x+3}{x+3}$ のグラフは，関数 $y=-\dfrac{6}{x-1}$ のグラフをどのように平行移動したものか。

ガイド $y=\dfrac{3x+3}{x+3}$ を $y=\dfrac{k}{x-p}+q$ の形に変形して考える。

解答　$y=\dfrac{3x+3}{x+3}=\dfrac{3(x+3)-6}{x+3}=-\dfrac{6}{x+3}+3$

より，関数 $y=\dfrac{3x+3}{x+3}$ のグラフは，関数 $y=-\dfrac{6}{x-1}$ のグラフを，

x 軸方向に $-3-1=-4$，**y 軸方向に** 3 **だけ平行移動したもの**である。

3　次の不等式を解け。

教科書 p.47

(1) $\dfrac{3-2x}{x-5}\geqq x+1$　　(2) $\sqrt{x-1}<\dfrac{1}{3}(x+1)$

ガイド　定義域に注意して，グラフをかいて解を求める。

解答　(1) 関数 $y=\dfrac{3-2x}{x-5}$ のグラフと直線 $y=x+1$ の共有点の x 座標は，次の方程式の解である。

$$\frac{3-2x}{x-5}=x+1 \quad \cdots\cdots①$$

①の両辺に $x-5$ を掛けると，　$3-2x=(x+1)(x-5)$

整理すると，　$x^2-2x-8=0$　　これより，　$x=-2,\ 4$

よって，共有点の x 座標は，　$x=-2,\ 4$

$$y=\frac{3-2x}{x-5}=\frac{-2(x-5)-7}{x-5}=-\frac{7}{x-5}-2$$

であるから，グラフは右の図のようになる。

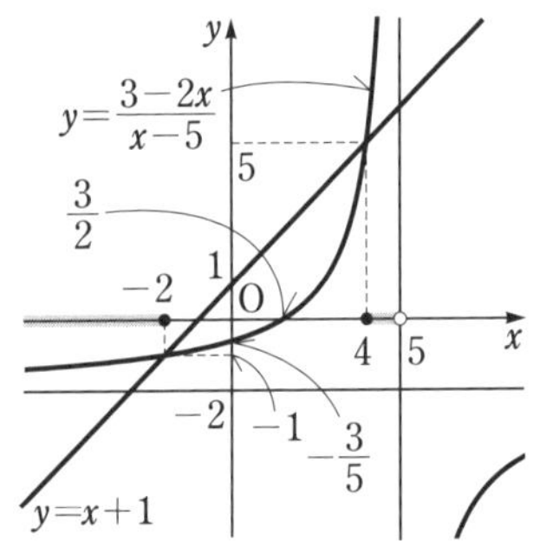

求める不等式の解は，$y=\dfrac{3-2x}{x-5}$ のグラフが，直線 $y=x+1$ よりも上側にあるか，または交わるときの x の値の範囲であるから，図より，

$$\boldsymbol{x\leqq-2,\ 4\leqq x<5}$$

(2)　関数 $y=\sqrt{x-1}$ のグラフと直線 $y=\dfrac{1}{3}(x+1)$ の共有点の x 座標は，次の方程式の解である。

$$\sqrt{x-1}=\frac{1}{3}(x+1) \quad \cdots\cdots①$$

①の両辺を2乗して整理すると，　$x^2-7x+10=0$

これを解くと，　$x=2,\ 5$

ここで，$x=2,\ 5$ はどちらも①を満たす。

よって，共有点の x 座標は，　$x=2,\ 5$

関数 $y=\sqrt{x-1}$ の定義域は $x \geqq 1$ であり，グラフは右の図のようになる。

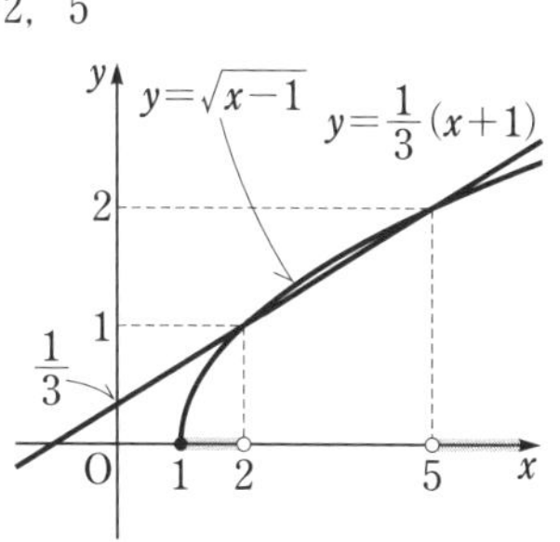

求める不等式の解は，$y=\sqrt{x-1}$ のグラフが，直線 $y=\dfrac{1}{3}(x+1)$ よりも下側にあるときの x の値の範囲であるから，図より，

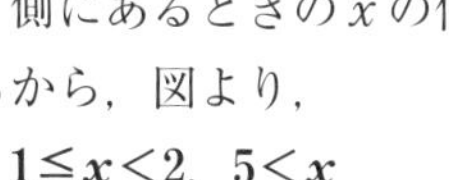

$\mathbf{1 \leqq x < 2,\ 5 < x}$

☐ **4**　教科書 p.47

関数 $y=\sqrt{2x-4}$ のグラフと直線 $y=kx$ が，ただ1つの共有点をもつように定数 k の値を定めよ。また，そのときの共有点の座標を求めよ。

ガイド　$k=0$ と $k \neq 0$ の場合に分けて考える。

解答　$y=\sqrt{2x-4}$　……①，$y=kx$　……②　とおくと，共有点の x 座標は①，②を連立させた連立方程式の解である。

①，②より y を消去すると，

$$\sqrt{2x-4}=kx \quad \cdots\cdots③$$

③は $x \geqq 2,\ k \geqq 0$ で成り立つ。

③の両辺を2乗して整理すると，　$k^2x^2-2x+4=0$　……④

④を，$x \geqq 2,\ k \geqq 0$ で考える。

(i)　$k=0$ のとき，④より，　$x=2$

　これは $x \geqq 2$ を満たす。

　②より，　$y=0$

　共有点の座標は，　$(2,\ 0)$

(ii)　$k \neq 0$ のとき，④は2次方程式となる。

曲線①と直線②がただ1つの共有点をもつのは，④が重解をもつときであるから，判別式をDとすると，

$$\frac{D}{4}=1-4k^2=0 \text{ より，}\quad k=\pm\frac{1}{2}$$

$k>0$ であるから，　$k=\dfrac{1}{2}$

④に代入して整理すると，　$x^2-8x+16=0$

これを解くと，　$x=4$　　これは $x \geqq 2$ を満たす。

①より，　$y=2$

共有点の座標は，　$(4,\ 2)$

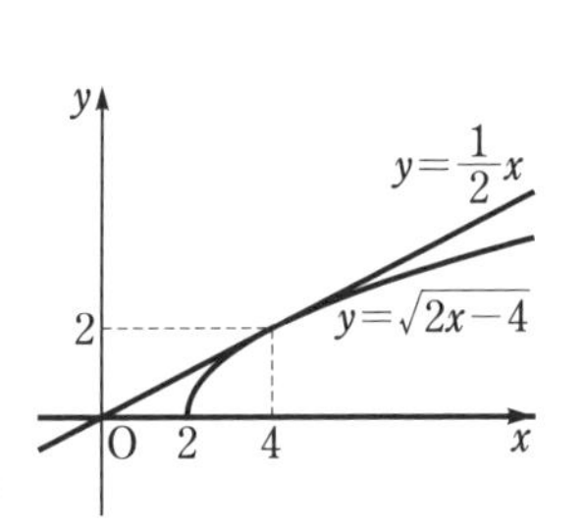

以上をまとめて，

$k=0,\ \dfrac{1}{2}$

$k=0$ のとき，共有点の座標 $(2,\ 0)$

$k=\dfrac{1}{2}$ のとき，共有点の座標 $(4,\ 2)$

5　次の関数の逆関数を求めよ。

教科書 p.47

(1)　$y=\dfrac{2x-10}{x-3}$　$(1 \leqq x \leqq 2)$　　　(2)　$y=\sqrt{2x-3}$

ガイド　与えられた関数の値域に注意する。

解答　(1)　$\dfrac{2x-10}{x-3}=\dfrac{2(x-3)-4}{x-3}=-\dfrac{4}{x-3}+2$ より，関数 $y=\dfrac{2x-10}{x-3}$ は，定義域が $1 \leqq x \leqq 2$ のとき，単調に増加するから，その値域は $4 \leqq y \leqq 6$ である。

$(x-3)y=2x-10$ より，　$xy-3y=2x-10$

$(y-2)x=3y-10$

$4 \leqq y \leqq 6$ より，$y-2 \neq 0$ であるから，　$x=\dfrac{3y-10}{y-2}$

よって，求める逆関数は，x と y を入れ換えて，

$$\boldsymbol{y=\frac{3x-10}{x-2}\quad (4 \leqq x \leqq 6)}$$

(2)　この関数の値域は $y \geqq 0$ である。

$y=\sqrt{2x-3}$ を x について解くと，　$x=\frac{1}{2}y^2+\frac{3}{2}$

よって，求める逆関数は，x と y を入れ換えて，

$$\boldsymbol{y=\frac{1}{2}x^2+\frac{3}{2}\quad (x \geqq 0)}$$

第2章　関数とその極限

6　教科書 p.47

a，b は異なる定数とする。関数 $f(x)=\frac{x+b}{x+a}$ とその逆関数 $f^{-1}(x)$ について，$f(1)=4$，$f^{-1}(2)=-1$ であるとき，a，b の値を求めよ。

ガイド　$f^{-1}(2)=-1$ より，$f(-1)=2$ である。

解答　$f(1)=4$ より，

$$\frac{1+b}{1+a}=4$$

したがって，　$4a-b=-3$　……①

$f^{-1}(2)=-1$ より，$f(-1)=2$ であるから，

$$\frac{-1+b}{-1+a}=2$$

したがって，　$2a-b=1$　……②

①，②を解いて，　$\boldsymbol{a=-2,\ b=-5}$

$f^{-1}(2)=-1$ の条件をそのまま使おうとして，逆関数を求めようとしてしまわないように。

7　教科書 p.47

2つの関数 $f(x)=\log_2 x$，$g(x)=8^x$ について，合成関数 $(g\circ f)(x)$ と $(f\circ g)(x)$ を求めよ。

ガイド　$a^{\log_a b}=b$ を利用する。

解答

$$(g\circ f)(x)=g(f(x))=g(\log_2 x)=8^{\log_2 x}=2^{3\log_2 x}$$
$$=2^{\log_2 x^3}=x^3$$

$f(x)$ の定義域は $x>0$ であるから，

$$\boldsymbol{(g\circ f)(x)=x^3\quad (x>0)}$$

また，

$$(f\circ g)(x)=f(g(x))=f(8^x)=\log_2 8^x=\log_2 2^{3x}=\boldsymbol{3x}$$

注意　関数 $f(x)$ の値域が関数 $g(x)$ の定義域に含まれるとき，合成関数 $(g\circ f)(x)$ の定義域は $f(x)$ の定義域である。

第2節　関数の極限と連続性

1　関数の極限

問15 次の極限値を求めよ。

教科書 p.49

(1) $\lim_{x\to 2}(x^2-1)(2x-3)$　(2) $\lim_{x\to\frac{\pi}{6}}\sin(x+\pi)$　(3) $\lim_{x\to -1}\frac{5x-4}{x+4}$

ガイド 一般に，関数 $f(x)$ において，変数 x が，a と異なる値をとりながら a に限りなく近づくとき，$f(x)$ が一定の値 α に限りなく近づくことを，次のように表す。

$$\lim_{x\to a}f(x)=\alpha \quad \text{または,} \quad x\to a \text{ のとき } f(x)\to\alpha$$

このとき，値 α を，$x\to a$ のときの $f(x)$ の**極限値**という。

また，このことを，$x\to a$ のとき $f(x)$ は α に**収束する**，または $f(x)$ の**極限**は α であるという。

ここがポイント **[極限値の性質]**

$\lim_{x\to a}f(x)=\alpha$，$\lim_{x\to a}g(x)=\beta$ のとき，

1. $\lim_{x\to a}kf(x)=k\alpha$　ただし，k は定数
2. $\lim_{x\to a}\{f(x)+g(x)\}=\alpha+\beta$，　$\lim_{x\to a}\{f(x)-g(x)\}=\alpha-\beta$
3. $\lim_{x\to a}f(x)g(x)=\alpha\beta$
4. $\lim_{x\to a}\frac{f(x)}{g(x)}=\frac{\alpha}{\beta}$　ただし，$\beta\neq 0$

2次関数や三角関数，分数関数など，これまで学んできた関数 $f(x)$ において，a が関数の定義域内にあるとき，次のことが成り立つ。

$$\lim_{x\to a}f(x)=f(a)$$

定数関数 $f(x)=c$ については，$\lim_{x\to a}f(x)=c$ である。

解答 (1) $\lim_{x\to 2}(x^2-1)(2x-3)=(2^2-1)(2\cdot 2-3)=3\cdot 1=3$

(2) $\lim_{x\to\frac{\pi}{6}}\sin(x+\pi)=\sin\left(\frac{\pi}{6}+\pi\right)=\sin\frac{7}{6}\pi=-\frac{1}{2}$

(3)　$\displaystyle\lim_{x\to-1}\frac{5x-4}{x+4}=\frac{5\cdot(-1)-4}{(-1)+4}=\frac{-9}{3}=\mathbf{-3}$

問16　次の極限値を求めよ。

教科書 p.49

(1)　$\displaystyle\lim_{x\to1}\frac{x^2-x}{x-1}$　　(2)　$\displaystyle\lim_{x\to-1}\frac{x^2-4x-5}{2x^2-x-3}$

ガイド　$\displaystyle\lim_{x\to a}f(x)$ において，$x\to a$ とは，x が a と異なる値をとりながら a に限りなく近づくことである。したがって，関数 $f(x)$ の $x=a$ での値 $f(a)$ が定義されていなくても，極限値 $\displaystyle\lim_{x\to a}f(x)$ が存在する場合がある。

(1)は分子を，(2)は分母と分子を因数分解して約分する。

解答　(1)　$\displaystyle\lim_{x\to1}\frac{x^2-x}{x-1}=\lim_{x\to1}\frac{x(x-1)}{x-1}=\lim_{x\to1}x=\mathbf{1}$

(2)　$\displaystyle\lim_{x\to-1}\frac{x^2-4x-5}{2x^2-x-3}=\lim_{x\to-1}\frac{(x+1)(x-5)}{(x+1)(2x-3)}=\lim_{x\to-1}\frac{x-5}{2x-3}=\mathbf{\frac{6}{5}}$

(1)の関数は $x=1$ のとき定義されないけれど $x\to1$ のときの極限値は存在するね。

問17　次の極限値を求めよ。

教科書 p.50

(1)　$\displaystyle\lim_{x\to2}\frac{x^3-8}{x-2}$　　(2)　$\displaystyle\lim_{x\to0}\frac{1}{x}\left(\frac{1}{3}-\frac{1}{x+3}\right)$

ガイド　分母が0にならない形に式を変形する。

解答　(1)　$\displaystyle\lim_{x\to2}\frac{x^3-8}{x-2}=\lim_{x\to2}\frac{(x-2)(x^2+2x+4)}{x-2}$

$\displaystyle=\lim_{x\to2}(x^2+2x+4)=\mathbf{12}$

(2)　$\displaystyle\lim_{x\to0}\frac{1}{x}\left(\frac{1}{3}-\frac{1}{x+3}\right)=\lim_{x\to0}\left\{\frac{1}{x}\cdot\frac{(x+3)-3}{3(x+3)}\right\}=\lim_{x\to0}\left\{\frac{1}{x}\cdot\frac{x}{3(x+3)}\right\}$

$\displaystyle=\lim_{x\to0}\frac{1}{3(x+3)}=\mathbf{\frac{1}{9}}$

第2章　関数とその極限

問18 次の極限値を求めよ。

教科書 p.50

(1) $\lim_{x \to 3} \dfrac{\sqrt{x+1}-2}{x-3}$　　(2) $\lim_{x \to 2} \dfrac{x-2}{\sqrt{x}-\sqrt{2}}$

ガイド (1)は分子を，(2)は分母を有理化する。

解答 (1)
$$\lim_{x \to 3} \frac{\sqrt{x+1}-2}{x-3}=\lim_{x \to 3} \frac{(\sqrt{x+1}-2)(\sqrt{x+1}+2)}{(x-3)(\sqrt{x+1}+2)}$$
$$=\lim_{x \to 3} \frac{(x+1)-4}{(x-3)(\sqrt{x+1}+2)}$$
$$=\lim_{x \to 3} \frac{x-3}{(x-3)(\sqrt{x+1}+2)}$$
$$=\lim_{x \to 3} \frac{1}{\sqrt{x+1}+2}=\boldsymbol{\frac{1}{4}}$$

(2)
$$\lim_{x \to 2} \frac{x-2}{\sqrt{x}-\sqrt{2}}=\lim_{x \to 2} \frac{(x-2)(\sqrt{x}+\sqrt{2})}{(\sqrt{x}-\sqrt{2})(\sqrt{x}+\sqrt{2})}$$
$$=\lim_{x \to 2} \frac{(x-2)(\sqrt{x}+\sqrt{2})}{x-2}$$
$$=\lim_{x \to 2}(\sqrt{x}+\sqrt{2})=\boldsymbol{2\sqrt{2}}$$

問19 次の等式が成り立つように，定数 a，b の値を定めよ。

教科書 p.51

(1) $\lim_{x \to 1} \dfrac{ax+b}{x-1}=3$　　(2) $\lim_{x \to 3} \dfrac{a\sqrt{x+1}-b}{x-3}=1$

ガイド

ここがポイント

$\lim_{x \to a} \dfrac{f(x)}{g(x)}=\alpha$ かつ $\lim_{x \to a} g(x)=0$ ならば，　$\lim_{x \to a} f(x)=0$

解答 (1) $\lim_{x \to 1} \dfrac{ax+b}{x-1}=3$　……①　が成り立つとする。

$\lim_{x \to 1}(x-1)=0$ であるから，　$\lim_{x \to 1}(ax+b)=0$

したがって，$a+b=0$ より，　$b=-a$　……②

このとき，
$$\lim_{x \to 1} \frac{ax+b}{x-1}=\lim_{x \to 1} \frac{a(x-1)}{x-1}=\lim_{x \to 1} a=a$$

①より，　$a=3$

②より，　$b=-3$

よって，　$\boldsymbol{a=3,\ b=-3}$

(2)　$\displaystyle\lim_{x\to3}\frac{a\sqrt{x+1}-b}{x-3}=1$　……①　が成り立つとする。

$\displaystyle\lim_{x\to3}(x-3)=0$ であるから，　$\displaystyle\lim_{x\to3}(a\sqrt{x+1}-b)=0$

したがって，$2a-b=0$ より，　$b=2a$　……②

このとき，

$$\lim_{x\to3}\frac{a\sqrt{x+1}-b}{x-3}=\lim_{x\to3}\frac{a(\sqrt{x+1}-2)}{x-3}$$

$$=\lim_{x\to3}\frac{a(\sqrt{x+1}-2)(\sqrt{x+1}+2)}{(x-3)(\sqrt{x+1}+2)}$$

$$=\lim_{x\to3}\frac{a(x-3)}{(x-3)(\sqrt{x+1}+2)}=\lim_{x\to3}\frac{a}{\sqrt{x+1}+2}=\frac{a}{4}$$

①より，$\dfrac{a}{4}=1$ であるから，　$a=4$

②より，　$b=8$

よって，　$\boldsymbol{a=4,\ b=8}$

問20　次の極限を調べよ。

教科書 p.52

(1)　$\displaystyle\lim_{x\to1}\frac{1}{(x-1)^2}$　　(2)　$\displaystyle\lim_{x\to0}\left(3-\frac{1}{x^2}\right)$

ガイド　関数 $f(x)$ において，x が a と異なる値をとりながら a に限りなく近づくとき，$f(x)$ の値が限りなく大きくなることを，$f(x)$ は**正の無限大に発散する**，または，$f(x)$ の極限は正の無限大であるといい，次のように表す。

$$\lim_{x\to a}f(x)=\infty\qquad\text{または，}\qquad x\to a\text{ のとき }\ f(x)\to\infty$$

また，x が a と異なる値をとりながら a に限りなく近づくとき，$f(x)$ が負の値をとりながら絶対値が限りなく大きくなることを，$f(x)$ は**負の無限大に発散する**，または，$f(x)$ の極限は負の無限大であるといい，次のように表す。

$$\lim_{x\to a}f(x)=-\infty\qquad\text{または，}\qquad x\to a\text{ のとき }\ f(x)\to-\infty$$

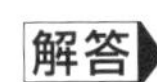

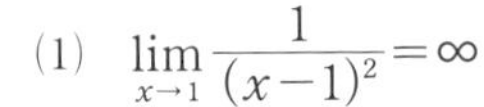

(1) $\displaystyle\lim_{x\to 1}\frac{1}{(x-1)^2}=\infty$　　(2) $\displaystyle\lim_{x\to 0}\left(3-\frac{1}{x^2}\right)=-\infty$

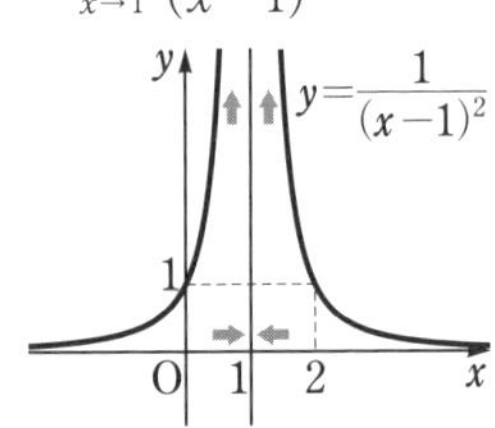

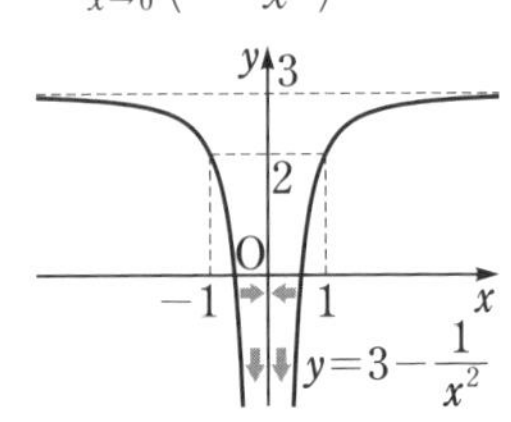

問21 極限値 $\displaystyle\lim_{x\to+0}\frac{x}{|x|}$, $\displaystyle\lim_{x\to-0}\frac{x}{|x|}$ を求めよ。

教科書 p.53

ガイド 関数 $f(x)$ において，変数 x が a より大きい値をとりながら a に限りなく近づくとき，$f(x)$ の値が α に限りなく近づくならば，α を x が a に限りなく近づくときの $f(x)$ の**右側極限**といい，$\displaystyle\lim_{x\to a+0}f(x)=\alpha$ と表す。

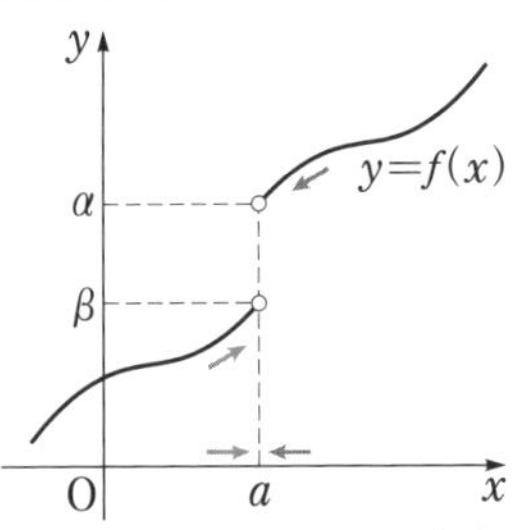

また，変数 x が a より小さい値をとりながら a に限りなく近づくとき，$f(x)$ の値が β に限りなく近づくならば，同様に，β を $f(x)$ の**左側極限**といい，$\displaystyle\lim_{x\to a-0}f(x)=\beta$ と表す。

特に，$a=0$ のときは，$x\to 0+0$，$x\to 0-0$ を，それぞれ $x\to +0$，$x\to -0$ と書く。

解答 $\displaystyle\lim_{x\to+0}\frac{x}{|x|}=\lim_{x\to+0}\frac{x}{x}=\lim_{x\to+0}1=\mathbf{1}$

$\displaystyle\lim_{x\to-0}\frac{x}{|x|}=\lim_{x\to-0}\frac{x}{-x}=\lim_{x\to-0}(-1)=\mathbf{-1}$

$y=\frac{x}{|x|}$

問22 極限 $\lim_{x\to1+0}\frac{x}{1-x}$, $\lim_{x\to1-0}\frac{x}{1-x}$ を調べよ。

教科書 p.53

ガイド 右側極限，左側極限が ∞ または −∞ になる場合には，
$\lim_{x\to a+0} f(x)=\infty$, $\lim_{x\to a-0} f(x)=-\infty$ などのように書く。

解答

$$\lim_{x\to1+0}\frac{x}{1-x}=-\infty$$

$$\lim_{x\to1-0}\frac{x}{1-x}=\infty$$

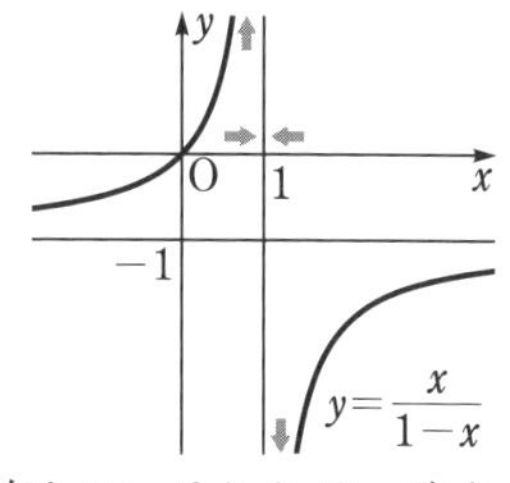

参考 一般に，$\lim_{x\to a+0} f(x)$, $\lim_{x\to a-0} f(x)$ の両方が存在して，それらが一致するとき，$\lim_{x\to a} f(x)$ が存在する。すなわち，

$\lim_{x\to a} f(x)=\alpha$ は，$\lim_{x\to a+0} f(x)$，$\lim_{x\to a-0} f(x)$ の両方が存在して，ともに α となる

ことである。

問23 次の極限値を求めよ。

教科書 p.54

(1) $\lim_{x\to\infty}\frac{1}{2-x^2}$　(2) $\lim_{x\to\infty}\frac{2x+1}{x+2}$　(3) $\lim_{x\to-\infty}\frac{2x^2+x-1}{3x^2+x}$

ガイド 変数 x の値が限りなく大きくなることを，$x\to\infty$ で表す。また，変数 x の値が負の値をとりながら絶対値が限りなく大きくなることを，$x\to-\infty$ で表す。

そして，$x\to\infty$ のとき，$f(x)$ の値が一定の値 α に限りなく近づくならば，α を $x\to\infty$ のときの $f(x)$ の極限値といい，次のように表す。

$$\lim_{x\to\infty} f(x)=\alpha \quad \text{または，} \quad x\to\infty \text{ のとき } f(x)\to\alpha$$

$x\to-\infty$ についても，同様の表し方をする。

本書 p.58 の極限値の性質1～4は，$x\to\infty$，$x\to-\infty$ のときも成り立つ。

(2)は x，(3)は x^2 で，分母と分子をそれぞれ割る。

解答 (1) $\displaystyle\lim_{x\to\infty}\frac{1}{2-x^2}=\mathbf{0}$

(2) $\displaystyle\lim_{x\to\infty}\frac{2x+1}{x+2}=\lim_{x\to\infty}\frac{2+\frac{1}{x}}{1+\frac{2}{x}}=\mathbf{2}$

(3) $\displaystyle\lim_{x\to-\infty}\frac{2x^2+x-1}{3x^2+x}=\lim_{x\to-\infty}\frac{2+\frac{1}{x}-\frac{1}{x^2}}{3+\frac{1}{x}}=\mathbf{\frac{2}{3}}$

問24 次の極限を調べよ。

教科書 p.54

(1) $\displaystyle\lim_{x\to-\infty}(x^3+2x^2-3)$　　(2) $\displaystyle\lim_{x\to\infty}\frac{x^3-x^2-1}{2x-1}$

ガイド $x\to\infty$ のとき，$f(x)$ の値が限りなく大きくなるならば，このことを，$\displaystyle\lim_{x\to\infty}f(x)=\infty$ と表す。$\displaystyle\lim_{x\to\infty}f(x)=-\infty$，$\displaystyle\lim_{x\to-\infty}f(x)=\infty$，$\displaystyle\lim_{x\to-\infty}f(x)=-\infty$ も同様に考える。

(1) $\displaystyle\lim_{x\to-\infty}x^3=-\infty$ に注意する。

解答 (1) $\displaystyle\lim_{x\to-\infty}(x^3+2x^2-3)=\lim_{x\to-\infty}x^3\left(1+\frac{2}{x}-\frac{3}{x^3}\right)=-\infty$

(2) $\displaystyle\lim_{x\to\infty}\frac{x^3-x^2-1}{2x-1}=\lim_{x\to\infty}\frac{x^2-x-\frac{1}{x}}{2-\frac{1}{x}}=\lim_{x\to\infty}\frac{x^2\left(1-\frac{1}{x}-\frac{1}{x^3}\right)}{2-\frac{1}{x}}=\infty$

問25 次の極限値を求めよ。

教科書 p.55

(1) $\displaystyle\lim_{x\to\infty}(\sqrt{x^2+2x}-x)$　　(2) $\displaystyle\lim_{x\to-\infty}(2x+\sqrt{4x^2-x})$

ガイド (1) $\sqrt{x^2+2x}-x=\dfrac{\sqrt{x^2+2x}-x}{1}$ と考えて，分子を有理化する。

(2) $x=-t$ とおくと，$t=-x$ であるから，$x\to-\infty$ のとき $t\to\infty$ となり，考えやすい。

解答 (1) $\displaystyle\lim_{x\to\infty}(\sqrt{x^2+2x}-x)=\lim_{x\to\infty}\frac{(\sqrt{x^2+2x}-x)(\sqrt{x^2+2x}+x)}{\sqrt{x^2+2x}+x}$

$\displaystyle=\lim_{x\to\infty}\frac{(x^2+2x)-x^2}{\sqrt{x^2+2x}+x}=\lim_{x\to\infty}\frac{2x}{\sqrt{x^2+2x}+x}$

$\displaystyle=\lim_{x\to\infty}\frac{2}{\sqrt{1+\frac{2}{x}}+1}=\mathbf{1}$

(2) $x=-t$ とおくと，$x\to-\infty$ のとき $t\to\infty$ であるから，

$\displaystyle\lim_{x\to-\infty}(2x+\sqrt{4x^2-x})=\lim_{t\to\infty}(-2t+\sqrt{4t^2+t})$

$\displaystyle=\lim_{t\to\infty}\frac{(\sqrt{4t^2+t}-2t)(\sqrt{4t^2+t}+2t)}{\sqrt{4t^2+t}+2t}$

$\displaystyle=\lim_{t\to\infty}\frac{t}{\sqrt{4t^2+t}+2t}$

$\displaystyle=\lim_{t\to\infty}\frac{1}{\sqrt{4+\frac{1}{t}}+2}=\mathbf{\frac{1}{4}}$

2　いろいろな関数の極限

問26 次の極限を調べよ。

教科書 p.56

(1) $\displaystyle\lim_{x\to-\infty}3^x$　(2) $\displaystyle\lim_{x\to\infty}\left(\frac{1}{2}\right)^x$　(3) $\displaystyle\lim_{x\to\infty}\log_2\frac{1}{x}$　(4) $\displaystyle\lim_{x\to+0}\log_{\frac{1}{2}}x$

ガイド

ここがポイント

[1] $a>1$ のとき，　$\displaystyle\lim_{x\to\infty}a^x=\infty$，　$\displaystyle\lim_{x\to-\infty}a^x=0$

[2] $0<a<1$ のとき，$\displaystyle\lim_{x\to\infty}a^x=0$，　$\displaystyle\lim_{x\to-\infty}a^x=\infty$

[3] $a>1$ のとき，　$\displaystyle\lim_{x\to\infty}\log_a x=\infty$，　$\displaystyle\lim_{x\to+0}\log_a x=-\infty$

[4] $0<a<1$ のとき，$\displaystyle\lim_{x\to\infty}\log_a x=-\infty$，$\displaystyle\lim_{x\to+0}\log_a x=\infty$

解答 (1) $\displaystyle\lim_{x\to-\infty}3^x=\mathbf{0}$

(2) $\displaystyle\lim_{x\to\infty}\left(\frac{1}{2}\right)^x=\mathbf{0}$

(3) $\displaystyle\lim_{x\to\infty}\log_2\frac{1}{x}=-\infty$

(4) $\displaystyle\lim_{x\to+0}\log_{\frac{1}{2}}x=\infty$

問27 次の極限値を求めよ。

教科書 p.56

(1) $\displaystyle\lim_{x\to-\infty}\frac{1}{3^x+3^{-x}}$ (2) $\displaystyle\lim_{x\to\infty}\frac{2^x-2^{-x}}{2^x+2^{-x}}$ (3) $\displaystyle\lim_{x\to\infty}\{\log_2 x-\log_2(2x-3)\}$

ガイド (3) まず，1つの対数にまとめる。

解答 (1) $\displaystyle\lim_{x\to-\infty}\frac{1}{3^x+3^{-x}}=\lim_{x\to-\infty}\frac{3^x}{3^{2x}+1}=\mathbf{0}$

(2) $\displaystyle\lim_{x\to\infty}\frac{2^x-2^{-x}}{2^x+2^{-x}}=\lim_{x\to\infty}\frac{1-2^{-2x}}{1+2^{-2x}}=\mathbf{1}$

(3) $\displaystyle\lim_{x\to\infty}\{\log_2 x-\log_2(2x-3)\}=\lim_{x\to\infty}\log_2\frac{x}{2x-3}$

$\displaystyle=\lim_{x\to\infty}\log_2\frac{1}{2-\frac{3}{x}}$

$\displaystyle=\log_2\frac{1}{2}=\mathbf{-1}$

問28 次の極限値を求めよ。

教科書 p.57

(1) $\displaystyle\lim_{x\to-\infty}\sin\frac{1}{x}$ (2) $\displaystyle\lim_{x\to0}\frac{\sin^2 x}{1-\cos x}$

ガイド (2) $\sin^2 x=1-\cos^2 x$ を利用する。

解答 (1) $\displaystyle\lim_{x\to-\infty}\sin\frac{1}{x}=\mathbf{0}$

(2) $\displaystyle\lim_{x\to0}\frac{\sin^2 x}{1-\cos x}=\lim_{x\to0}\frac{1-\cos^2 x}{1-\cos x}$

$\displaystyle=\lim_{x\to0}\frac{(1+\cos x)(1-\cos x)}{1-\cos x}$

$\displaystyle=\lim_{x\to0}(1+\cos x)=\mathbf{2}$

問29 次の極限値を求めよ。

教科書 p.58

(1) $\lim_{x\to 0} x\cos\frac{1}{x}$　　(2) $\lim_{x\to\infty}\frac{\sin x}{x}$　　(3) $\lim_{x\to-\infty}\frac{\cos x}{x}$

ガイド

ここがポイント [関数の極限と大小関係]

$\lim_{x\to a} f(x)=\alpha$, $\lim_{x\to a} g(x)=\beta$ のとき,

1. x が a の近くでつねに $f(x)\leqq g(x)$ ならば,　$\alpha\leqq\beta$
2. x が a の近くでつねに $f(x)\leqq h(x)\leqq g(x)$ かつ $\alpha=\beta$ ならば,

$$\lim_{x\to a} h(x)=\alpha$$

2を「はさみうちの原理」ということがある。

また, 2から一般に, 次のことが成り立つ。

$$\lim_{x\to a}|f(x)|=0 \iff \lim_{x\to a} f(x)=0$$

「x が a の近くで」を「x が十分大きいとき」と読みかえると, $x\to\infty$ のときにも1, 2は成り立つ。$x\to-\infty$ のときも同様のことがいえる。

解答 (1) $0\leqq\left|\cos\frac{1}{x}\right|\leqq 1$ であり, $|x|>0$ であるから,

$$0\leqq|x|\left|\cos\frac{1}{x}\right|\leqq|x|$$

したがって,　$0\leqq\left|x\cos\frac{1}{x}\right|\leqq|x|$

$\lim_{x\to 0}|x|=0$ であるから,　$\lim_{x\to 0}\left|x\cos\frac{1}{x}\right|=0$

よって,　$\lim_{x\to 0} x\cos\frac{1}{x}=\mathbf{0}$

(2) $0\leqq|\sin x|\leqq 1$ であり, $|x|>0$ であるから,

$$0\leqq\frac{|\sin x|}{|x|}\leqq\frac{1}{|x|}$$

したがって,　$0\leqq\left|\frac{\sin x}{x}\right|\leqq\frac{1}{|x|}$

$\lim_{x\to\infty}\frac{1}{|x|}=0$ であるから,　$\lim_{x\to\infty}\left|\frac{\sin x}{x}\right|=0$

よって,　$\lim_{x\to\infty}\frac{\sin x}{x}=\mathbf{0}$

(3) $0 \leqq |\cos x| \leqq 1$ であり，$|x|>0$ であるから，

$$0 \leqq \frac{|\cos x|}{|x|} \leqq \frac{1}{|x|}$$

したがって， $0 \leqq \left|\frac{\cos x}{x}\right| \leqq \frac{1}{|x|}$

$\lim_{x \to -\infty} \frac{1}{|x|}=0$ であるから， $\lim_{x \to -\infty} \left|\frac{\cos x}{x}\right|=0$

よって， $\lim_{x \to -\infty} \frac{\cos x}{x}=\mathbf{0}$

参考 $\lim_{x \to \infty} f(x)=\infty$ のとき，次のことが成り立つ。

十分大きい x について，つねに $f(x) \leqq g(x)$ ならば，

$$\lim_{x \to \infty} g(x)=\infty$$

問30 次の極限値を求めよ。

教科書 p.60

(1) $\lim_{x \to 0} \frac{\sin 4x}{2x}$　(2) $\lim_{x \to 0} \frac{\sin 5x}{\sin 3x}$　(3) $\lim_{x \to 0} \frac{x}{\sin x}$

ガイド

ここがポイント $\left[\frac{\sin x}{x}\text{ の極限}\right]$

$$\lim_{x \to 0} \frac{\sin x}{x}=1$$

$\frac{\sin\square}{\square}$ の形をつくる。

解答 (1) $\lim_{x \to 0} \frac{\sin 4x}{2x}=\lim_{x \to 0}\left(2 \cdot \frac{\sin 4x}{4x}\right)=2 \cdot 1=\mathbf{2}$

(2) $\lim_{x \to 0} \frac{\sin 5x}{\sin 3x}=\lim_{x \to 0} \frac{\frac{\sin 5x}{x}}{\frac{\sin 3x}{x}}=\lim_{x \to 0} \frac{5 \cdot \frac{\sin 5x}{5x}}{3 \cdot \frac{\sin 3x}{3x}}=\frac{5 \cdot 1}{3 \cdot 1}=\mathbf{\frac{5}{3}}$

(3) $\lim_{x \to 0} \frac{x}{\sin x}=\lim_{x \to 0} \frac{1}{\frac{\sin x}{x}}=\frac{1}{1}=\mathbf{1}$

問31　次の極限値を求めよ。

教科書 p.60

(1) $\lim_{x\to 0}\frac{\tan x}{x}$　　(2) $\lim_{x\to 0}\frac{x\sin x}{1-\cos x}$

ガイド　$\lim_{x\to 0}\frac{\sin x}{x}=1$ を用いる。

解答　(1) $\lim_{x\to 0}\frac{\tan x}{x}=\lim_{x\to 0}\left(\frac{\sin x}{x}\cdot\frac{1}{\cos x}\right)=1\cdot\frac{1}{1}=\mathbf{1}$

(2) $\lim_{x\to 0}\frac{x\sin x}{1-\cos x}=\lim_{x\to 0}\frac{x\sin x(1+\cos x)}{(1-\cos x)(1+\cos x)}$

$=\lim_{x\to 0}\frac{x\sin x(1+\cos x)}{\sin^2 x}=\lim_{x\to 0}\left\{\frac{x}{\sin x}\cdot(1+\cos x)\right\}$

$=\lim_{x\to 0}\left\{\frac{1}{\frac{\sin x}{x}}\cdot(1+\cos x)\right\}=\frac{1}{1}\times(1+1)=\mathbf{2}$

問32　点Oを中心とする半径1の円周上に動点

教科書 p.61

Pがあり，この円の直径を AB, $\angle \mathrm{PAB}=\theta\ \left(0<\theta<\frac{\pi}{2}\right)$ とする。△ABP の面積を S_1，扇形 OBP の面積を S_2 として，極限値 $\lim_{\theta\to +0}\frac{S_1}{S_2}$ を求めよ。

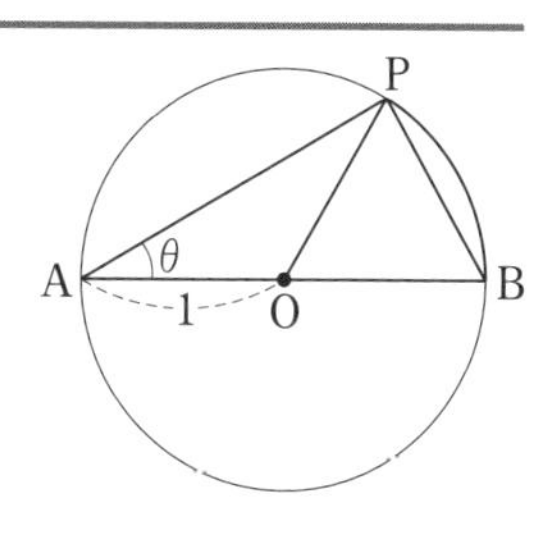

ガイド　まず，S_1 と S_2 を θ の式で表す。

解答　AB=2，∠APB=90° より，AP=$2\cos\theta$ であるから，

$$S_1=\frac{1}{2}\cdot 2\cdot 2\cos\theta\cdot\sin\theta$$
$$=2\sin\theta\cos\theta=\sin 2\theta$$

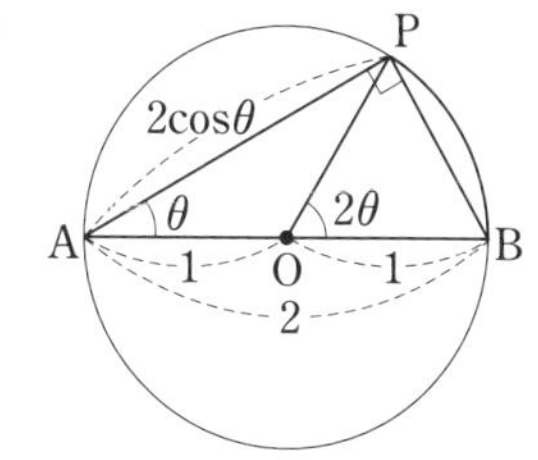

円周角の定理により，∠POB=2θ であるから，

$$S_2=\frac{1}{2}\cdot 1^2\cdot 2\theta=\theta$$

よって，

$$\lim_{\theta\to +0}\frac{S_1}{S_2}=\lim_{\theta\to +0}\frac{\sin 2\theta}{\theta}=\lim_{\theta\to +0}\left(2\cdot\frac{\sin 2\theta}{2\theta}\right)=2\cdot 1=\mathbf{2}$$

3 関数の連続性

☐ **問33** 次の関数は $x=0$ で連続かどうかを調べよ。

教科書 p.62

(1) $f(x)=\begin{cases}\cos x & (x\neq 0)\\ 0 & (x=0)\end{cases}$　　(2) $f(x)=|x|$

ガイド 一般に，関数 $y=f(x)$ において，その定義域内の x の値 a に対して，

極限値 $\displaystyle\lim_{x\to a}f(x)$ が存在し，かつ，$\displaystyle\boldsymbol{\lim_{x\to a}f(x)=f(a)}$

が成り立つとき，$f(x)$ は $x=a$ で**連続**であるという。

このとき，$y=f(x)$ のグラフは $x=a$ でつながっている。

$x\to a$ のときの関数 $f(x)$ の極限が存在しないときや，存在しても $\displaystyle\lim_{x\to a}f(x)\neq f(a)$ であるとき，この関数は $x=a$ で連続ではない。このとき，$f(x)$ は $x=a$ で**不連続**であるといい，$y=f(x)$ のグラフは $x=a$ でつながっていない。

解答 (1)　$\displaystyle\lim_{x\to 0}f(x)=\lim_{x\to 0}\cos x=1$，$f(0)=0$

であるから，$\displaystyle\lim_{x\to 0}f(x)\neq f(0)$ となる。

よって，$f(x)$ は $x=0$ で**不連続**である。

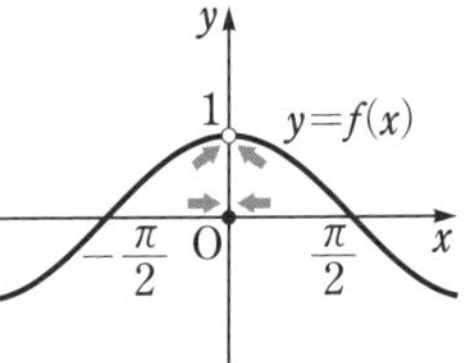

(2)　$\displaystyle\lim_{x\to +0}|x|=\lim_{x\to +0}x=0$，$\displaystyle\lim_{x\to -0}|x|=\lim_{x\to -0}(-x)=0$

であるから，　$\displaystyle\lim_{x\to 0}|x|=0$

また，$f(0)=0$ であるから，

$\displaystyle\lim_{x\to 0}f(x)=f(0)$ となる。

よって，$f(x)$ は $x=0$ で**連続**である。

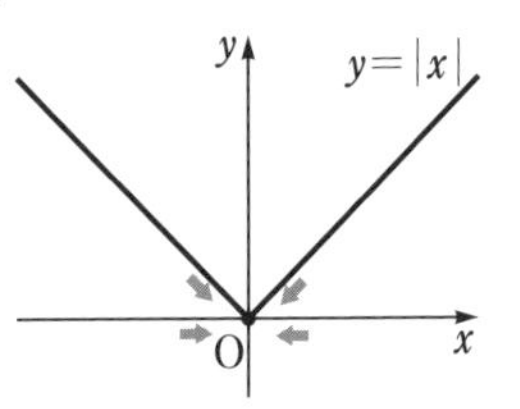

☐ **問34** 関数 $f(x)=x[x]$ は，$x=0$，$x=1$ でそれぞれ連続かどうかを調べよ。

教科書 p.63

ガイド 実数 x に対して，x 以下の最大の整数，すなわち，$n\leqq x<n+1$ を満たす整数 n を $[x]$ と表し，[　] を**ガウス記号**という。

左側極限と右側極限を調べる。

解答 $\lim_{x\to+0}[x]=0$ より，

$\lim_{x\to+0}x[x]=0\cdot0=0$

$\lim_{x\to-0}[x]=-1$ より，

$\lim_{x\to-0}x[x]=0\cdot(-1)=0$

したがって，　$\lim_{x\to0}x[x]=0$

また，$f(0)=0\cdot[0]=0$ であるから，

$\lim_{x\to0}x[x]=f(0)$ となる。

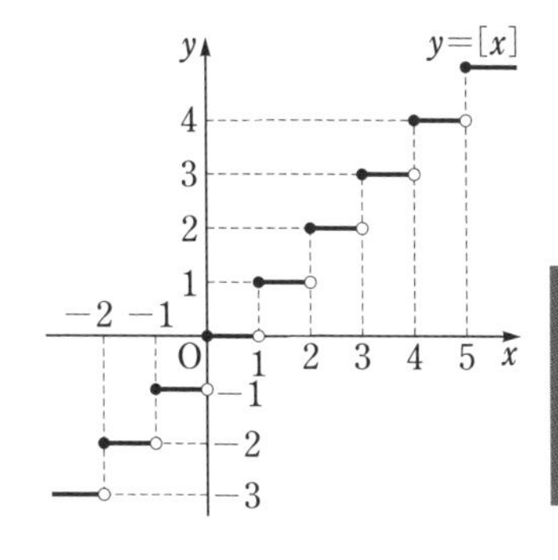

よって，$f(x)$ は **$x=0$ で連続**である。

$\lim_{x\to1+0}[x]=1$ より，　$\lim_{x\to1+0}x[x]=1\cdot1=1$

$\lim_{x\to1-0}[x]=0$ より，　$\lim_{x\to1-0}x[x]=1\cdot0=0$

したがって，$x\to1$ のとき，$f(x)$ の極限は存在しない。

よって，$f(x)$ は **$x=1$ で不連続**である。

問35 次の関数が連続である区間を求めよ。

教科書 p.64

(1) $\dfrac{1}{x}$　　(2) $\sqrt{4-x}$　　(3) $\dfrac{1}{1-x^2}$

ガイド 不等式 $a<x<b$，$a\leqq x$ などを満たす実数 x 全体の集合を**区間**という。区間 $a<x<b$ を**開区間**，区間 $a\leqq x\leqq b$ を**閉区間**といい，それぞれ $(a,\ b)$，$[a,\ b]$ と表す。

さらに，区間 $a\leqq x<b$，$a\leqq x$，$x<b$ は，それぞれ $[a,\ b)$，$[a,\ \infty)$，$(-\infty,\ b)$ と表す。

また，実数全体も区間と考え，$(-\infty,\ \infty)$ と表すことがある。

関数 $f(x)$ が，ある区間 I に属するすべての x の値で連続であるとき，$f(x)$ は**区間 I で連続**であるという。また，定義域内のすべての x の値で連続な関数を**連続関数**という。

解答 (1) 分数関数 $\dfrac{1}{x}$ は，$x\neq0$ の2つの区間 $(-\infty,\ 0)$，$(0,\ \infty)$ で連続である。

(2)　無理関数 $\sqrt{4-x}$ は，区間 $(-\infty,\ 4]$ で連続である。

(3)　$\dfrac{1}{1-x^2}=\dfrac{1}{(1+x)(1-x)}$ より，分数関数 $\dfrac{1}{1-x^2}$ は，$x \neq \pm 1$ の 3つの区間 $(-\infty,\ -1)$，$(-1,\ 1)$，$(1,\ \infty)$ で連続である。

ポイントプラス [連続関数]

関数 $f(x)$，$g(x)$ が，ある区間 I で連続ならば，次の関数も同じ区間 I で連続である。

1　$kf(x)$　　ただし，k は定数

2　$f(x)+g(x)$，　$f(x)-g(x)$

3　$f(x)g(x)$

4　$\dfrac{f(x)}{g(x)}$　　ただし，区間 I のすべての x の値で，$g(x) \neq 0$

4　連続関数の性質

問36　関数 $f(x)=\sin x$ は，次の区間において最大値または最小値をもつかどうかを調べよ。また，最大値や最小値をもつ場合は，それを求めよ。

教科書 p.65

(1)　$\left[-\dfrac{\pi}{2},\ \dfrac{3}{4}\pi\right]$　　(2)　$\left(-\dfrac{\pi}{2},\ \dfrac{\pi}{2}\right)$　　(3)　$(-\pi,\ \pi)$

ガイド

ここがポイント

閉区間で連続な関数は，その区間で最大値および最小値をもつ。

開区間で連続な関数は，その区間で最大値や最小値をもつとは限らない。

解答　$y=f(x)$ のグラフをかくと，右の図のようになる。

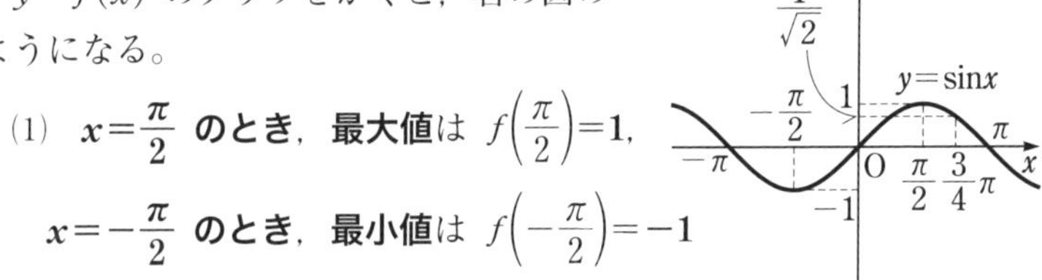

(1)　$x=\dfrac{\pi}{2}$ **のとき，最大値は** $f\left(\dfrac{\pi}{2}\right)=1$，

$x=-\dfrac{\pi}{2}$ **のとき，最小値は** $f\left(-\dfrac{\pi}{2}\right)=-1$

(2)　**最大値も最小値ももたない。**

(3)　$x=\dfrac{\pi}{2}$ **のとき，最大値**は $f\left(\dfrac{\pi}{2}\right)=1$,

$x=-\dfrac{\pi}{2}$ **のとき，最小値**は $f\left(-\dfrac{\pi}{2}\right)=-1$

問37　方程式 $\log_{10}x-\dfrac{1}{x}=0$ は，$1<x<10$ の範囲に少なくとも1つの実数解をもつことを示せ。

教科書 p.66

ガイド　関数 $f(x)$ が閉区間 $[a,\ b]$ で連続ならば，そのグラフは点 $(a,\ f(a))$ と点 $(b,\ f(b))$ とを結ぶ，切れ目なくつながった曲線である。

よって，次の**中間値の定理**が成り立つ。

ここがポイント

[中間値の定理(1)]

関数 $f(x)$ が閉区間 $[a,\ b]$ で連続で，$f(a)\neq f(b)$ のとき，$f(a)$ と $f(b)$ の間の任意の値 k に対して，

$$f(c)=k,\ a<c<b$$

となる実数 c が少なくとも1つある。

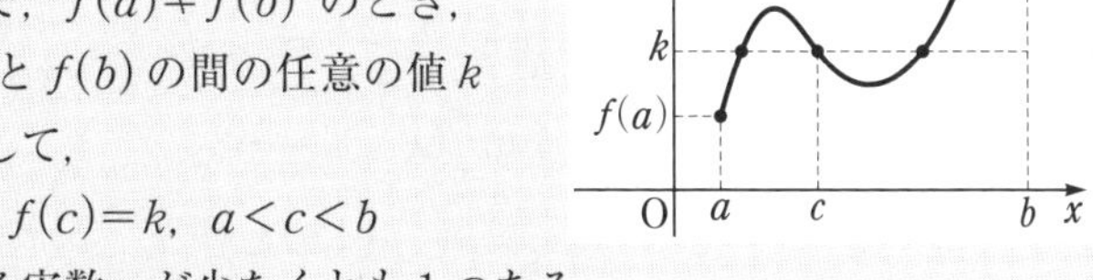

[中間値の定理(2)]

関数 $f(x)$ が閉区間 $[a,\ b]$ で連続で，$f(a)$ と $f(b)$ が異符号ならば，方程式 $f(x)=0$ は，$a<x<b$ の範囲に少なくとも1つの実数解をもつ。

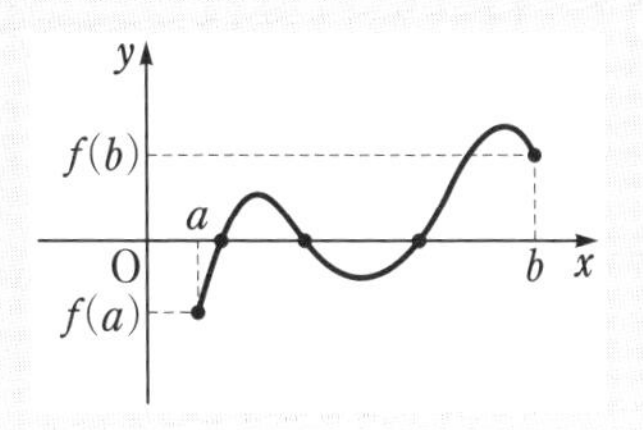

解答　$f(x)=\log_{10}x-\dfrac{1}{x}$ とおくと，関数 $f(x)$ は閉区間 $[1,\ 10]$ で連続で，

$$f(1)=-1<0,\quad f(10)=\frac{9}{10}>0$$

よって，中間値の定理により，方程式 $\log_{10}x-\dfrac{1}{x}=0$ は，$1<x<10$ の範囲に少なくとも1つの実数解をもつ。

節末問題

第2節｜関数の極限と連続性

□ **1** 次の極限を調べよ。

教科書 p.68

(1) $\displaystyle\lim_{x\to-1}\frac{x^3+x+2}{2x^2+x-1}$　(2) $\displaystyle\lim_{x\to-1+0}\frac{x^2-1}{|x+1|}$

(3) $\displaystyle\lim_{x\to-\infty}(\sqrt{x^2+4x}-\sqrt{x^2-2x})$　(4) $\displaystyle\lim_{x\to\infty}\frac{3^x-5^x}{3^x-2^x}$

(5) $\displaystyle\lim_{x\to0}\frac{\sin x(1-\cos x)}{x^3}$

ガイド (4) 分母と分子を，それぞれ 3^x で割る。

(5) 分母と分子に $1+\cos x$ を掛ける。

解答 (1) $\displaystyle\lim_{x\to-1}\frac{x^3+x+2}{2x^2+x-1}=\lim_{x\to-1}\frac{(x+1)(x^2-x+2)}{(x+1)(2x-1)}$

$$=\lim_{x\to-1}\frac{x^2-x+2}{2x-1}=-\frac{4}{3}$$

(2) $\displaystyle\lim_{x\to-1+0}\frac{x^2-1}{|x+1|}=\lim_{x\to-1+0}\frac{x^2-1}{x+1}=\lim_{x\to-1+0}\frac{(x+1)(x-1)}{x+1}$

$$=\lim_{x\to-1+0}(x-1)=-2$$

(3) $x=-t$ とおくと，$x\to-\infty$ のとき $t\to\infty$ であるから，

$$\lim_{x\to-\infty}(\sqrt{x^2+4x}-\sqrt{x^2-2x})$$

$$=\lim_{t\to\infty}(\sqrt{t^2-4t}-\sqrt{t^2+2t})$$

$$=\lim_{t\to\infty}\frac{(\sqrt{t^2-4t}-\sqrt{t^2+2t})(\sqrt{t^2-4t}+\sqrt{t^2+2t})}{\sqrt{t^2-4t}+\sqrt{t^2+2t}}$$

$$=\lim_{t\to\infty}\frac{-6t}{\sqrt{t^2-4t}+\sqrt{t^2+2t}}$$

$$=\lim_{t\to\infty}\frac{-6}{\sqrt{1-\frac{4}{t}}+\sqrt{1+\frac{2}{t}}}=-3$$

(4) $\displaystyle\lim_{x\to\infty}\frac{3^x-5^x}{3^x-2^x}=\lim_{x\to\infty}\frac{1-\left(\frac{5}{3}\right)^x}{1-\left(\frac{2}{3}\right)^x}=-\infty$

(5) $\displaystyle\lim_{x\to 0}\frac{\sin x(1-\cos x)}{x^3}=\lim_{x\to 0}\frac{\sin x(1-\cos x)(1+\cos x)}{x^3(1+\cos x)}$

$\displaystyle=\lim_{x\to 0}\frac{\sin x^3}{x^3(1+\cos x)}$

$\displaystyle=\lim_{x\to 0}\left\{\left(\frac{\sin x}{x}\right)^3\cdot\frac{1}{1+\cos x}\right\}$

$\displaystyle=1^3\times\frac{1}{1+1}=\boldsymbol{\frac{1}{2}}$

□ **2** 教科書 p.68

極限値 $\displaystyle\lim_{x\to 1}\frac{\sqrt{x+3}-k}{x-1}$ が存在するように定数 k の値を定め，その極限値を求めよ。

ガイド $x\to 1$ のとき，$x-1\to 0$ であるから，　$\sqrt{x+3}-k\to 0$

解答 $\displaystyle\lim_{x\to 1}(x-1)=0$ であるから，極限値 $\displaystyle\lim_{x\to 1}\frac{\sqrt{x+3}-k}{x-1}$ が存在するとき，

$\displaystyle\lim_{x\to 1}(\sqrt{x+3}-k)=0$

したがって，$\sqrt{1+3}-k=0$ より，　$k=2$

このとき，

$\displaystyle\lim_{x\to 1}\frac{\sqrt{x+3}-k}{x-1}=\lim_{x\to 1}\frac{\sqrt{x+3}-2}{x-1}=\lim_{x\to 1}\frac{(\sqrt{x+3}-2)(\sqrt{x+3}+2)}{(x-1)(\sqrt{x+3}+2)}$

$\displaystyle=\lim_{x\to 1}\frac{x-1}{(x-1)(\sqrt{x+3}+2)}=\lim_{x\to 1}\frac{1}{\sqrt{x+3}+2}=\frac{1}{4}$

よって，$\boldsymbol{k=2}$ で**極限値**は存在し，その値は $\boldsymbol{\frac{1}{4}}$ である。

□ **3** 教科書 p.68

変数 x を [　] 内に示したようにおき換えて，次の極限値を求めよ。

(1) $\displaystyle\lim_{x\to\infty}x\sin\frac{1}{x}$　$\left[\frac{1}{x}=\theta\right]$　　(2) $\displaystyle\lim_{x\to\pi}\frac{1+\cos x}{(x-\pi)^2}$　$[x-\pi=\theta]$

ガイド おき換えたときに θ の極限がどうなるかを考える。

解答 (1) $\dfrac{1}{x}=\theta$ とおくと，$x\to\infty$ のとき $\theta\to +0$ であるから，

$\displaystyle\lim_{x\to\infty}x\sin\frac{1}{x}=\lim_{\theta\to +0}\frac{\sin\theta}{\theta}=\boldsymbol{1}$

(2)　$x-\pi=\theta$ とおくと，$x\to\pi$ のとき $\theta\to 0$ であるから，

$$\lim_{x\to\pi}\frac{1+\cos x}{(x-\pi)^2}=\lim_{\theta\to 0}\frac{1+\cos(\theta+\pi)}{\theta^2}=\lim_{\theta\to 0}\frac{1-\cos\theta}{\theta^2}$$

$$=\lim_{\theta\to 0}\frac{(1-\cos\theta)(1+\cos\theta)}{\theta^2(1+\cos\theta)}$$

$$=\lim_{\theta\to 0}\frac{\sin^2\theta}{\theta^2(1+\cos\theta)}=\lim_{\theta\to 0}\left\{\left(\frac{\sin\theta}{\theta}\right)^2\cdot\frac{1}{1+\cos\theta}\right\}$$

$$=1^2\times\frac{1}{1+1}=\mathbf{\frac{1}{2}}$$

4　教科書 p.68

点Oを中心とし，長さ $2a$ の線分ABを直径とする円がある。点Aから出た光線が，弧AB上の点Pで右の図のように反射して，直径AB上の点Qに到達するとき，入射角 ∠APO と反射角 ∠QPO は等しくなる。

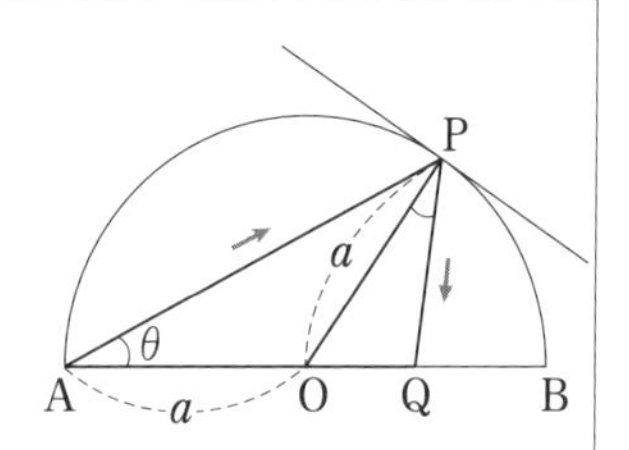

∠PAB$=\theta$ $\left(0<\theta<\dfrac{\pi}{4}\right)$ とするとき，次の問いに答えよ。

(1)　∠POQ，∠PQO を，それぞれ θ を用いて表せ。

(2)　線分OQの長さを a と θ を用いて表せ。

(3)　PがBに限りなく近づくとき，Qはどのような点に近づくか。

ガイド　(2)　△OQPにおいて，正弦定理を用いる。

(3)　$\displaystyle\lim_{\theta\to+0}$ OQ を求める。

解答　(1)　△OPA は OA＝OP＝a の二等辺三角形であるから，

∠OAP＝∠OPA＝θ

△OPA において，内角と外角の関係から，

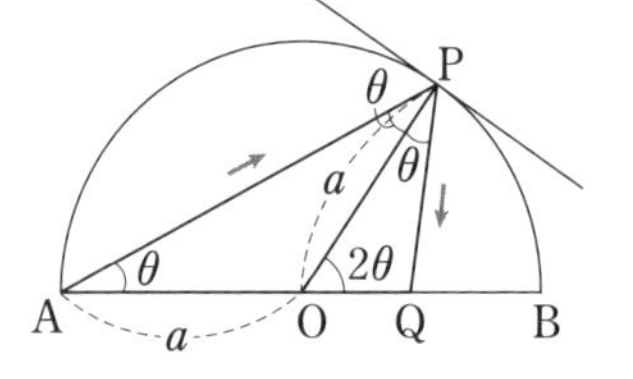

∠POQ＝∠OAP＋∠OPA

＝$\boldsymbol{2\theta}$

△OPQ の内角の和は π であるから，∠APO＝∠QPO＝θ より，

∠PQO＝$\pi-(2\theta+\theta)=\boldsymbol{\pi-3\theta}$

(2)　△OQP において，正弦定理により，$\dfrac{\mathrm{OQ}}{\sin\theta}=\dfrac{\mathrm{OP}}{\sin(\pi-3\theta)}$

OP$=a$，$\sin(\pi-3\theta)=\sin 3\theta$ であるから，

$$\mathbf{OQ}=\frac{\mathrm{OP}\sin\theta}{\sin(\pi-3\theta)}=\boldsymbol{\frac{a\sin\theta}{\sin 3\theta}}$$

(3)　PがBに限りなく近づくとき，$\theta\to+0$ であるから，線分 OQ の長さの極限 $\lim\limits_{\theta\to+0}\mathrm{OQ}$ を考える。

$$\lim_{\theta\to+0}\mathrm{OQ}=\lim_{\theta\to+0}\frac{a\sin\theta}{\sin 3\theta}=\lim_{\theta\to+0}\left(\frac{a}{3}\cdot\frac{3\theta}{\sin 3\theta}\cdot\frac{\sin\theta}{\theta}\right)$$

$$=\frac{a}{3}\cdot1\cdot1=\frac{a}{3}$$

OB$=a$ であるから，点Qは**線分 OB を 1：2 に内分する点に近づく**。

☐ 5 教科書 p.68

方程式 $\sin x=x-1$ は，$\dfrac{\pi}{2}<x<\pi$ の範囲に少なくとも 1 つの実数解をもつことを示せ。

ガイド　$f(x)=\sin x-x+1$ とおいて，中間値の定理を用いる。

解答　$f(x)=\sin x-x+1$ とおくと，関数 $f(x)$ は閉区間 $\left[\dfrac{\pi}{2},\ \pi\right]$ で連続で，

$$f\left(\frac{\pi}{2}\right)=2-\frac{\pi}{2}=\frac{1}{2}(4-\pi)>0,\quad f(\pi)=-\pi+1<0$$

よって，中間値の定理により，方程式 $\sin x-x+1=0$，すなわち，方程式 $\sin x=x-1$ は，$\dfrac{\pi}{2}<x<\pi$ の範囲に少なくとも 1 つの実数解をもつ。

章末問題

A

☐ **1.** 教科書 p.69

関数 $y=\dfrac{ax+b}{x+c}$ のグラフは，2直線 $x=-2$，$y=3$ を漸近線とする直角双曲線で，点 $(-3,\ 1)$ を通る。このとき，定数 a，b，c の値を求めよ。

ガイド 求める双曲線の方程式は，$y=\dfrac{k}{x+2}+3$ とおける。

解答 2直線 $x=-2$，$y=3$ を漸近線とする双曲線の方程式は，

$y=\dfrac{k}{x+2}+3$ (k は実数) とおける。

点 $(-3,\ 1)$ を通るから，　$1=-k+3$

よって，　$k=2$

したがって，求める双曲線の方程式は，

$$y=\frac{2}{x+2}+3=\frac{3x+8}{x+2}$$

よって，　$\boldsymbol{a=3}$，$\boldsymbol{b=8}$，$\boldsymbol{c=2}$

☐ **2.** 教科書 p.69

次の関数 $f(x)$ について，$\lim_{x\to 1} f(x)$，$\lim_{x\to 2} f(x)$ がともに有限な値になるように定数 a，b の値を定め，それぞれの極限値を求めよ。

$$f(x)=\frac{x^3+ax^2+bx+2}{x^2-3x+2}$$

ガイド $x\to 1$，$x\to 2$ で分母 $\to 0$ であるから，$\lim_{x\to 1} f(x)$，$\lim_{x\to 2} f(x)$ がともに有限な値になるのは，$x\to 1$，$x\to 2$ で分子 $\to 0$ となるときである。

解答 $\lim_{x\to 1}(x^2-3x+2)=0$ であるから，$\lim_{x\to 1} f(x)$ が有限な値になるとき，

$$\lim_{x\to 1}(x^3+ax^2+bx+2)=0$$

したがって，　$a+b=-3$　……①

$\lim_{x\to 2}(x^2-3x+2)=0$ であるから，$\lim_{x\to 2} f(x)$ が有限な値になるとき，

$$\lim_{x\to 2}(x^3+ax^2+bx+2)=0$$

したがって，　$2a+b=-5$　……②

①，②を解いて，　$\boldsymbol{a=-2,\ b=-1}$

よって，

$$\lim_{x\to1} f(x)=\lim_{x\to1}\frac{x^3-2x^2-x+2}{x^2-3x+2}=\lim_{x\to1}\frac{(x+1)(x-1)(x-2)}{(x-1)(x-2)}$$
$$=\lim_{x\to1}(x+1)=\boldsymbol{2}$$

同様に，

$$\lim_{x\to2} f(x)=\lim_{x\to2}(x+1)=\boldsymbol{3}$$

☐ **3.** 教科書 p.69

次の極限値を求めよ。

(1) $\displaystyle\lim_{x\to-\infty}\frac{6^{x+1}+3^{x-1}}{6^x-3^x}$　(2) $\displaystyle\lim_{x\to0}\left(\frac{1}{\sin x}-\frac{1}{\tan x}\right)$　(3) $\displaystyle\lim_{x\to0}\frac{\tan x-\sin x}{x^3}$

ガイド (1) 分母と分子を，それぞれ 3^x で割る。

(2)(3) $\tan x$ を $\sin x$ と $\cos x$ で表す。

解答 (1) $\displaystyle\lim_{x\to-\infty}\frac{6^{x+1}+3^{x-1}}{6^x-3^x}=\lim_{x\to-\infty}\frac{6\cdot2^x+\frac{1}{3}}{2^x-1}=\boldsymbol{-\frac{1}{3}}$

(2) $$\lim_{x\to0}\left(\frac{1}{\sin x}-\frac{1}{\tan x}\right)=\lim_{x\to0}\frac{1-\cos x}{\sin x}=\lim_{x\to0}\frac{(1-\cos x)(1+\cos x)}{\sin x(1+\cos x)}$$
$$=\lim_{x\to0}\frac{\sin^2 x}{\sin x(1+\cos x)}=\lim_{x\to0}\frac{\sin x}{1+\cos x}$$
$$=\boldsymbol{0}$$

(3) $$\lim_{x\to0}\frac{\tan x-\sin x}{x^3}=\lim_{x\to0}\frac{\frac{\sin x}{\cos x}-\sin x}{x^3}=\lim_{x\to0}\left\{\frac{\sin x}{x^3}\left(\frac{1}{\cos x}-1\right)\right\}$$
$$=\lim_{x\to0}\left(\frac{\sin x}{x^3}\cdot\frac{1-\cos x}{\cos x}\right)$$
$$=\lim_{x\to0}\left\{\frac{\sin x}{x^3}\cdot\frac{(1-\cos x)(1+\cos x)}{\cos x(1+\cos x)}\right\}$$
$$=\lim_{x\to0}\left\{\left(\frac{\sin x}{x}\right)^3\cdot\frac{1}{\cos x(1+\cos x)}\right\}$$
$$=1^3\times\frac{1}{1\cdot(1+1)}=\boldsymbol{\frac{1}{2}}$$

B

4. 教科書 p.69

放物線 $y=3x^2$ 上の点Pに対して，x 軸上の正の部分に OP=OQ である点Qをとり，直線 PQ が y 軸と交わる点をRとする。Pが第1象限にあって原点Oに限りなく近づくとき，Rが近づいていく点の座標を求めよ。

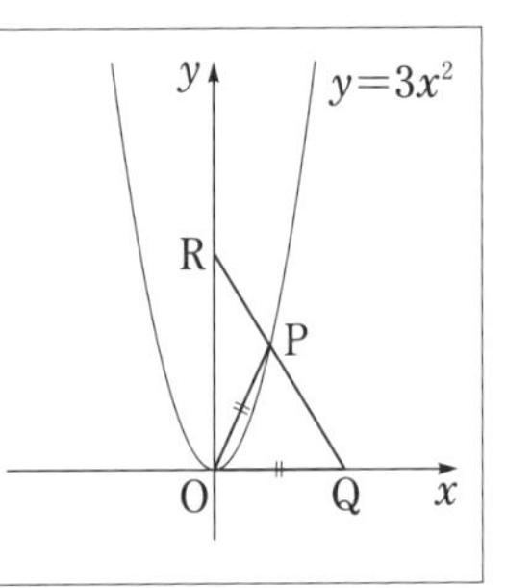

ガイド $t>0$ として，$\mathrm{P}(t,\ 3t^2)$ とおくと，$\mathrm{Q}(t\sqrt{1+9t^2},\ 0)$ となる。
このことから直線 PQ の方程式を求め，点Rの座標を求める。

解答 $t>0$ として，P の座標を $(t,\ 3t^2)$ とおく。

$\mathrm{OP}=\sqrt{t^2+(3t^2)^2}=t\sqrt{1+9t^2}$ より，Q の座標は，　$(t\sqrt{1+9t^2},\ 0)$

直線 PQ の方程式は，

$$y-3t^2=\frac{0-3t^2}{t\sqrt{1+9t^2}-t}(x-t)$$

$$y=-\frac{3t}{\sqrt{1+9t^2}-1}x+\frac{3t^2}{\sqrt{1+9t^2}-1}+3t^2$$

ここで，

$$\frac{3t^2}{\sqrt{1+9t^2}-1}+3t^2=\frac{3t^2\sqrt{1+9t^2}}{\sqrt{1+9t^2}-1}=\frac{3t^2\sqrt{1+9t^2}(\sqrt{1+9t^2}+1)}{(\sqrt{1+9t^2}-1)(\sqrt{1+9t^2}+1)}$$

$$=\frac{1}{3}\sqrt{1+9t^2}(\sqrt{1+9t^2}+1)$$

であるから，R の座標は，　$\left(0,\ \frac{1}{3}\sqrt{1+9t^2}(\sqrt{1+9t^2}+1)\right)$

Pが第1象限にあって原点Oに限りなく近づくとき，$t\to+0$ であり，このとき，

$$\lim_{t\to+0}\frac{1}{3}\sqrt{1+9t^2}(\sqrt{1+9t^2}+1)=\frac{2}{3}$$

よって，求める座標は，　$\left(0,\ \frac{2}{3}\right)$

5. 教科書 p.69

a, b を定数, n を自然数とするとき, 関数 $f(x)=\lim_{n\to\infty}\dfrac{x^{2n-1}+ax^2+bx}{x^{2n}+1}$ について, 次の問いに答えよ。

(1) $|x|<1$ のとき, $f(x)$ を求めよ。

(2) $|x|>1$ のとき, $f(x)$ を求めよ。

(3) $f(x)$ が実数全体で連続となるように, a, b の値を定めよ。

ガイド (3) $f(x)$ は $x=\pm1$ 以外では連続であるから, $x=\pm1$ でも連続となるように, a, b の値を定めればよい。

解答 (1) $\lim_{n\to\infty}x^{2n-1}=\lim_{n\to\infty}x^{2n}=0$ より,

$$f(x)=\lim_{n\to\infty}\frac{x^{2n-1}+ax^2+bx}{x^{2n}+1}=\boldsymbol{ax^2+bx}$$

(2) $\lim_{n\to\infty}\dfrac{1}{x^{2n}}=\lim_{n\to\infty}\dfrac{1}{x^{2n-1}}=\lim_{n\to\infty}\dfrac{1}{x^{2n-2}}=0$ より,

$$f(x)=\lim_{n\to\infty}\frac{x^{2n-1}+ax^2+bx}{x^{2n}+1}=\lim_{n\to\infty}\frac{\dfrac{1}{x}+\dfrac{a}{x^{2n-2}}+\dfrac{b}{x^{2n-1}}}{1+\dfrac{1}{x^{2n}}}=\boldsymbol{\frac{1}{x}}$$

(3) (1), (2)より, $x=\pm1$ 以外では関数 $f(x)$ は連続である。

$$\lim_{x\to-1-0}f(x)=\lim_{x\to-1-0}\frac{1}{x}=-1$$

$$\lim_{x\to-1+0}f(x)=\lim_{x\to-1+0}(ax^2+bx)=a-b$$

$$f(-1)=\lim_{n\to\infty}\frac{(-1)^{2n-1}+a\cdot(-1)^2+b\cdot(-1)}{(-1)^{2n}+1}$$

$$=\lim_{n\to\infty}\frac{-1+a-b}{1+1}=\frac{a-b-1}{2}$$

であるから, 関数 $f(x)$ が $x=-1$ で連続であるとき,

$$-1=a-b \text{ かつ } \frac{a-b-1}{2}=-1$$

よって,　$a-b=-1$ ……①

また，

$$\lim_{x\to 1-0} f(x)=\lim_{x\to 1-0}(ax^2+bx)=a+b$$

$$\lim_{x\to 1+0} f(x)=\lim_{x\to 1+0}\frac{1}{x}=1$$

$$f(1)=\lim_{n\to\infty}\frac{1^{2n-1}+a\cdot 1^2+b\cdot 1}{1^{2n}+1}=\lim_{n\to\infty}\frac{1+a+b}{1+1}=\frac{a+b+1}{2}$$

であるから，関数 $f(x)$ が $x=1$ で連続であるとき，

$$a+b=1 \text{ かつ } \frac{a+b+1}{2}=1$$

よって，　$a+b=1$　……②

①，②を解いて，　$\boldsymbol{a=0}$，$\boldsymbol{b=1}$

6. 教科書 p.69

実数を係数とする x についての n 次方程式

$$x^n+a_1x^{n-1}+a_2x^{n-2}+\cdots\cdots+a_{n-1}x+a_n=0$$

は，n が奇数ならば少なくとも1つの実数解をもつことを証明せよ。

ガイド　$f(x)=x^n+a_1x^{n-1}+a_2x^{n-2}+\cdots\cdots+a_{n-1}x+a_n$ とおいて，中間値の定理を用いる。

解答　$f(x)=x^n+a_1x^{n-1}+a_2x^{n-2}+\cdots\cdots+a_{n-1}x+a_n$ とおくと，関数 $f(x)$ は区間 $(-\infty,\ \infty)$ で連続で，n が奇数のとき，

$$\lim_{x\to -\infty} f(x)=\lim_{x\to -\infty} x^n\left(1+\frac{a_1}{x}+\frac{a_2}{x^2}+\cdots\cdots+\frac{a_{n-1}}{x^{n-1}}+\frac{a_n}{x^n}\right)=-\infty<0$$

$$\lim_{x\to \infty} f(x)=\lim_{x\to \infty} x^n\left(1+\frac{a_1}{x}+\frac{a_2}{x^2}+\cdots\cdots+\frac{a_{n-1}}{x^{n-1}}+\frac{a_n}{x^n}\right)=\infty>0$$

よって，中間値の定理により，方程式
$x^n+a_1x^{n-1}+a_2x^{n-2}+\cdots\cdots+a_{n-1}x+a_n=0$ は，n が奇数ならば少なくとも1つの実数解をもつ。

思考力を養う　逆三角関数　発展　課題学習

Q 1　$\arcsin\left(-\frac{1}{2}\right)$ の値を求めてみよう。

教科書 p.70

ガイド　関数 $y=\sin x$ について，$-\frac{\pi}{2} \leqq x \leqq \frac{\pi}{2}$ の範囲で逆関数を考えたものを**逆正弦関数**といい，$\boldsymbol{y=\arcsin x}$ と書く。この関数の定義域は $-1 \leqq x \leqq 1$，値域は $-\frac{\pi}{2} \leqq y \leqq \frac{\pi}{2}$ となり，グラフは右の図のようになる。

解答　$y=\arcsin\left(-\frac{1}{2}\right)$ とおくと，$-\frac{\pi}{2} \leqq y \leqq \frac{\pi}{2}$ の範囲で $\sin y=-\frac{1}{2}$ を満たす y は $y=-\frac{\pi}{6}$ である。

よって，　$\boldsymbol{\arcsin\left(-\frac{1}{2}\right)=-\frac{\pi}{6}}$

Q 2　$y=\arccos x$ の定義域，値域を考え，グラフをかいてみよう。

教科書 p.70

ガイド　関数 $y=\cos x$ についても，$0 \leqq x \leqq \pi$ の範囲で逆関数を考えたものを**逆余弦関数**といい，$\boldsymbol{y=\arccos x}$ と書く。

解答　関数 $y=\arccos x$ の定義域は $-1 \leqq x \leqq 1$，値域は $0 \leqq y \leqq \pi$ であり，グラフは右の図のようになる。

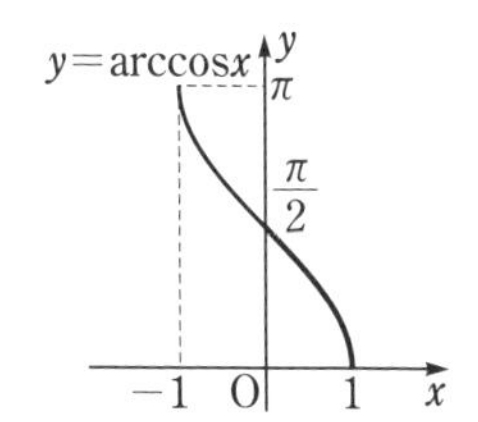

☑ **Q 3** 日本の住宅地では，北側に隣接する住宅地の日照を確保するため，境界線上の決められた高さから南側に向けて斜線を考え，その斜線をはみ出さないように建物を建てなければならないという規制（北側斜線制限）が定められていることが多い。

教科書 p.70

右の図のように，斜線の傾きが 1.25 と定められているとする。制限いっぱいに建物を建てるときの屋根の角 θ を逆三角関数を用いて表してみよう。

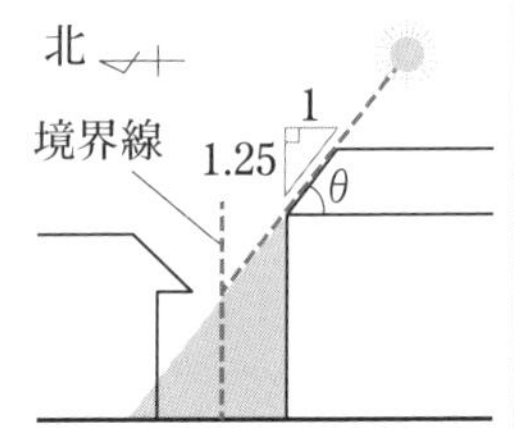

ガイド 関数 $y=\tan x$ について，$-\frac{\pi}{2}<x<\frac{\pi}{2}$ の範囲で逆関数を考えたものを**逆正接関数**といい，$\boldsymbol{y=\arctan x}$ と書く。$y=\arctan x$ の定義域はすべての実数，値域は $-\frac{\pi}{2}<y<\frac{\pi}{2}$ となり，グラフは右の図のようになる。

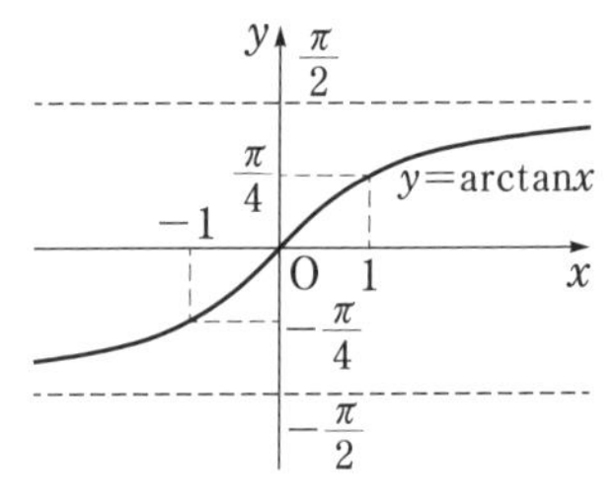

$\arcsin x$，$\arccos x$，$\arctan x$ は，それぞれ $\sin^{-1}x$，$\cos^{-1}x$，$\tan^{-1}x$ と書くこともある。また，これらを合わせて**逆三角関数**という。

解答 $\tan\theta=1.25=\frac{5}{4}$ より，制限いっぱいに建物を建てるときの屋根の角 θ は，

$$\boldsymbol{\theta=\arctan\frac{5}{4}}$$

と表される。

第3章　微分法

第1節　微分と導関数

1　微分可能と連続

問 1　関数 $f(x)=\dfrac{1}{x^2}$ の $x=3$ における微分係数 $f'(3)$ を求めよ。

教科書 p.72

ガイド　関数 $f(x)$ において，極限値 $\displaystyle\lim_{h\to 0}\frac{f(a+h)-f(a)}{h}$ が存在するとき，この極限値を $f(x)$ の $x=a$ における**微分係数**または**変化率**といい，$\boldsymbol{f'(a)}$ で表す。すなわち，

$$\boldsymbol{f'(a)=\lim_{h\to 0}\frac{f(a+h)-f(a)}{h}} \quad \cdots\cdots①$$

である。

解答　$\displaystyle f'(3)=\lim_{h\to 0}\frac{f(3+h)-f(3)}{h}=\lim_{h\to 0}\frac{\dfrac{1}{(3+h)^2}-\dfrac{1}{3^2}}{h}$

$\displaystyle =\lim_{h\to 0}\left\{\frac{1}{h}\times\frac{-6h-h^2}{9(3+h)^2}\right\}=\lim_{h\to 0}\frac{-6-h}{9(3+h)^2}=-\boldsymbol{\frac{2}{27}}$

ポイントプラス

①で，$a+h=x$，すなわち，$h=x-a$ とおくと，$f'(a)$ は次のように表すこともできる。

$$\boldsymbol{f'(a)=\lim_{x\to a}\frac{f(x)-f(a)}{x-a}}$$

問 2　関数 $f(x)=|x^2-4|$ は $x=2$ で微分可能でないことを示せ。

教科書 p.73

ガイド 関数 $f(x)$ において，微分係数 $f'(a)$ が存在するとき，$f(x)$ は $x=a$ で**微分可能**であるという。また，ある区間のすべての x の値で微分可能なとき，$f(x)$ はその**区間で微分可能**であるという。

ここがポイント **[微分可能と連続]**
関数 $f(x)$ が $x=a$ で微分可能ならば，$f(x)$ は $x=a$ で連続である。

関数 $f(x)$ が $x=a$ で連続であっても，$f(x)$ は $x=a$ で微分可能であるとは限らない。

解答 関数 $f(x)=|x^2-4|$ は，
$\lim_{x\to 2} f(x)=f(2)$ が成り立つから $x=2$ で連続である。

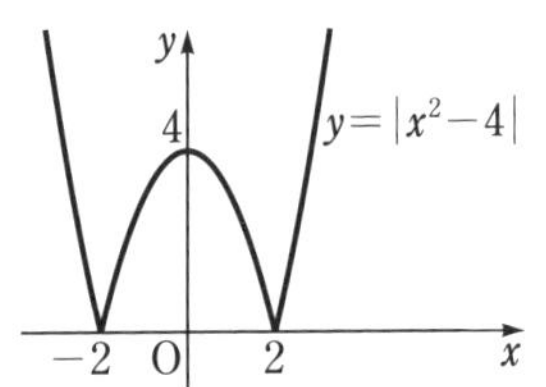

ところが，

$$\lim_{h\to+0}\frac{f(2+h)-f(2)}{h}$$
$$=\lim_{h\to+0}\frac{|(2+h)^2-4|-|0|}{h}=\lim_{h\to+0}\frac{|h(h+4)|}{h}=\lim_{h\to+0}\frac{h(h+4)}{h}$$
$$=\lim_{h\to+0}(h+4)=4$$
$$\lim_{h\to-0}\frac{f(2+h)-f(2)}{h}=\lim_{h\to-0}\frac{|(2+h)^2-4|-|0|}{h}=\lim_{h\to-0}\frac{|h(h+4)|}{h}$$
$$=\lim_{h\to-0}\frac{-h(h+4)}{h}=\lim_{h\to-0}\{-(h+4)\}=-4$$

となるから，$h\to 0$ のときの $\dfrac{f(2+h)-f(2)}{h}$ の極限は存在しない。

よって，$f(x)=|x^2-4|$ は $x=2$ で微分可能でない。

参考 関数 $f(x)=|x^2-4|$ は $x=-2$ でも微分可能でない。

2 微分と導関数

問 3 次の関数の導関数を，定義に従って求めよ。

教科書 p.74

(1) $f(x)=\dfrac{1}{3x}$　　(2) $f(x)=\sqrt{x+1}$

ガイド 関数 $f(x)$ の**導関数** $\boldsymbol{f'(x)}$ は，次のように定義される。

ここがポイント

$$f'(x)=\lim_{h\to 0}\frac{f(x+h)-f(x)}{h}$$

導関数を求めることを**微分する**という。

解答 (1) $f'(x)=\lim_{h\to 0}\dfrac{f(x+h)-f(x)}{h}=\lim_{h\to 0}\dfrac{\dfrac{1}{3(x+h)}-\dfrac{1}{3x}}{h}$

$=\lim_{h\to 0}\left\{\dfrac{1}{h}\times\dfrac{-h}{3x(x+h)}\right\}=\lim_{h\to 0}\dfrac{-1}{3x(x+h)}=-\dfrac{1}{3x^2}$

(2) $f'(x)=\lim_{h\to 0}\dfrac{f(x+h)-f(x)}{h}=\lim_{h\to 0}\dfrac{\sqrt{x+h+1}-\sqrt{x+1}}{h}$

$=\lim_{h\to 0}\dfrac{(\sqrt{x+h+1}-\sqrt{x+1})(\sqrt{x+h+1}+\sqrt{x+1})}{h(\sqrt{x+h+1}+\sqrt{x+1})}$

$=\lim_{h\to 0}\dfrac{h}{h(\sqrt{x+h+1}+\sqrt{x+1})}=\lim_{h\to 0}\dfrac{1}{\sqrt{x+h+1}+\sqrt{x+1}}$

$=\dfrac{1}{2\sqrt{x+1}}$

ポイントプラス

n が正の整数のとき，　$(x^n)'=nx^{n-1}$

問 4 下の[1]を証明せよ。

教科書 p.76

ガイド 関数 $f(x)$，$g(x)$ が微分可能であるとき，定数倍 $kf(x)$，和 $f(x)+g(x)$，差 $f(x)-g(x)$ も微分可能で，次のことが成り立つ。

[1] $\{kf(x)\}'=kf'(x)$　　ただし，k は定数

[2] $\{f(x)+g(x)\}'=f'(x)+g'(x)$

[3] $\{f(x)-g(x)\}'=f'(x)-g'(x)$

$y=kf(x)$ として，x の増分 $\Delta x=h$ に対する y の増分 Δy を考える。

解答 $y=kf(x)$ とし，x の増分 $\Delta x=h$ に対する y の増分を Δy とすると，

$\Delta y=kf(x+h)-kf(x)$

したがって，

$$y'=\lim_{\Delta x\to 0}\frac{\Delta y}{\Delta x}=\lim_{h\to 0}\frac{kf(x+h)-kf(x)}{h}=\lim_{h\to 0}\left\{k\cdot\frac{f(x+h)-f(x)}{h}\right\}$$

ここで，$f(x)$ は微分可能であるから，

$$\lim_{h\to 0}\frac{f(x+h)-f(x)}{h}=f'(x)$$

よって，　$y'=kf'(x)$

すなわち，　$\{kf(x)\}'=kf'(x)$

問 5　次の関数を微分せよ。

教科書 p.76

(1)　$y=x^4-3x^2+2$　　(2)　$y=4x^6-2$

(3)　$y=2x^5-5x^3+1$

ガイド　(1)　$(2)'=0$ である。

解答　(1)　$\boldsymbol{y'}=(x^4-3x^2+2)'$

$=(x^4)'-3(x^2)'+(2)'=4x^3-3\cdot 2x+0=\boldsymbol{4x^3-6x}$

(2)　$\boldsymbol{y'}=(4x^6-2)'=4(x^6)'-(2)'=4\cdot 6x^5-0=\boldsymbol{24x^5}$

(3)　$\boldsymbol{y'}=(2x^5-5x^3+1)'=2(x^5)'-5(x^3)'+(1)'$

$=2\cdot 5x^4-5\cdot 3x^2+0=\boldsymbol{10x^4-15x^2}$

問 6　次の関数を微分せよ。

教科書 p.77

(1)　$y=(x^2-4x+1)(2x+3)$　　(2)　$y=(5-x)(2x^3+x^2-4)$

ガイド　関数 $f(x)$，$g(x)$ が微分可能であるとき，積 $f(x)g(x)$ も微分可能で，次のことが成り立つ。

ここがポイント　**[積の導関数]**

4　$\{\boldsymbol{f(x)g(x)}\}'=\boldsymbol{f'(x)g(x)+f(x)g'(x)}$

解答　(1)　$\boldsymbol{y'}=\{(x^2-4x+1)(2x+3)\}'$

$=(x^2-4x+1)'(2x+3)+(x^2-4x+1)(2x+3)'$

$=(2x-4)(2x+3)+(x^2-4x+1)\cdot 2=\boldsymbol{6x^2-10x-10}$

(2)　$\boldsymbol{y'}=\{(5-x)(2x^3+x^2-4)\}'$

$=(5-x)'(2x^3+x^2-4)+(5-x)(2x^3+x^2-4)'$

$=-1\cdot(2x^3+x^2-4)+(5-x)(6x^2+2x)$

$=\boldsymbol{-8x^3+27x^2+10x+4}$

問7　次の関数を微分せよ。

教科書 p.79

(1)　$y=\dfrac{1}{2x+1}$　　(2)　$y=\dfrac{6x}{3x+1}$　　(3)　$y=\dfrac{3x-1}{2x^2-1}$

ガイド　関数 $f(x)$, $g(x)$ が微分可能であるとき，商 $\dfrac{f(x)}{g(x)}$, $\dfrac{1}{g(x)}$ も微分可能で，次のことが成り立つ。

ここがポイント　[商の導関数]

5　$\left\{\dfrac{f(x)}{g(x)}\right\}'=\dfrac{f'(x)g(x)-f(x)g'(x)}{\{g(x)\}^2}$

特に，$\left\{\dfrac{1}{g(x)}\right\}'=-\dfrac{g'(x)}{\{g(x)\}^2}$

解答　(1)　$y'=\left(\dfrac{1}{2x+1}\right)'=-\dfrac{(2x+1)'}{(2x+1)^2}=-\dfrac{2}{(2x+1)^2}$

(2)　$y'=\left(\dfrac{6x}{3x+1}\right)'=\dfrac{(6x)'(3x+1)-6x(3x+1)'}{(3x+1)^2}$

$=\dfrac{6(3x+1)-6x\cdot3}{(3x+1)^2}=\dfrac{6}{(3x+1)^2}$

(3)　$y'=\left(\dfrac{3x-1}{2x^2-1}\right)'=\dfrac{(3x-1)'(2x^2-1)-(3x-1)(2x^2-1)'}{(2x^2-1)^2}$

$=\dfrac{3(2x^2-1)-(3x-1)\cdot4x}{(2x^2-1)^2}=\dfrac{-6x^2+4x-3}{(2x^2-1)^2}$

別解　(2)　$y=\dfrac{6x}{3x+1}=\dfrac{2(3x+1)-2}{3x+1}=2-\dfrac{2}{3x+1}$ であるから，

$y'=\left(2-\dfrac{2}{3x+1}\right)'=0+\left(-\dfrac{2}{3x+1}\right)'=\dfrac{2(3x+1)'}{(3x+1)^2}$

$=\dfrac{2\cdot3}{(3x+1)^2}=\dfrac{6}{(3x+1)^2}$

問8　次の関数を微分せよ。

教科書 p.79

(1)　$y=\dfrac{1}{3x^6}$　　(2)　$y=x+\dfrac{1}{x}$

ガイド

ここがポイント

n が整数のとき，$(x^n)'=nx^{n-1}$

(1)は $\dfrac{1}{x^6}$ を x^{-6}，(2)は $\dfrac{1}{x}$ を x^{-1} と考える。

解答 (1) $y'=\left(\dfrac{1}{3x^6}\right)'=\left(\dfrac{x^{-6}}{3}\right)'=\dfrac{1}{3}(x^{-6})'=\dfrac{1}{3}\cdot(-6x^{-6-1})=-2x^{-7}$

$=-\dfrac{2}{x^7}$

(2) $y'=\left(x+\dfrac{1}{x}\right)'=(x+x^{-1})'=(x)'+(x^{-1})'$

$=1+(-x^{-1-1})=1-x^{-2}=1-\dfrac{1}{x^2}$

3 合成関数と逆関数の微分法

問 9 次の関数を微分せよ。

教科書 p.81

(1) $y=(-2x+1)^3$　(2) $y=(x^3-2)^5$　(3) $y=\dfrac{1}{(5x^2+1)^3}$

ガイド

ここがポイント [合成関数の微分法]

2つの関数 $y=f(u)$，$u=g(x)$ がともに微分可能ならば，合成関数 $y=f(g(x))$ も微分可能で，次の公式が成り立つ。

$$\frac{dy}{dx}=\frac{dy}{du}\cdot\frac{du}{dx}$$

2つの関数 $y=f(u)$，$u=g(x)$ がともに微分可能であるとき，

$$\frac{d}{dx}f(g(x))=\{f(g(x))\}'=f'(g(x))g'(x)$$

が成り立つ。

解答 (1) $y'=\{(-2x+1)^3\}'=3(-2x+1)^2\cdot(-2x+1)'$

$=3(-2x+1)^2\cdot(-2)=-6(-2x+1)^2$

(2) $y'=\{(x^3-2)^5\}'=5(x^3-2)^4\cdot(x^3-2)'$

$=5(x^3-2)^4\cdot 3x^2=15x^2(x^3-2)^4$

(3) $y'=\left\{\dfrac{1}{(5x^2+1)^3}\right\}'=\{(5x^2+1)^{-3}\}'$

$=-3(5x^2+1)^{-4}\cdot(5x^2+1)'$

$=-3(5x^2+1)^{-4}\cdot 10x=-\dfrac{30x}{(5x^2+1)^4}$

問10 逆関数の微分法を用いて，$y=x^{\frac{1}{3}}$ を微分せよ。

教科書 p.82

ガイド

ここがポイント [逆関数の微分法]

関数 $y=f^{-1}(x)$ と $x=f(y)$ がともに微分可能であるとき，

$$\frac{dy}{dx}=\frac{1}{\frac{dx}{dy}}$$

解答 $y=x^{\frac{1}{3}}$ より，$x=y^3$ であるから，　$\frac{dx}{dy}=3y^2$

よって，

$$\frac{dy}{dx}=\frac{1}{\frac{dx}{dy}}=\frac{1}{3y^2}=\frac{1}{3\cdot(x^{\frac{1}{3}})^2}=\boldsymbol{\frac{1}{3}x^{-\frac{2}{3}}}$$

問11 次の関数を微分せよ。

教科書 p.83

(1)　$y=\sqrt[4]{x^3}$　　(2)　$y=\sqrt[6]{x}$　　(3)　$y=\frac{1}{x\sqrt{x}}$

ガイド

ここがポイント

r が有理数のとき，　$(x^r)'=rx^{r-1}$

すべて $y=x^{\bigcirc}$ の形で表してから微分する。

解答 (1)　$y'=(\sqrt[4]{x^3})'=(x^{\frac{3}{4}})'=\frac{3}{4}x^{\frac{3}{4}-1}=\frac{3}{4}x^{-\frac{1}{4}}=\boldsymbol{\frac{3}{4\sqrt[4]{x}}}$

(2)　$y'=(\sqrt[6]{x})'=(x^{\frac{1}{6}})'=\frac{1}{6}x^{\frac{1}{6}-1}=\frac{1}{6}x^{-\frac{5}{6}}=\boldsymbol{\frac{1}{6\sqrt[6]{x^5}}}$

(3)　$y'=\left(\frac{1}{x\sqrt{x}}\right)'=(x^{-\frac{3}{2}})'=-\frac{3}{2}x^{-\frac{3}{2}-1}=-\frac{3}{2}x^{-\frac{5}{2}}=-\frac{3}{2\sqrt{x^5}}$

$$=\boldsymbol{-\frac{3}{2x^2\sqrt{x}}}$$

問12 次の関数を微分せよ。

教科書 p.83

(1)　$y=\sqrt{x^2-4}$　　　(2)　$y=\sqrt[3]{3x^2+5}$

ガイド 合成関数の微分法と $(x^r)'=rx^{r-1}$ （r は有理数）を利用する。

解答 (1)　$y'=(\sqrt{x^2-4})'$

$$=\{(x^2-4)^{\frac{1}{2}}\}'$$

$$=\frac{1}{2}(x^2-4)^{\frac{1}{2}-1}\cdot(x^2-4)'$$

$$=\frac{1}{2}(x^2-4)^{-\frac{1}{2}}\cdot 2x$$

$$=\boldsymbol{\frac{x}{\sqrt{x^2-4}}}$$

(2)　$y'=(\sqrt[3]{3x^2+5})'$

$$=\{(3x^2+5)^{\frac{1}{3}}\}'$$

$$=\frac{1}{3}(3x^2+5)^{\frac{1}{3}-1}\cdot(3x^2+5)'$$

$$=\frac{1}{3}(3x^2+5)^{-\frac{2}{3}}\cdot 6x$$

$$=\boldsymbol{\frac{2x}{\sqrt[3]{(3x^2+5)^2}}}$$

数学Ⅱで勉強した指数の取り扱いが活かせるね。

節末問題　第1節｜微分と導関数

1 教科書 p.84

関数 $f(x)=|x(x-1)^2|$ について，x が次の値で微分可能かどうかを調べよ。

(1) $x=0$　　(2) $x=1$

ガイド $x=a$ のとき微分可能かどうかは $\displaystyle\lim_{h\to+0}\frac{f(a+h)-f(a)}{h}$ と $\displaystyle\lim_{h\to-0}\frac{f(a+h)-f(a)}{h}$ を調べる。

解答 (1)

$$\lim_{h\to+0}\frac{f(0+h)-f(0)}{h}=\lim_{h\to+0}\frac{|h(h-1)^2|-|0|}{h}=\lim_{h\to+0}\frac{|h(h-1)^2|}{h}$$
$$=\lim_{h\to+0}\frac{h(h-1)^2}{h}=\lim_{h\to+0}(h-1)^2=1$$

$$\lim_{h\to-0}\frac{f(0+h)-f(0)}{h}=\lim_{h\to-0}\frac{|h(h-1)^2|-|0|}{h}=\lim_{h\to-0}\frac{|h(h-1)^2|}{h}$$
$$=\lim_{h\to-0}\frac{-h(h-1)^2}{h}=\lim_{h\to-0}\{-(h-1)^2\}$$
$$=-1$$

となるから，$h\to0$ のときの $\dfrac{f(0+h)-f(0)}{h}$ の極限は存在しない。

よって，$f(x)=|x(x-1)^2|$ は $x=0$ で**微分可能でない。**

(2)

$$\lim_{h\to+0}\frac{f(1+h)-f(1)}{h}=\lim_{h\to+0}\frac{|(1+h)h^2|-|0|}{h}=\lim_{h\to+0}\frac{|(1+h)h^2|}{h}$$
$$=\lim_{h\to+0}\frac{(1+h)h^2}{h}=\lim_{h\to+0}(1+h)h=0$$

$$\lim_{h\to-0}\frac{f(1+h)-f(1)}{h}=\lim_{h\to-0}\frac{|(1+h)h^2|-|0|}{h}=\lim_{h\to-0}\frac{|(1+h)h^2|}{h}$$
$$=\lim_{h\to-0}\frac{(1+h)h^2}{h}=\lim_{h\to-0}(1+h)h=0$$

となるから，$h\to0$ のときの $\dfrac{f(1+h)-f(1)}{h}$ の極限，すなわち $f'(1)$ は存在する。

よって，$f(x)=|x(x-1)^2|$ は $x=1$ で**微分可能である。**

2 教科書 p.84

関数 $f(x)=\dfrac{1}{x^2}$ の導関数を，定義に従って求めよ。

ガイド $f'(x)=\lim_{h\to 0}\dfrac{f(x+h)-f(x)}{h}$ である。

解答
$$f'(x)=\lim_{h\to 0}\frac{f(x+h)-f(x)}{h}=\lim_{h\to 0}\frac{\frac{1}{(x+h)^2}-\frac{1}{x^2}}{h}$$
$$=\lim_{h\to 0}\left\{\frac{1}{h}\times\frac{-2xh-h^2}{x^2(x+h)^2}\right\}=\lim_{h\to 0}\frac{-2x-h}{x^2(x+h)^2}=-\frac{2x}{x^2\cdot x^2}=\boldsymbol{-\frac{2}{x^3}}$$

3 教科書 p.84

次の関数を微分せよ。

(1) $y=(x^2+3x+1)(x^2-x-4)$　(2) $y=\dfrac{x^2}{x+3}$

(3) $y=\dfrac{1-x^2}{1+x^2}$　(4) $y=\dfrac{x^2-4x+7}{\sqrt{x}}$

ガイド (1) いきなり展開せず，積の導関数の公式を利用する。

解答 (1)
$$y'=\{(x^2+3x+1)(x^2-x-4)\}'$$
$$=(x^2+3x+1)'(x^2-x-4)+(x^2+3x+1)(x^2-x-4)'$$
$$=(2x+3)(x^2-x-4)+(x^2+3x+1)(2x-1)$$
$$=(2x^3+x^2-11x-12)+(2x^3+5x^2-x-1)$$
$$\boldsymbol{=4x^3+6x^2-12x-13}$$

(2)
$$y'=\left(\frac{x^2}{x+3}\right)'=\frac{(x^2)'(x+3)-x^2(x+3)'}{(x+3)^2}$$
$$=\frac{2x(x+3)-x^2\cdot 1}{(x+3)^2}=\boldsymbol{\frac{x^2+6x}{(x+3)^2}}$$

(3)
$$y'=\left(\frac{1-x^2}{1+x^2}\right)'=\frac{(1-x^2)'(1+x^2)-(1-x^2)(1+x^2)'}{(1+x^2)^2}$$
$$=\frac{-2x(1+x^2)-(1-x^2)\cdot 2x}{(1+x^2)^2}=\boldsymbol{-\frac{4x}{(1+x^2)^2}}$$

(4)　$y'=\left(\dfrac{x^2-4x+7}{\sqrt{x}}\right)'=\dfrac{(x^2-4x+7)'\sqrt{x}-(x^2-4x+7)(\sqrt{x})'}{(\sqrt{x})^2}$

$=\dfrac{(2x-4)\sqrt{x}-(x^2-4x+7)\cdot\dfrac{1}{2\sqrt{x}}}{x}$

$=\dfrac{2\sqrt{x}(2x-4)\sqrt{x}-(x^2-4x+7)}{2x\sqrt{x}}=\boldsymbol{\dfrac{3x^2-4x-7}{2x\sqrt{x}}}$

4　教科書 p.84

次の関数を微分せよ。

(1)　$y=(x^2+3x-5)^3$　　(2)　$y=\sqrt[3]{x^2-x+3}$

(3)　$y=\dfrac{1}{\sqrt[4]{3x+1}}$　　(4)　$y=\sqrt{\dfrac{x-1}{x+1}}$

ガイド　(4)　$y'=\dfrac{1}{2}\left(\dfrac{x-1}{x+1}\right)^{-\frac{1}{2}}\cdot\dfrac{(x+1)-(x-1)}{(x+1)^2}$ となる。

解答　(1)　$y'=\{(x^2+3x-5)^3\}'=3(x^2+3x-5)^2\cdot(x^2+3x-5)'$

$=\boldsymbol{3(2x+3)(x^2+3x-5)^2}$

(2)　$y'=(\sqrt[3]{x^2-x+3})'=\{(x^2-x+3)^{\frac{1}{3}}\}'$

$=\dfrac{1}{3}(x^2-x+3)^{\frac{1}{3}-1}\cdot(x^2-x+3)'=\dfrac{1}{3}(x^2-x+3)^{-\frac{2}{3}}\cdot(2x-1)$

$=\boldsymbol{\dfrac{2x-1}{3\sqrt[3]{(x^2-x+3)^2}}}$

(3)　$y'=\left(\dfrac{1}{\sqrt[4]{3x+1}}\right)'=\{(3x+1)^{-\frac{1}{4}}\}'=-\dfrac{1}{4}(3x+1)^{-\frac{1}{4}-1}\cdot(3x+1)'$

$=-\dfrac{1}{4}(3x+1)^{-\frac{5}{4}}\cdot3=\boldsymbol{-\dfrac{3}{4(3x+1)\sqrt[4]{3x+1}}}$

(4)　$y'=\left(\sqrt{\dfrac{x-1}{x+1}}\right)'=\left\{\left(\dfrac{x-1}{x+1}\right)^{\frac{1}{2}}\right\}'=\dfrac{1}{2}\left(\dfrac{x-1}{x+1}\right)^{1-\frac{1}{2}}\cdot\left(\dfrac{x-1}{x+1}\right)'$

$=\dfrac{1}{2}\left(\dfrac{x-1}{x+1}\right)^{-\frac{1}{2}}\cdot\dfrac{(x-1)'(x+1)-(x-1)(x+1)'}{(x+1)^2}$

$=\dfrac{1}{2}\left(\dfrac{x-1}{x+1}\right)^{-\frac{1}{2}}\cdot\dfrac{1\cdot(x+1)-(x-1)\cdot1}{(x+1)^2}=\dfrac{1}{2}\cdot\dfrac{(x+1)^{\frac{1}{2}}}{(x-1)^{\frac{1}{2}}}\cdot\dfrac{2}{(x+1)^2}$

$=\dfrac{1}{(x-1)^{\frac{1}{2}}(x+1)^{\frac{3}{2}}}=\boldsymbol{\dfrac{1}{(x+1)\sqrt{(x-1)(x+1)}}}$

☐ **5** 教科書 p.84

3つの関数 $f(x)$, $g(x)$, $h(x)$ がいずれも微分可能であるとき，

$$\{f(x)g(x)h(x)\}'=f'(x)g(x)h(x)+f(x)g'(x)h(x)+f(x)g(x)h'(x)$$

であることを示せ。また，この等式を用いて，関数 $y=(x+1)(x+2)(x+3)$ を微分せよ。

ガイド 等式の証明は，

$$\{f(x)g(x)h(x)\}'=\{f(x)(g(x)h(x))\}'$$

と考えて，積の導関数の公式を2回利用する。

解答 まず，等式の証明をする。

$$\begin{aligned}
\text{左辺}&=\{f(x)(g(x)h(x))\}'\\
&=f'(x)(g(x)h(x))+f(x)\{g(x)h(x)\}'\\
&=f'(x)g(x)h(x)+f(x)\{g'(x)h(x)+g(x)h'(x)\}\\
&=f'(x)g(x)h(x)+f(x)g'(x)h(x)+f(x)g(x)h'(x)\\
&=\text{右辺}
\end{aligned}$$

よって，

$$\{f(x)g(x)h(x)\}'$$
$$=f'(x)g(x)h(x)+f(x)g'(x)h(x)+f(x)g(x)h'(x)$$

この等式から，

$$\begin{aligned}
\boldsymbol{y'}&=\{(x+1)(x+2)(x+3)\}'\\
&=(x+1)'(x+2)(x+3)+(x+1)(x+2)'(x+3)\\
&\qquad+(x+1)(x+2)(x+3)'\\
&=1\cdot(x+2)(x+3)+(x+1)\cdot1\cdot(x+3)+(x+1)(x+2)\cdot1\\
&=\boldsymbol{3x^2+12x+11}
\end{aligned}$$

第2節　いろいろな関数の導関数

1　三角関数の導関数

問13 次の関数を微分せよ。

教科書 p.86

(1) $y=\cos(3x-1)$　　(2) $y=\tan(x^2+3x)$

(3) $y=\sin^2 x$　　(4) $y=\dfrac{1}{\sin x}$

ガイド

ここがポイント [三角関数の導関数]

$(\sin x)'=\cos x$

$(\cos x)'=-\sin x$

$(\tan x)'=\dfrac{1}{\cos^2 x}$

解答 (1) $y'=\{\cos(3x-1)\}'=-\sin(3x-1)\cdot(3x-1)'=\boldsymbol{-3\sin(3x-1)}$

(2) $y'=\{\tan(x^2+3x)\}'=\dfrac{1}{\{\cos(x^2+3x)\}^2}\cdot(x^2+3x)'$

$=\boldsymbol{\dfrac{2x+3}{\cos^2(x^2+3x)}}$

(3) $y'=(\sin^2 x)'=2\sin x\cdot(\sin x)'=\boldsymbol{2\sin x\cos x}$ $(=\boldsymbol{\sin 2x})$

(4) $y'=\left(\dfrac{1}{\sin x}\right)'=-\dfrac{(\sin x)'}{(\sin x)^2}=\boldsymbol{-\dfrac{\cos x}{\sin^2 x}}$

問14 次の関数を微分せよ。

教科書 p.86

(1) $y=\sin x\cos x$　　(2) $y=x^2\cos x$

(3) $y=\dfrac{x}{\tan x}$

ガイド 積の導関数の公式や商の導関数の公式を利用する。

解答 (1) $y'=(\sin x\cos x)'=(\sin x)'\cos x+\sin x\cdot(\cos x)'$

$=\cos x\cos x+\sin x\cdot(-\sin x)$

$=\boldsymbol{\cos^2 x-\sin^2 x}$ $(=\boldsymbol{\cos 2x})$

(2) $y'=(x^2\cos x)'=(x^2)'\cos x+x^2\cdot(\cos x)'$

$=\boldsymbol{2x\cos x-x^2\sin x}$

(3) $\boldsymbol{y'}=\left(\dfrac{x}{\tan x}\right)'=\dfrac{(x)'\tan x-x(\tan x)'}{\tan^2 x}=\dfrac{1\cdot\tan x-x\cdot\dfrac{1}{\cos^2 x}}{\tan^2 x}$

$=\dfrac{\tan x\cos^2 x-x}{\tan^2 x\cos^2 x}=\dfrac{\dfrac{\sin x}{\cos x}\cdot\cos^2 x-x}{\dfrac{\sin^2 x}{\cos^2 x}\cdot\cos^2 x}$

$=\boldsymbol{\dfrac{\sin x\cos x-x}{\sin^2 x}}\ \left(=\boldsymbol{\dfrac{1}{\tan x}-\dfrac{x}{\sin^2 x}}\right)$

2 対数関数・指数関数の導関数

問15 次の関数を微分せよ。

教科書 p.88

(1) $y=\log(4x-3)$　(2) $y=\log_5(x^2+1)$

(3) $y=x\log x-x$　(4) $y=(\log x)^2$

ガイド $\lim\limits_{t\to 0}(1+t)^{\frac{1}{t}}$ は極限値をもつことがわかっていて，この極限値を $\boldsymbol{e}$ で表す。

ここがポイント

$$\boldsymbol{e=\lim_{t\to 0}(1+t)^{\frac{1}{t}}}$$

e は無理数で，その値は，2.718281828459045…… である。

e を底とする対数 $\log_e x$ を**自然対数**という。自然対数 $\log_e x$ は，底の e を省略して $\boldsymbol{\log x}$ と書くことが多い。

ここがポイント **[対数関数の導関数]**

$$\boldsymbol{(\log x)'=\frac{1}{x}}\qquad \boldsymbol{(\log_a x)'=\frac{1}{x\log a}}$$

一般に，微分可能な関数 $f(x)$ について，次のことが成り立つ。

$$\{\boldsymbol{\log f(x)}\}'=\frac{1}{f(x)}\cdot f'(x)=\boldsymbol{\frac{f'(x)}{f(x)}}$$

解答 (1) $\boldsymbol{y'}=\{\log(4x-3)\}'=\dfrac{1}{4x-3}\cdot(4x-3)'=\boldsymbol{\dfrac{4}{4x-3}}$

(2) $\boldsymbol{y'}=\{\log_5(x^2+1)\}'=\dfrac{1}{(x^2+1)\log 5}\cdot(x^2+1)'=\boldsymbol{\dfrac{2x}{(x^2+1)\log 5}}$

(3)　$y'=(x\log x-x)'=(x)'\log x+x(\log x)'-(x)'$

$=1\cdot\log x+x\cdot\dfrac{1}{x}-1=\boldsymbol{\log x}$

(4)　$y'=\{(\log x)^2\}'=2\log x\cdot(\log x)'=\boldsymbol{\dfrac{2\log x}{x}}$

⚠注意　対数関数の底が e でない場合は，$\log a$ を忘れないように注意する。

☐ **問16**　次の関数を微分せよ。

教科書 p.89

(1)　$y=\log|5x-6|$　　(2)　$y=\log|\sin x|$　　(3)　$y=\log_3|x^2-4|$

ガイド

ここがポイント **[絶対値を含む対数関数の導関数]**

$$(\log|x|)'=\frac{1}{x}\qquad(\log_a|x|)'=\frac{1}{x\log a}$$

合成関数の微分法により，微分可能な関数 $f(x)$ について，次のことが成り立つ。

$$\{\log|f(x)|\}'=\frac{f'(x)}{f(x)}$$

解答　(1)　$y'=(\log|5x-6|)'=\dfrac{(5x-6)'}{5x-6}=\boldsymbol{\dfrac{5}{5x-6}}$

(2)　$y'=(\log|\sin x|)'=\dfrac{(\sin x)'}{\sin x}=\boldsymbol{\dfrac{\cos x}{\sin x}}\ \left(=\dfrac{1}{\tan x}\right)$

(3)　$y'=(\log_3|x^2-4|)'=\dfrac{(x^2-4)'}{(x^2-4)\log 3}=\boldsymbol{\dfrac{2x}{(x^2-4)\log 3}}$

☐ **問17**　対数微分法を用いて，次の関数を微分せよ。

教科書 p.90

(1)　$y=\dfrac{(x-1)^3}{(x+1)(x-2)^2}$　　(2)　$y=\dfrac{\sqrt{x+1}}{x-2}$

ガイド　両辺の自然対数をとってから微分する方法を**対数微分法**という。

ここがポイント

α が実数のとき，　$(x^{\alpha})'=\alpha x^{\alpha-1}$

解答 (1) 両辺の絶対値の自然対数をとると，

$$\log|y|=3\log|x-1|-\log|x+1|-2\log|x-2|$$

両辺を x で微分すると，

$$\frac{y'}{y}=\frac{3}{x-1}-\frac{1}{x+1}-\frac{2}{x-2}$$

$$=\frac{3(x+1)(x-2)-(x-1)(x-2)-2(x-1)(x+1)}{(x-1)(x+1)(x-2)}$$

$$=\frac{-6}{(x-1)(x+1)(x-2)}$$

よって，

$$\boldsymbol{y'}=\frac{-6}{(x-1)(x+1)(x-2)}\cdot\frac{(x-1)^3}{(x+1)(x-2)^2}\boldsymbol{=-\frac{6(x-1)^2}{(x+1)^2(x-2)^3}}$$

(2) 両辺の絶対値の自然対数をとると，

$$\log|y|=\frac{1}{2}\log|x+1|-\log|x-2|$$

両辺を x で微分すると，

$$\frac{y'}{y}=\frac{1}{2(x+1)}-\frac{1}{x-2}=\frac{(x-2)-2(x+1)}{2(x+1)(x-2)}=\frac{-(x+4)}{2(x+1)(x-2)}$$

よって，

$$\boldsymbol{y'}=\frac{-(x+4)}{2(x+1)(x-2)}\cdot\frac{\sqrt{x+1}}{x-2}\boldsymbol{=-\frac{x+4}{2(x-2)^2\sqrt{x+1}}}$$

問18 次の関数を微分せよ。

教科書 p.91

(1) $y=e^{-4x}$　(2) $y=3^x$　(3) $y=e^{x^2+1}$

(4) $y=x\cdot 2^x$　(5) $y=\dfrac{e^x}{x}$

ガイド

ここがポイント **[指数関数の導関数]**

$$(e^x)'=e^x \qquad (a^x)'=a^x\log a$$

解答 (1) $y'=(e^{-4x})'=e^{-4x}\cdot(-4x)'=\boldsymbol{-4e^{-4x}}$

(2) $y'=(3^x)'=\boldsymbol{3^x\log 3}$

(3) $y'=(e^{x^2+1})'=e^{x^2+1}\cdot(x^2+1)'=\boldsymbol{2xe^{x^2+1}}$

(4) $y'=(x\cdot 2^x)'=(x)'\cdot 2^x+x\cdot(2^x)'=1\cdot 2^x+x\cdot 2^x\log 2$

$=\boldsymbol{2^x(x\log 2+1)}$

(5) $y'=\left(\dfrac{e^x}{x}\right)'=\dfrac{(e^x)'x-e^x\cdot(x)'}{x^2}=\dfrac{e^x\cdot x-e^x\cdot 1}{x^2}=\boldsymbol{\dfrac{e^x(x-1)}{x^2}}$

3　方程式 $F(x,\ y)=0$ と微分

□ **問19** 次の x の関数 y について，$\dfrac{dy}{dx}$ を x，y を用いて表せ。

教科書 p.92

(1) $y^2=4x$　　(2) $x^2+y^2=4$

ガイド 変数 x，y を含む式を $F(x,\ y)$ と表す。方程式 $F(x,\ y)=0$ を満たす点 $(x,\ y)$ の全体が表す曲線を，**方程式 $F(x,\ y)=0$ の表す曲線**という。

両辺を x の関数と考えて微分する。

解答 (1) $y^2=4x$ の両辺を x で微分すると，

$$\frac{d}{dx}y^2=4$$

$\dfrac{d}{dy}y^2\cdot\dfrac{dy}{dx}=4$ より，　$2y\cdot\dfrac{dy}{dx}=4$

よって，$y\neq 0$ のとき，　$\boldsymbol{\dfrac{dy}{dx}=\dfrac{2}{y}}$

(2) $x^2+y^2=4$ の両辺を x で微分すると，

$$2x+\frac{d}{dx}y^2=0$$

$2x+\dfrac{d}{dy}y^2\cdot\dfrac{dy}{dx}=0$ より，　$2x+2y\cdot\dfrac{dy}{dx}=0$

よって，$y\neq 0$ のとき，　$\boldsymbol{\dfrac{dy}{dx}=-\dfrac{x}{y}}$

4 高次導関数

☐ **問20** 次の関数の第1次から第3次までの導関数をすべて求めよ。

教科書 p.93

(1) $y=x^4+x^3+x^2+1$ (2) $y=\cos x$ (3) $y=\log x$ (4) $y=e^{-x}$

ガイド 関数 $y=f(x)$ において，その導関数 $f'(x)$ が微分可能であるとき，$f'(x)$ をさらに微分して得られる導関数を，$y=f(x)$ の**第2次導関数**といい，$\boldsymbol{y''}$，$\boldsymbol{f''(x)}$，$\boldsymbol{\dfrac{d^2y}{dx^2}}$，$\boldsymbol{\dfrac{d^2}{dx^2}f(x)}$ などの記号で表す。

同様に，$f''(x)$ をさらに微分して得られる導関数を，$y=f(x)$ の**第3次導関数**といい，y'''，$f'''(x)$，$\dfrac{d^3y}{dx^3}$，$\dfrac{d^3}{dx^3}f(x)$ などの記号で表す。

これまでに学んだ y'，$f'(x)$，$\dfrac{dy}{dx}$，$\dfrac{d}{dx}f(x)$ などを**第1次導関数**ということもある。

解答 (1) $y=x^4+x^3+x^2+1$ について，

$$y'=(x^4+x^3+x^2+1)'=\boldsymbol{4x^3+3x^2+2x}$$
$$y''=(4x^3+3x^2+2x)'=\boldsymbol{12x^2+6x+2}$$
$$y'''=(12x^2+6x+2)'=\boldsymbol{24x+6}$$

(2) $y=\cos x$ について，

$$y'=(\cos x)'=\boldsymbol{-\sin x}$$
$$y''=(-\sin x)'=\boldsymbol{-\cos x}$$
$$y'''=(-\cos x)'=\boldsymbol{\sin x}$$

(3) $y=\log x$ について，

$$y'=(\log x)'=\boldsymbol{\frac{1}{x}}$$
$$y''=\left(\frac{1}{x}\right)'=(x^{-1})'=-x^{-2}=\boldsymbol{-\frac{1}{x^2}}$$
$$y'''=\left(-\frac{1}{x^2}\right)'=(-x^{-2})'=2x^{-3}=\boldsymbol{\frac{2}{x^3}}$$

(4) $y=e^{-x}$ について，

$$y'=(e^{-x})'=e^{-x}\cdot(-x)'=e^{-x}\cdot(-1)=\boldsymbol{-e^{-x}}$$
$$y''=(-e^{-x})'=-e^{-x}\cdot(-x)'=-e^{-x}\cdot(-1)=\boldsymbol{e^{-x}}$$
$$y'''=(e^{-x})'=e^{-x}\cdot(-x)'=e^{-x}\cdot(-1)=\boldsymbol{-e^{-x}}$$

問21 教科書 p.93 の例 18 にならって，関数 $y=3^x$ の第 n 次導関数を求めよ。

教科書 p.93

ガイド 一般に，関数 $y=f(x)$ が n 回微分可能であるとき，n 回微分して得られる関数を，$y=f(x)$ の**第 n 次導関数**といい，$y^{(n)}$，$f^{(n)}(x)$，$\dfrac{d^ny}{dx^n}$，$\dfrac{d^n}{dx^n}f(x)$ などの記号で表す。

$y^{(1)}$，$y^{(2)}$，$y^{(3)}$ は，それぞれ y'，y''，y''' を表す。

また，第 2 次以上の導関数を**高次導関数**という。

解答

$$y'=(3^x)'=3^x\log 3$$
$$y''=(3^x\log 3)'=3^x(\log 3)^2$$
$$y'''=\{3^x(\log 3)^2\}'=3^x(\log 3)^3$$
$$\cdots\cdots$$

であるから，同様にして，第 n 次導関数は，$\boldsymbol{y^{(n)}=3^x(\log 3)^n}$ となる。

参考 厳密には，数学的帰納法を用いて示す必要がある。

$y^{(n)}=3^x(\log 3)^n$ ……①とする。

(I) $n=1$ のとき，$y'=3^x\log 3$ より，①は成り立つ。

(II) $n=k$ のときの①，すなわち，

$$y^{(k)}=3^x(\log 3)^k$$

が成り立つと仮定する。

$n=k+1$ のとき，

$$y^{(k+1)}=\{3^x(\log 3)^k\}'=3^x(\log 3)^{k+1}$$

よって，$n=k+1$ のときも①は成り立つ。

(I)，(II)より，①はすべての自然数 n について成り立つ。

節末問題

第2節｜いろいろな関数の導関数

1 次の関数を微分せよ。

教科書 p.94

(1) $y=\tan(2x+1)$　　(2) $y=\sin^2 x+2\cos^2 x$

(3) $y=\sqrt{1+\cos x}$　　(4) $y=\dfrac{2-\sin x}{2+\sin x}$

ガイド (1), (2) 合成関数の微分法を利用する。

(3) x^r の導関数の公式を利用する。

(4) 商の導関数の公式を利用する。

解答 (1) $y'=\{\tan(2x+1)\}'=\dfrac{1}{\cos^2(2x+1)}\cdot(2x+1)'$

$$=\boldsymbol{\frac{2}{\cos^2(2x+1)}}$$

(2) $y'=(\sin^2 x+2\cos^2 x)'$

$=2\sin x\cdot(\sin x)'+2\cdot 2\cos x\cdot(\cos x)'$

$=2\sin x\cos x-4\cos x\sin x$

$=\boldsymbol{-2\sin x\cos x}$

(3) $y'=(\sqrt{1+\cos x})'=\{(1+\cos x)^{\frac{1}{2}}\}'$

$$=\frac{1}{2}\cdot(1+\cos x)^{-\frac{1}{2}}\cdot(1+\cos x)'=\boldsymbol{-\frac{\sin x}{2\sqrt{1+\cos x}}}$$

(4) $y'=\left(\dfrac{2-\sin x}{2+\sin x}\right)'$

$$=\frac{(2-\sin x)'(2+\sin x)-(2-\sin x)(2+\sin x)'}{(2+\sin x)^2}$$

$$=\frac{-\cos x(2+\sin x)-(2-\sin x)\cos x}{(2+\sin x)^2}$$

$$=\boldsymbol{-\frac{4\cos x}{(2+\sin x)^2}}$$

2 次の関数を微分せよ。

教科書 p.94

(1) $y=e^x\log x$　　(2) $y=x^2 2^{-x}$

(3) $y=\dfrac{e^x-e^{-x}}{e^x+e^{-x}}$　　(4) $y=\log\left|\dfrac{x-2}{x+2}\right|$

ガイド (1), (2)　積の導関数の公式を利用する。

(3)　商の導関数の公式を利用する。

(4)　$y=\log|x-2|-\log|x+2|$ としてから微分する。

解答 (1)　$y'=(e^x\log x)'=(e^x)'\log x+e^x(\log x)'$

$$=e^x\cdot\log x+e^x\cdot\frac{1}{x}=\boldsymbol{\left(\frac{1}{x}+\log x\right)e^x}$$

(2)　$y'=(x^2 2^{-x})'=(x^2)'2^{-x}+x^2(2^{-x})'$

$$=2x\cdot 2^{-x}+x^2\cdot 2^{-x}\log 2\cdot(-x)'$$

$$=2x\cdot 2^{-x}-x^2\cdot 2^{-x}\log 2=\boldsymbol{x2^{-x}(2-x\log 2)}$$

(3)　$y'=\left(\dfrac{e^x-e^{-x}}{e^x+e^{-x}}\right)'=\dfrac{(e^x-e^{-x})'(e^x+e^{-x})-(e^x-e^{-x})(e^x+e^{-x})'}{(e^x+e^{-x})^2}$

$$=\frac{(e^x+e^{-x})(e^x+e^{-x})-(e^x-e^{-x})(e^x-e^{-x})}{(e^x+e^{-x})^2}$$

$$=\frac{(e^x+e^{-x})^2-(e^x-e^{-x})^2}{(e^x+e^{-x})^2}$$

$$=\boldsymbol{\frac{4}{(e^x+e^{-x})^2}}$$

(4)　$y=\log\left|\dfrac{x-2}{x+2}\right|=\log|x-2|-\log|x+2|$ であるから,

$$y'=(\log|x-2|-\log|x+2|)'$$

$$=\frac{(x-2)'}{x-2}-\frac{(x+2)'}{x+2}$$

$$=\frac{1}{x-2}-\frac{1}{x+2}$$

$$=\boldsymbol{\frac{4}{(x-2)(x+2)}}$$

□ **3**　教科書 p.94

a を定数とするとき，次のことを示せ。

$$\frac{d}{dx}\log(x+\sqrt{x^2+a})=\frac{1}{\sqrt{x^2+a}}$$

ガイド　$\{\log f(x)\}'=\dfrac{f'(x)}{f(x)}$ を利用する。

解答 $\dfrac{d}{dx}\log(x+\sqrt{x^2+a})=\dfrac{(x+\sqrt{x^2+a})'}{x+\sqrt{x^2+a}}=\dfrac{1+\dfrac{1}{2}(x^2+a)^{-\frac{1}{2}}\cdot(x^2+a)'}{x+\sqrt{x^2+a}}$

$$=\frac{1+\dfrac{2x}{2\sqrt{x^2+a}}}{x+\sqrt{x^2+a}}=\frac{1+\dfrac{x}{\sqrt{x^2+a}}}{x+\sqrt{x^2+a}}$$

$$=\frac{\dfrac{1}{\sqrt{x^2+a}}(\sqrt{x^2+a}+x)}{x+\sqrt{x^2+a}}=\frac{1}{\sqrt{x^2+a}}$$

よって, $\dfrac{d}{dx}\log(x+\sqrt{x^2+a})=\dfrac{1}{\sqrt{x^2+a}}$

4 教科書 p.94

対数微分法を用いて, 関数 $y=\dfrac{(x+3)^3}{\sqrt{2x+1}}$ を微分せよ。

ガイド 両辺の絶対値の自然対数をとって, 両辺を x で微分する。

解答 両辺の絶対値の自然対数をとると,

$$\log|y|=3\log|x+3|-\frac{1}{2}\log|2x+1|$$

両辺を x で微分すると,

$$\frac{y'}{y}=3\cdot\frac{(x+3)'}{x+3}-\frac{1}{2}\cdot\frac{(2x+1)'}{2x+1}=\frac{3}{x+3}-\frac{1}{2x+1}$$

$$=\frac{5x}{(x+3)(2x+1)}$$

よって,

$$\boldsymbol{y'}=\frac{5x}{(x+3)(2x+1)}\cdot\frac{(x+3)^3}{\sqrt{2x+1}}=\boldsymbol{\frac{5x(x+3)^2}{(2x+1)\sqrt{2x+1}}}$$

5 教科書 p.94

次の x の関数 y について, $\dfrac{dy}{dx}$ を x, y を用いて表せ。

(1) $\dfrac{x^2}{9}-\dfrac{y^2}{4}=1$　　(2) $x^2+y^2+4x-5=0$

ガイド 両辺を x で微分する。

解答 (1) $\dfrac{x^2}{9}-\dfrac{y^2}{4}=1$ の両辺を x で微分すると，　$\dfrac{2}{9}x-\dfrac{d}{dx}\left(\dfrac{y^2}{4}\right)=0$

$\dfrac{2}{9}x-\dfrac{d}{dy}\left(\dfrac{y^2}{4}\right)\cdot\dfrac{dy}{dx}=0$ より，

$$\frac{2}{9}x-\frac{y}{2}\cdot\frac{dy}{dx}=0$$

よって，$y\neq 0$ のとき，　$\boldsymbol{\dfrac{dy}{dx}=\dfrac{4x}{9y}}$

(2) $x^2+y^2+4x-5=0$ の両辺を x で微分すると，

$$2x+\frac{d}{dx}y^2+4=0$$

$2x+\dfrac{d}{dy}y^2\cdot\dfrac{dy}{dx}+4=0$ より，

$$2x+2y\cdot\frac{dy}{dx}+4=0$$

よって，$y\neq 0$ のとき，　$\boldsymbol{\dfrac{dy}{dx}=-\dfrac{x+2}{y}}$

6　教科書 p.94

次の問いに答えよ。

(1) 関数 $y=xe^x$ の第 n 次導関数を求めよ。

(2) 関数 $y=\sin x$ の第 n 次導関数は，$y^{(n)}=\sin\left(x+\dfrac{n}{2}\pi\right)$ であることを証明せよ。

ガイド (2) 数学的帰納法を用いて示す。

解答 (1)

$$y'=(xe^x)'=(x)'e^x+x(e^x)'$$
$$=1\cdot e^x+xe^x=(x+1)e^x$$
$$y''=\{(x+1)e^x\}'=(x+1)'e^x+(x+1)\cdot(e^x)'$$
$$=1\cdot e^x+(x+1)e^x=(x+2)e^x$$
$$y'''=\{(x+2)e^x\}'=(x+2)'e^x+(x+2)\cdot(e^x)'$$
$$=1\cdot e^x+(x+2)e^x=(x+3)e^x$$

……

であるから，同様にして，第 n 次導関数は，$\boldsymbol{y^{(n)}=(x+n)e^x}$ となる。

(2)　$y^{(n)}=\sin\left(x+\frac{n}{2}\pi\right)$　……①　とする。

(I)　$n=1$ のとき，

$$y'=(\sin x)'=\cos x=\sin\left(x+\frac{\pi}{2}\right)$$

よって，①は成り立つ。

(II)　$n=k$ のときの①，すなわち，

$$y^{(k)}=\sin\left(x+\frac{k}{2}\pi\right)$$

が成り立つと仮定する。

$n=k+1$ のとき，

$$\begin{aligned}y^{(k+1)}&=\left\{\sin\left(x+\frac{k}{2}\pi\right)\right\}'=\cos\left(x+\frac{k}{2}\pi\right)\cdot\left(x+\frac{k}{2}\pi\right)'\\&=\cos\left(x+\frac{k}{2}\pi\right)=\cos\left\{\left(x+\frac{k+1}{2}\pi\right)-\frac{\pi}{2}\right\}\\&=\sin\left(x+\frac{k+1}{2}\pi\right)\end{aligned}$$

よって，①は $n=k+1$ のときも成り立つ。

(I)，(II)より，①はすべての自然数 n について成り立つ。

☐ **7**　教科書 p.94

$y=e^x\sin x$ のとき，等式 $y''-2y'+2y=0$ が成り立つことを示せ。

ガイド　y'，y'' を求めて，与えられた等式の左辺に代入する。

解答

$$\begin{aligned}y'&=(e^x\sin x)'=(e^x)'\sin x+e^x\cdot(\sin x)'\\&=e^x\sin x+e^x\cos x=e^x(\sin x+\cos x)\end{aligned}$$

$$\begin{aligned}y''&=\{e^x(\sin x+\cos x)\}'\\&=(e^x)'(\sin x+\cos x)+e^x(\sin x+\cos x)'\\&=e^x(\sin x+\cos x)+e^x(\cos x-\sin x)\\&=2e^x\cos x\end{aligned}$$

したがって，

左辺$=2e^x\cos x-2e^x(\sin x+\cos x)+2e^x\sin x=0$

よって，　$y''-2y'+2y=0$

第3節 導関数と関数のグラフ

1 接線・法線の方程式

問22 次の曲線上の点Aにおける接線の方程式を求めよ。

教科書 p.95

(1) $y=\log x$, A(1, 0)　　(2) $y=\sin x$, $A\left(\dfrac{\pi}{6}, \dfrac{1}{2}\right)$

(3) $y=e^{2x}$, A(1, e^2)

ガイド

ここがポイント [接線の方程式]

曲線 $y=f(x)$ 上の点 $(a, f(a))$ における接線の方程式は,

$$y-f(a)=f'(a)(x-a)$$

解答 (1) $f(x)=\log x$ とおくと, $f'(x)=\dfrac{1}{x}$ より,

$$f'(1)=\frac{1}{1}=1$$

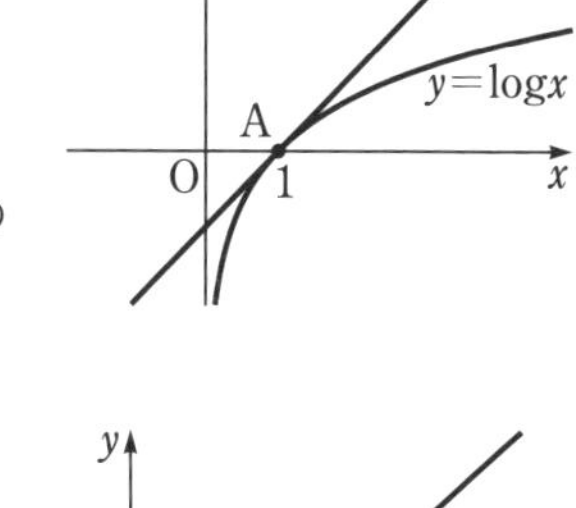

よって, 点 A(1, 0) における接線の方程式は, $y-0=1\cdot(x-1)$

すなわち, $\boldsymbol{y=x-1}$

(2) $f(x)=\sin x$ とおくと, $f'(x)=\cos x$ より,

$$f'\left(\frac{\pi}{6}\right)=\frac{\sqrt{3}}{2}$$

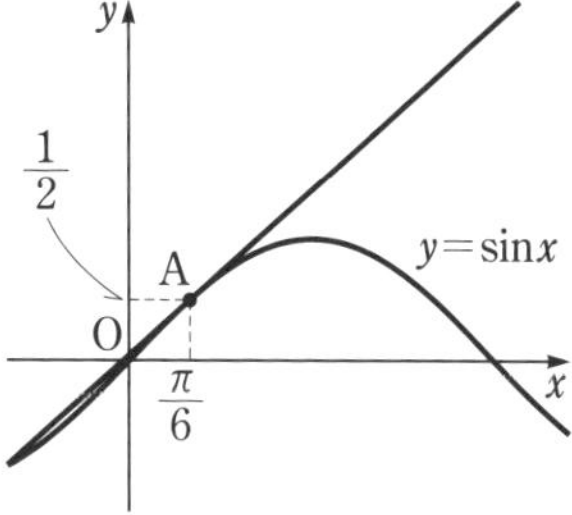

よって, 点 $A\left(\dfrac{\pi}{6}, \dfrac{1}{2}\right)$ における接線の方程式は,

$$y-\frac{1}{2}=\frac{\sqrt{3}}{2}\left(x-\frac{\pi}{6}\right)$$

すなわち, $\boldsymbol{y=\dfrac{\sqrt{3}}{2}x-\dfrac{\sqrt{3}}{12}\pi+\dfrac{1}{2}}$

(3) $f(x)=e^{2x}$ とおくと，$f'(x)=2e^{2x}$ より，

$$f'(1)=2e^2$$

よって，点 $A(1,\ e^2)$ における接線の方程式は，　$y-e^2=2e^2(x-1)$

すなわち，　$\boldsymbol{y=2e^2x-e^2}$

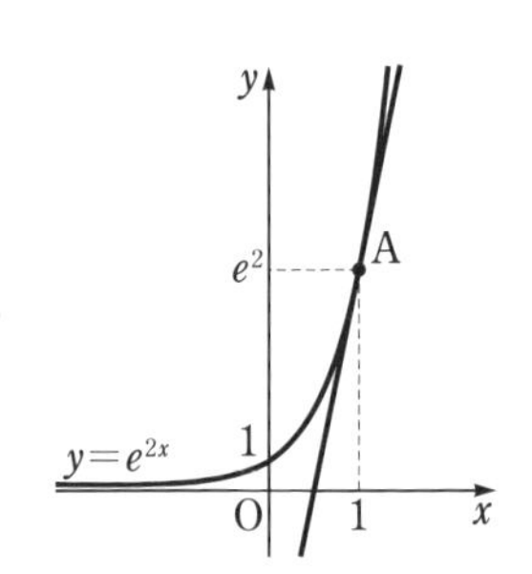

問23 次の曲線上の点Aにおける法線の方程式を求めよ。

教科書 p.96

(1) $y=\log(3x+4)$，$A(-1,\ 0)$　　(2) $y=e^{2x+1}$，$A\left(\dfrac{1}{2},\ e^2\right)$

ガイド 曲線上の点Aを通り，その曲線のAにおける接線と垂直である直線を，その曲線の点Aにおける**法線**という。

ここがポイント [法線の方程式]

曲線 $y=f(x)$ 上の点 $(a,\ f(a))$ における法線の方程式は，

$f'(a)\neq 0$ のとき，　$\boldsymbol{y-f(a)=-\dfrac{1}{f'(a)}(x-a)}$

解答 (1) $f(x)=\log(3x+4)$ とおくと，

$f'(x)=\dfrac{3}{3x+4}$ より，　$f'(-1)=3$

よって，点 $A(-1,\ 0)$ における法線の方程式は，　$y-0=-\dfrac{1}{3}\{x-(-1)\}$

すなわち，　$\boldsymbol{y=-\dfrac{1}{3}x-\dfrac{1}{3}}$

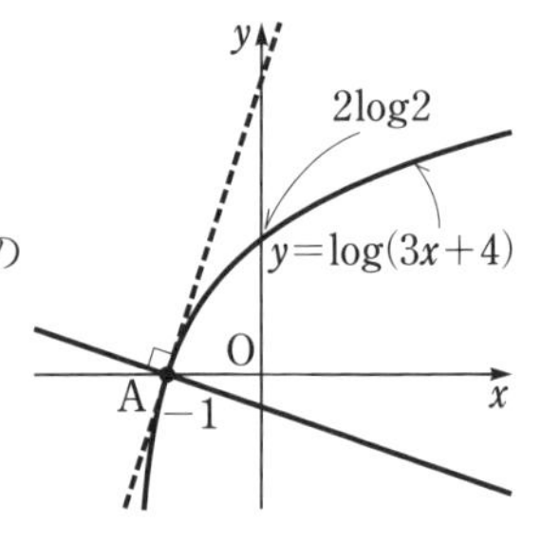

(2) $f(x)=e^{2x+1}$ とおくと，

$f'(x)=2e^{2x+1}$ より，　$f'\left(\dfrac{1}{2}\right)=2e^2$

よって，点 $A\left(\dfrac{1}{2},\ e^2\right)$ における法線の方程式は，

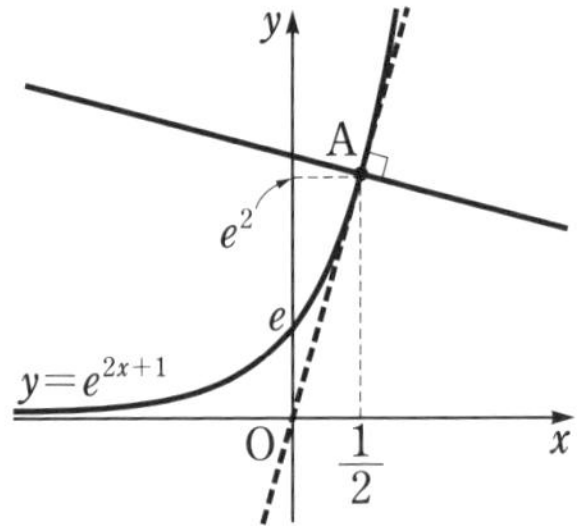

$$y-e^2=-\frac{1}{2e^2}\left(x-\frac{1}{2}\right)$$

すなわち，　$\boldsymbol{y=-\frac{1}{2e^2}x+e^2+\frac{1}{4e^2}}$

参考　$f'(a)=0$ のとき，法線の方程式は，$x=a$ である。

問24　曲線 $y=e^{3x}$ について，次の接線の方程式を求めよ。

教科書 p.97

(1)　傾きが $3e$ である接線　　　(2)　点 $(1,\ 0)$ を通る接線

ガイド　接点の座標を $(a,\ e^{3a})$ として接線の方程式を作り，与えられた条件から a の値を求める。

解答　接点の座標を $(a,\ e^{3a})$ とすると，$y'=3e^{3x}$ であるから，接線の方程式は，

$$y-e^{3a}=3e^{3a}(x-a) \quad \cdots\cdots ①$$

(1)　接線①の傾きが $3e$ であるから，

$3e^{3a}=3e$ より，　$a=\frac{1}{3}$

よって，①より，求める接線の方程式は，　$y-e=3e\left(x-\frac{1}{3}\right)$

すなわち，　$\boldsymbol{y=3ex}$

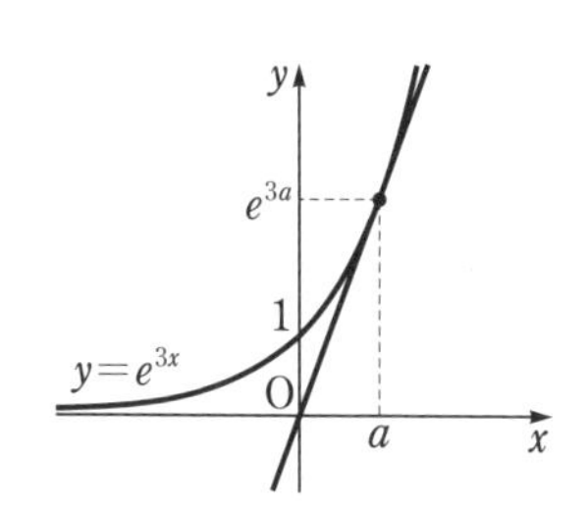

(2)　接線①が点 $(1,\ 0)$ を通るから，

$$0-e^{3a}=3e^{3a}(1-a)$$

$e^{3a}\neq 0$ より，$-1=3(1-a)$ であるから，　$a=\frac{4}{3}$

よって，①より，求める接線の方程式は，　$y-e^4=3e^4\left(x-\frac{4}{3}\right)$

すなわち，　$\boldsymbol{y=3e^4x-3e^4}$

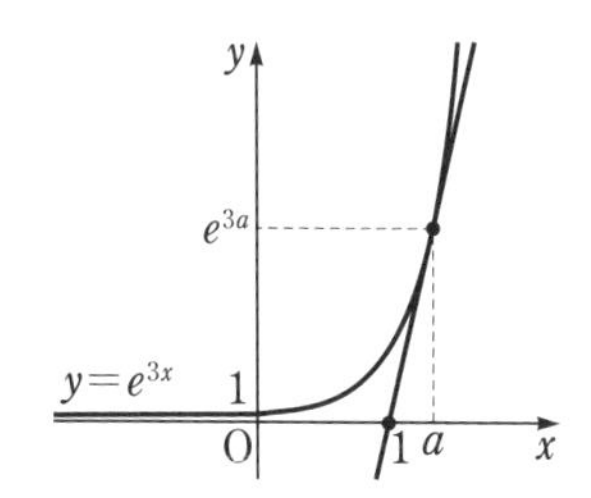

接線の方程式を求めてから，
実際に点 (1，0) を通るか
確かめておくとバッチリだね。

問25 次の曲線上の点Aにおける接線の方程式を求めよ。

教科書 p.98

(1) 楕円 $x^2+\frac{y^2}{2}=2$，A$(1,\ \sqrt{2})$　(2) 円 $x^2+y^2=5$，A$(2,\ 1)$

ガイド 正の定数 a，b に対して，方程式

$\boldsymbol{\frac{x^2}{a^2}+\frac{y^2}{b^2}=1}$ で表される曲線を**楕円**(だえん)という。

この曲線は右の図のようになる。

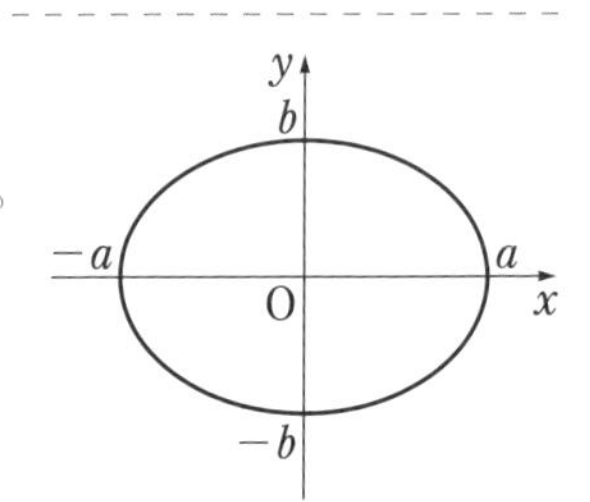

解答 (1) 方程式 $x^2+\frac{y^2}{2}=2$ の両辺を x で微分すると，

$$2x+\frac{2y}{2}\cdot y'=0$$

$y\neq0$ のとき，　$y'=-\frac{2x}{y}$

したがって，点 A$(1,\ \sqrt{2})$ における接線の傾きは，　$-\frac{2\cdot1}{\sqrt{2}}=-\sqrt{2}$

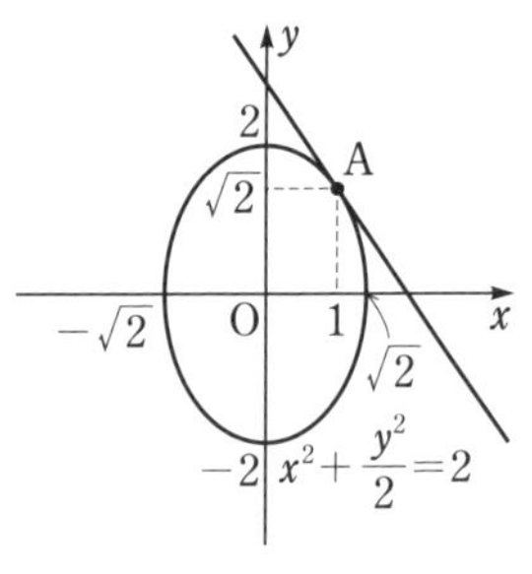

よって，求める接線の方程式は，

$$y-\sqrt{2}=-\sqrt{2}(x-1)$$

すなわち，　$\boldsymbol{y=-\sqrt{2}x+2\sqrt{2}}$

(2) 方程式 $x^2+y^2=5$ の両辺を x で微分すると，

$$2x+2y\cdot y'=0$$

$y\neq0$ のとき，　$y'=-\frac{x}{y}$

したがって，点 A$(2,\ 1)$ における接線の傾きは，　$-\frac{2}{1}=-2$

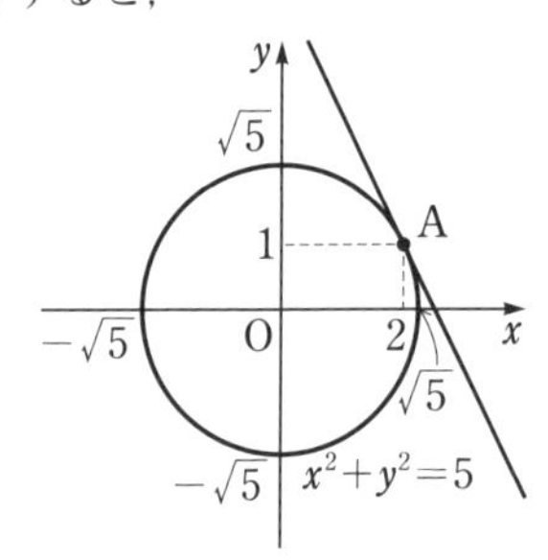

よって，求める接線の方程式は，

$$y-1=-2(x-2)$$

すなわち，　$\boldsymbol{y=-2x+5}$

問26 教科書 p.98

楕円 $\dfrac{x^2}{a^2}+\dfrac{y^2}{b^2}=1$ 上の点 $\mathrm{A}(x_1,\ y_1)$ における接線の方程式は，

$\dfrac{x_1x}{a^2}+\dfrac{y_1y}{b^2}=1$ であることを示せ。

ガイド $y_1\neq0$ のときと $y_1=0$ のときに場合分けをする。

解答 方程式 $\dfrac{x^2}{a^2}+\dfrac{y^2}{b^2}=1$ の両辺を x で微分すると，

$$\frac{2x}{a^2}+\frac{2y}{b^2}\cdot y'=0$$

$y\neq0$ のとき，　$y'=-\dfrac{b^2x}{a^2y}$

よって，$y_1\neq0$ のとき，点Aにおける楕円の接線の傾きは，

$$-\frac{b^2x_1}{a^2y_1}$$

(i)　$y_1\neq0$ のとき

点Aにおける接線の方程式は，

$$y-y_1=-\frac{b^2x_1}{a^2y_1}(x-x_1)$$

$$a^2y_1(y-y_1)=-b^2x_1(x-x_1)$$

$$a^2y_1y+b^2x_1x=b^2x_1{}^2+a^2y_1{}^2$$

両辺を a^2b^2 で割ると，　$\dfrac{y_1y}{b^2}+\dfrac{x_1x}{a^2}=\dfrac{x_1{}^2}{a^2}+\dfrac{y_1{}^2}{b^2}$

点Aは楕円上の点であるから，　$\dfrac{x_1{}^2}{a^2}+\dfrac{y_1{}^2}{b^2}=1$

よって，点Aにおける接線の方程式は，

$$\frac{x_1x}{a^2}+\frac{y_1y}{b^2}=1 \quad \cdots\cdots①$$

(ii)　$y_1=0$ のとき

点Aは楕円上の点であるから，　$x_1{}^2=a^2$

すなわち，　$x_1=\pm a$

$\mathrm{A}(a,\ 0)$ のとき，接線の方程式は $x=a$ であり，これは①を満たす。

$\mathrm{A}(-a,\ 0)$ のとき，接線の方程式は $x=-a$ であり，これは①を満たす。

(i)，(ii)より，点Aにおける接線の方程式は，　$\dfrac{x_1x}{a^2}+\dfrac{y_1y}{b^2}=1$

2 平均値の定理

問27 次の関数と区間において，下の平均値の定理を満たす c の値を求めよ。

教科書 p.99

(1) $f(x)=\sqrt{x}$ $[1,\ 4]$ (2) $f(x)=e^{x}$ $[0,\ 1]$

ガイド

ここがポイント [平均値の定理]

関数 $f(x)$ が閉区間 $[a,\ b]$ で連続で，開区間 $(a,\ b)$ で微分可能ならば，$\boldsymbol{\dfrac{f(b)-f(a)}{b-a}=f'(c)}$，$\boldsymbol{a<c<b}$ を満たす実数 c が存在する。

解答 (1) $f'(x)=\dfrac{1}{2\sqrt{x}}$ であるから，

$$\frac{f(4)-f(1)}{4-1}=f'(c),\ 1<c<4$$

を満たす c の値は，

$$\frac{\sqrt{4}-\sqrt{1}}{4-1}=\frac{1}{2\sqrt{c}},\ 1<c<4$$

より， $\boldsymbol{c=\dfrac{9}{4}}$

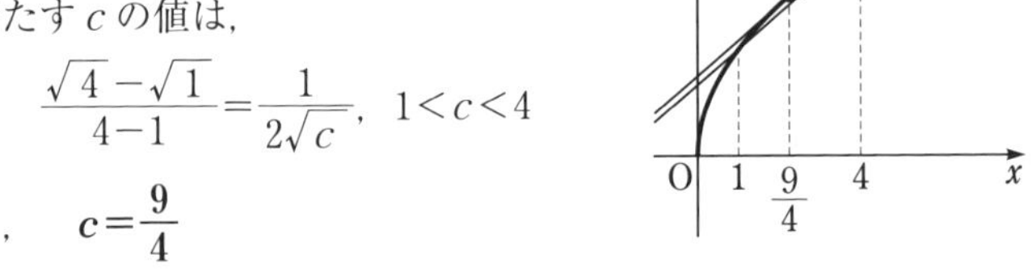

(2) $f'(x)=e^{x}$ であるから，

$$\frac{f(1)-f(0)}{1-0}=f'(c),\ 0<c<1$$

を満たす c の値は，

$$\frac{e-1}{1-0}=e^{c},\ 0<c<1$$

より， $\boldsymbol{c=\log(e-1)}$

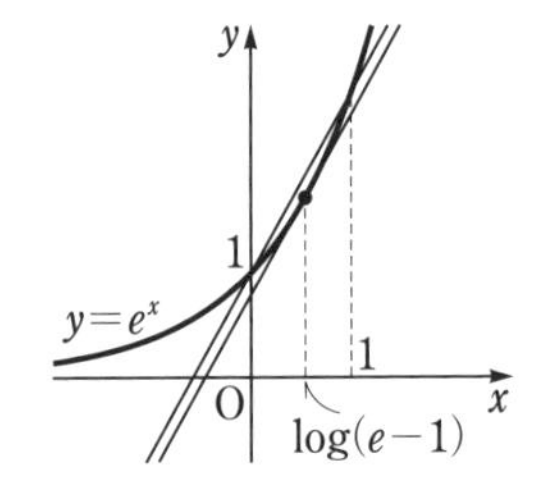

問28 $a<b$ のとき，平均値の定理を用いて次の不等式を証明せよ。

教科書 p.100

$$e^{a}<\frac{e^{b}-e^{a}}{b-a}<e^{b}$$

ガイド $f(x)=e^{x}$ とおいて，閉区間 $[a,\ b]$ において平均値の定理を用いる。

解答 関数 $f(x)=e^{x}$ はすべての実数において微分可能で，

$f'(x)=e^{x}$

閉区間 $[a, b]$ において平均値の定理を用いると，

$$\begin{cases} \dfrac{e^b-e^a}{b-a}=e^c & \cdots\cdots① \\ a<c<b & \cdots\cdots② \end{cases}$$

を満たす実数 c が存在する。

$f'(x)=e^x$ は，すべての実数において増加するから，②より，

$$e^a<e^c<e^b$$

よって，①より，　$e^a<\dfrac{e^b-e^a}{b-a}<e^b$

3　関数の増減

□ **問29**　下の②，③を証明せよ。

教科書 p.101

ガイド　関数 $f(x)$ は閉区間 $[a, b]$ で連続，開区間 (a, b) で微分可能とする。

このとき，平均値の定理から次のことが成り立つ。

ここがポイント　**[$f'(x)$ の符号と $f(x)$ の増減]**

関数 $f(x)$ とその導関数 $f'(x)$ について，

1. 開区間 (a, b) でつねに $f'(x)>0$ ならば，
   $f(x)$ は閉区間 $[a, b]$ で，増加する。
2. 開区間 (a, b) でつねに $f'(x)<0$ ならば，
   $f(x)$ は閉区間 $[a, b]$ で，減少する。
3. 開区間 (a, b) でつねに $f'(x)=0$ ならば，
   $f(x)$ は閉区間 $[a, b]$ で，定数である。

解答　② $a \leqq x_1<x_2 \leqq b$ である任意の数 x_1，x_2 に対して，平均値の定理により，

$$\frac{f(x_2)-f(x_1)}{x_2-x_1}=f'(c) \quad \cdots\cdots①, \qquad x_1<c<x_2$$

を満たす実数 c が存在する。

開区間 $(a,\ b)$ でつねに $f'(x)<0$ であるから，　$f'(c)<0$

さらに，$x_2-x_1>0$ より，①から，　$f(x_2)-f(x_1)<0$

したがって，$x_1<x_2$ のとき，　$f(x_1)>f(x_2)$

よって，$f(x)$ は閉区間 $[a,\ b]$ で減少する。

[3] $a \leqq x_1 < x_2 \leqq b$ である任意の数 x_1，x_2 に対して，平均値の定理により，

$$\frac{f(x_2)-f(x_1)}{x_2-x_1}=f'(c) \quad \cdots\cdots②, \quad x_1<c<x_2$$

を満たす実数 c が存在する。

開区間 $(a,\ b)$ でつねに $f'(x)=0$ であるから，　$f'(c)=0$

②から，　$f(x_2)-f(x_1)=0$　すなわち，　$f(x_1)=f(x_2)$

よって，$f(x)$ は閉区間 $[a,\ b]$ で定数である。

参考 関数 $f(x)$ が区間内のある値 c で $f'(c)=0$ でも，その他の値で $f'(x)>0$ ならば，$f(x)$ はその区間で増加する。

同様に，$f'(x)<0$ ならば，$f(x)$ はその区間で減少する。

問30 関数 $f(x)=\cos x-x$ は，$0 \leqq x \leqq 2\pi$ で減少することを示せ。

教科書 **p.102**

ガイド $0 \leqq x \leqq 2\pi$ で $f'(x) \leqq 0$ となることを示す。

解答 $f'(x)=-\sin x-1$

$0<x<2\pi$ では，

$x=\frac{3}{2}\pi$ のとき，$f'(x)=0$

$x \neq \frac{3}{2}\pi$ のとき，

x	0	$\cdots\cdots$	$\frac{3}{2}\pi$	$\cdots\cdots$	2π
$f'(x)$		$-$	0	$-$	
$f(x)$	1	↘	$-\frac{3}{2}\pi$	↘	$1-2\pi$

$-1 \leqq -\sin x < 1$ であるから，　$f'(x)<0$

よって，$f(x)=\cos x-x$ は，$0 \leqq x \leqq 2\pi$ で減少する。

問31 次の関数の増減を調べよ。

教科書 **p.102**

(1) $f(x)=e^x-x$

(2) $f(x)=x+2\sin x \quad (0 \leqq x \leqq \pi)$

ガイド $f(x)$ を微分して，符号を調べる。

解答 (1)　$f'(x)=e^x-1$ より，$f'(x)=0$ とすると，　$x=0$

$f(x)$ の増減表は右のようになる。

x	$\cdots$	0	$\cdots$
$f'(x)$	$-$	0	$+$
$f(x)$	↘	1	↗

よって，$f(x)$ は，**$x\leqq 0$ で減少し，$0\leqq x$ で増加する。**

(2)　$f'(x)=1+2\cos x$ より，

$f'(x)=0$ とすると，

$0\leqq x\leqq \pi$ より，$x=\dfrac{2}{3}\pi$

$f(x)$ の増減表は右のようになる。

x	0	$\cdots$	$\dfrac{2}{3}\pi$	$\cdots$	π
$f'(x)$		$+$	0	$-$	
$f(x)$	0	↗	$\dfrac{2}{3}\pi+\sqrt{3}$	↘	π

よって，$f(x)$ は，**$0\leqq x\leqq \dfrac{2}{3}\pi$ で増加し，$\dfrac{2}{3}\pi\leqq x\leqq \pi$ で減少する。**

問32　次の関数の極値を求めよ。

教科書 p.104

(1)　$f(x)=\cos x(1-\sin x)$　$(0<x<2\pi)$

(2)　$f(x)=x^2\log x$

ガイド 連続な関数 $f(x)$ が $x=a$ を境目として，増加から減少に変わるとき，関数 $f(x)$ は $x=a$ で**極大**になるといい，そのときの値 $f(a)$ を**極大値**という。

また，$x=a$ を境目として，減少から増加に変わるとき，関数 $f(x)$ は $x=a$ で**極小**になるといい，そのときの値 $f(a)$ を**極小値**という。極大値と極小値を合わせて**極値**という。

ここがポイント **[極値をとるための必要条件]**

関数 $f(x)$ が $x=a$ で微分可能であるとき，

$f(x)$ が $x=a$ で極値をとるならば，$f'(a)=0$

しかし，$f'(a)=0$ であっても，$x=a$ で極値をとるとは限らない。

微分可能な関数 $f(x)$ の極値を求めるには，$f'(x)=0$ となる x の値を求め，その値の前後における $f'(x)$ の符号を調べる必要がある。

解答 (1)　$f'(x)=-\sin x(1-\sin x)-\cos^2 x=\sin^2 x-\cos^2 x-\sin x$

$=2\sin^2 x-\sin x-1=(2\sin x+1)(\sin x-1)$

$f'(x)=0$ とすると，　$\sin x=-\dfrac{1}{2},\ 1$

$0<x<2\pi$ より，　$x=\dfrac{\pi}{2},\ \dfrac{7}{6}\pi,\ \dfrac{11}{6}\pi$

したがって，$f(x)$ の増減表は次のようになる。

x	0	……	$\dfrac{\pi}{2}$	……	$\dfrac{7}{6}\pi$	……	$\dfrac{11}{6}\pi$	……	2π
$f'(x)$		$-$	0	$-$	0	$+$	0	$-$	
$f(x)$		↘	0	↘	極小 $-\dfrac{3\sqrt{3}}{4}$	↗	極大 $\dfrac{3\sqrt{3}}{4}$	↘	

よって，$f(x)$ は，

$x=\dfrac{11}{6}\pi$ のとき，極大値 $\dfrac{3\sqrt{3}}{4}$，

$x=\dfrac{7}{6}\pi$ のとき，極小値 $-\dfrac{3\sqrt{3}}{4}$ をとる。

(2)　この関数の定義域は $x>0$ である。

$f'(x)=2x\cdot\log x+x^2\cdot\dfrac{1}{x}=x(2\log x+1)$

$f'(x)=0$ とすると，$x>0$ より，　$\log x=-\dfrac{1}{2}$

よって，　$x=e^{-\frac{1}{2}}=\dfrac{1}{\sqrt{e}}$

したがって，$f(x)$ の増減表は次のようになる。

x	0	……	$\dfrac{1}{\sqrt{e}}$	……
$f'(x)$		$-$	0	$+$
$f(x)$		↘	極小 $-\dfrac{1}{2e}$	↗

よって，$f(x)$ は，

$x=\dfrac{1}{\sqrt{e}}$ のとき，極小値 $-\dfrac{1}{2e}$ をとり，極大値はない。

問33 関数 $f(x)=|x|\sqrt{x+2}$ の極値を求めよ。

教科書 p.105

ガイド この関数の定義域は $x \geqq -2$ である。$-2 \leqq x \leqq 0$ のときと $x>0$ のときに場合分けする。

解答 この関数の定義域は $x \geqq -2$ である。

(i) $-2 \leqq x \leqq 0$ のとき，$f(x)=-x\sqrt{x+2}$ であるから，

$-2<x<0$ において，

$$f'(x)=-1\cdot\sqrt{x+2}-x\cdot\frac{1}{2\sqrt{x+2}}=-\frac{3x+4}{2\sqrt{x+2}}$$

$f'(x)=0$ とすると，　$x=-\dfrac{4}{3}$

(ii) $x>0$ のとき，$f(x)=x\sqrt{x+2}$ であるから，

$x>0$ において，　$f'(x)=\dfrac{3x+4}{2\sqrt{x+2}}>0$

したがって，$f(x)$ の増減表は次のようになる。

x	-2	……	$-\frac{4}{3}$	……	0	……
$f'(x)$	／	$+$	0	$-$	／	$+$
$f(x)$	0	↗	極大 $\frac{4\sqrt{6}}{9}$	↘	極小 0	↗

よって，$f(x)$ は，

$x=-\dfrac{4}{3}$ のとき，極大値 $\dfrac{4\sqrt{6}}{9}$，

$x=0$ のとき，極小値 0 をとる。

問34 関数 $f(x)=(kx-1)e^x$ が $x=2$ で極値をとるように，定数 k の値を定めよ。

教科書 p.106

ガイド $x=2$ で極値をとるならば $f'(2)=0$ であるが，逆はいえないから，求めた k の値が条件を満たすか，増減表を書いて確認する。

解答 　$f'(x)=k\cdot e^x+(kx-1)\cdot e^x=(kx+k-1)e^x$

$f(x)$ は $x=2$ で微分可能であるから，$x=2$ で極値をとるならば，

$f'(2)=0$

よって，　$(k\cdot 2+k-1)e^2=0$

これを解いて，　$k=\dfrac{1}{3}$

逆に，このとき，

$$f(x)=\left(\frac{1}{3}x-1\right)e^x$$

$$f'(x)=\left(\frac{1}{3}x-\frac{2}{3}\right)e^x=\frac{1}{3}(x-2)e^x$$

$f(x)$ の増減表は次のようになる。

x	……	2	……
$f'(x)$	$-$	0	$+$
$f(x)$	↘	極小	↗

したがって，$f(x)$ は確かに $x=2$ で極値をとり，条件を満たす。

よって，　$\boldsymbol{k=\dfrac{1}{3}}$

4 第2次導関数とグラフ

☐ **問35** 次の関数のグラフの凹凸を調べ，変曲点があればそれを求めよ。

教科書 p.108

(1) $y=x^3+6x^2$　　(2) $y=x-\cos x\ \ (0\leqq x\leqq 2\pi)$

(3) $y=(x-2)^4$

ガイド $f''(x)>0$ である区間では，$f'(x)$ の値は増加するから，接線の傾きは増加している。このとき，グラフは**下に凸**であるという。

$f''(x)<0$ である区間では，$f'(x)$ の値は減少するから，接線の傾きは減少している。このとき，グラフは**上に凸**であるという。

1 $f''(x)>0$

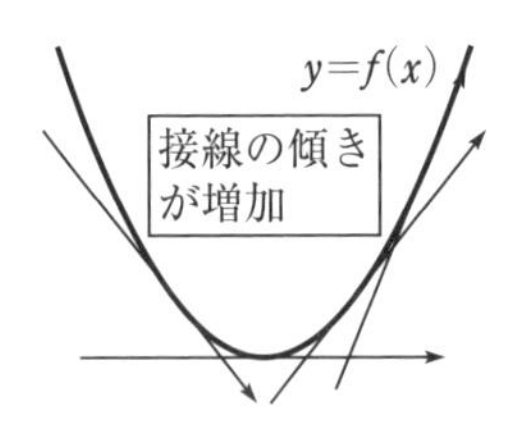

2 $f''(x)<0$

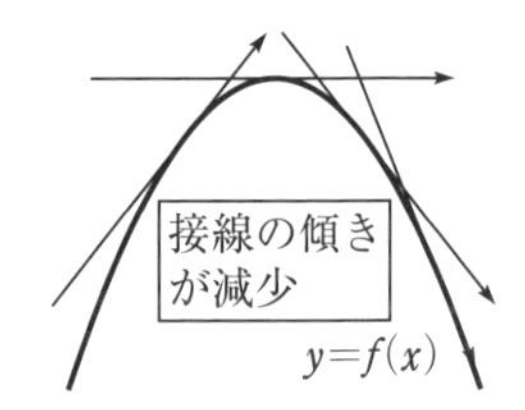

ここがポイント [$f''(x)$ の符号と $y=f(x)$ のグラフの凹凸]

関数 $f(x)$ が第2次導関数 $f''(x)$ をもつとき，

1. $\boldsymbol{f''(x)>0}$ となる区間では，
　$y=f(x)$ のグラフは **下に凸**
2. $\boldsymbol{f''(x)<0}$ となる区間では，
　$y=f(x)$ のグラフは **上に凸**

グラフの凹凸が入れかわる境目の点を**変曲点**という。

ここがポイント

関数 $f(x)$ が第2次導関数 $f''(x)$ をもつとき，
$f''(a)=0$ かつ $x=a$ の前後で $f''(x)$ の符号が変わるならば，
点 $(a,\ f(a))$ は $y=f(x)$ のグラフの変曲点である。

解答 (1)　$y'=3x^2+12x,\ y''=6x+12=6(x+2)$

より，y'' の符号とグラフの凹凸を調べると，右の表のようになる。

x	……	-2	……
y''	$-$	0	$+$
y	上に凸	16	下に凸

(変曲点)

よって，$\boldsymbol{x<-2}$ **のとき上に凸**，$\boldsymbol{-2<x}$ **のとき下に凸**で，**変曲点は，　点** $\boldsymbol{(-2,\ 16)}$

(2)　$y'=1+\sin x,\ y''=\cos x$

$0\leqq x\leqq 2\pi$ のとき，$y''=0$ とすると，　$x=\dfrac{\pi}{2},\ \dfrac{3}{2}\pi$

y'' の符号とグラフの凹凸を調べると，次の表のようになる。

x	0	……	$\dfrac{\pi}{2}$	……	$\dfrac{3}{2}\pi$	……	2π
y''		$+$	0	$-$	0	$+$	
y	-1	下に凸	$\dfrac{\pi}{2}$	上に凸	$\dfrac{3}{2}\pi$	下に凸	$2\pi-1$

(変曲点)　(変曲点)

よって，$\boldsymbol{\dfrac{\pi}{2}<x<\dfrac{3}{2}\pi}$ **のとき上に凸**，$\boldsymbol{0<x<\dfrac{\pi}{2},\ \dfrac{3}{2}\pi<x<2\pi}$ **のとき下に凸**で，**変曲点は，　点** $\boldsymbol{\left(\dfrac{\pi}{2},\ \dfrac{\pi}{2}\right),\ \left(\dfrac{3}{2}\pi,\ \dfrac{3}{2}\pi\right)}$

(3) $y'=4(x-2)^3$, $y''=12(x-2)^2$

より，$y''\geqq 0$ であるから，グラフは **$x\neq 2$ で下に凸 (つねに下に凸)** である。

よって，**変曲点はない。**

x	……	2	……
y''	+	0	+
y	下に凸	0	下に凸

☐ **問36** 関数 $y=\dfrac{4}{x^2+2}$ の増減，極値，グラフの凹凸，漸近線を調べ，そのグラフの概形をかけ。

教科書 p.109

ガイド $\lim_{x\to\infty} y=0$, $\lim_{x\to-\infty} y=0$ より，x 軸は漸近線である。

解答

$$y'=-\frac{8x}{(x^2+2)^2}$$

$$y''=-8\cdot\frac{(x^2+2)^2-x\cdot 2(x^2+2)\cdot 2x}{(x^2+2)^4}=\frac{8(3x^2-2)}{(x^2+2)^3}$$

$y'=0$ とすると，　$x=0$

$y''=0$ とすると，　$x=\pm\dfrac{\sqrt{6}}{3}$

この関数の増減やグラフの凹凸は，次の表のようになる。

x	……	$-\dfrac{\sqrt{6}}{3}$	……	0	……	$\dfrac{\sqrt{6}}{3}$	……
y'	+	+	+	0	−	−	−
y''	+	0	−	−	−	0	+
y	⤴	$\dfrac{3}{2}$	⤻	極大 2	⤵	$\dfrac{3}{2}$	⤷

よって，**$x=0$ のとき極大値 2 をとり，極小値はない。**

また，$\lim_{x\to\infty} y=0$, $\lim_{x\to-\infty} y=0$ であるから，**漸近線は**直線 $y=0$，すなわち **x 軸**である。

以上から，グラフの概形は右の図のようになる。

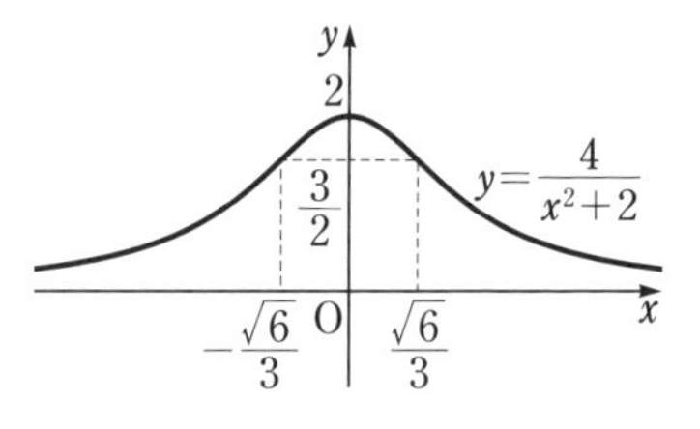

参考 関数 $f(x)=\dfrac{4}{x^2+2}$ は，$f(-x)=f(x)$ が成り立つから，

$y=\dfrac{4}{x^2+2}$ のグラフは y 軸に関して対称である。

問37 関数 $y=\dfrac{x^2}{x-2}$ のグラフの概形をかけ。

教科書 p.110

ガイド $y=x+2+\dfrac{4}{x-2}$ と変形すると，y'，y'' や漸近線を求めやすい。

解答 定義域は，　$x \neq 2$

$$y=\frac{(x-2)(x+2)+4}{x-2}=x+2+\frac{4}{x-2}$$

$$y'=1-\frac{4}{(x-2)^2}=\frac{x(x-4)}{(x-2)^2}$$

$$y''=\left\{1-\frac{4}{(x-2)^2}\right\}'=-4\cdot\frac{-2}{(x-2)^3}=\frac{8}{(x-2)^3}$$

この関数の増減やグラフの凹凸は，次の表のようになる。

x	……	0	……	2	……	4	……
y'	+	0	−	／	−	0	+
y''	−	−	−	／	+	+	+
y	↗	極大 0	↘	／	↘	極小 8	↗

$\displaystyle\lim_{x\to 2+0} y=\infty$，$\displaystyle\lim_{x\to 2-0} y=-\infty$ より，直線 $x=2$ は漸近線である。

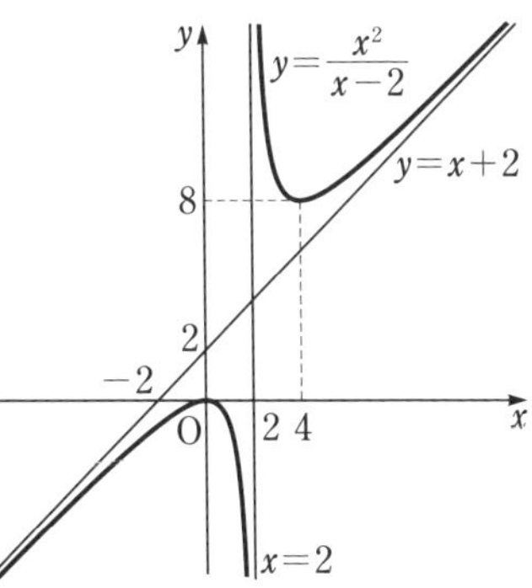

また，$y-(x+2)=\dfrac{4}{x-2}$ より，

$\displaystyle\lim_{x\to\infty}\{y-(x+2)\}=0$，

$\displaystyle\lim_{x\to-\infty}\{y-(x+2)\}=0$ であるから，

直線 $y=x+2$ も漸近線である。

以上から，グラフの概形は右の図のようになる。

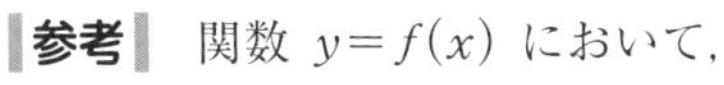

参考 関数 $y=f(x)$ において，

$\displaystyle\lim_{x\to\infty}\{y-(ax+b)\}=0$ または $\displaystyle\lim_{x\to-\infty}\{y-(ax+b)\}=0$ であるとき，直線 $y=ax+b$ は曲線 $y=f(x)$ の漸近線である。

問38 関数 $f(x)=2\sin x+\cos 2x$ $(0<x<\pi)$ の極値を，第2次導関数を利用して求めよ。

教科書 p.111

ガイド

ここがポイント **[第2次導関数と極大・極小]**

関数 $f(x)$ の第2次導関数 $f''(x)$ が連続関数であるとき，

1. $f'(a)=0$ かつ $f''(a)>0$ ならば，$f(x)$ は $x=a$ で **極小** である。
2. $f'(a)=0$ かつ $f''(a)<0$ ならば，$f(x)$ は $x=a$ で **極大** である。

$f'(a)=0$ かつ $f''(a)=0$ のときは，関数 $f(x)$ は $x=a$ で極値をとることもあれば，極値をとらないこともある。

解答 $f'(x)=2\cos x-2\sin 2x$，$f''(x)=-2\sin x-4\cos 2x$ で，$f''(x)$ は連続である。

$f'(x)=0$ とすると，

$$2\cos x-2\sin 2x=0$$
$$\cos x-2\sin x\cos x=0$$
$$\cos x(1-2\sin x)=0$$

であるから，　$\cos x=0$ または $\sin x=\dfrac{1}{2}$

$0<x<\pi$ より，　$x=\dfrac{\pi}{6},\ \dfrac{\pi}{2},\ \dfrac{5}{6}\pi$

ここで，$f''\left(\dfrac{\pi}{6}\right)=-3<0$，$f''\left(\dfrac{\pi}{2}\right)=2>0$，$f''\left(\dfrac{5}{6}\pi\right)=-3<0$，

$f\left(\dfrac{\pi}{6}\right)=\dfrac{3}{2}$，$f\left(\dfrac{\pi}{2}\right)=1$，$f\left(\dfrac{5}{6}\pi\right)=\dfrac{3}{2}$ であるから，$f(x)$ は，

$x=\dfrac{\pi}{6}$，$\dfrac{5}{6}\pi$ のとき，極大値 $\dfrac{3}{2}$，

$x=\dfrac{\pi}{2}$ のとき，極小値 1 をとる。

極値を求める方法が2つになったね。

節末問題　第3節｜導関数と関数のグラフ

1　教科書 p.112

関数 $f(x)=x-\log x$ について，次の直線の方程式を求めよ。

(1) 曲線 $y=f(x)$ 上の点 $(e,\ e-1)$ における接線と法線

(2) 曲線 $y=f(x)$ に点 $(0,\ -1)$ から引いた接線

ガイド (2) 接点の座標を $(a,\ a-\log a)$ とする。

解答 $f(x)=x-\log x$ より，　$f'(x)=1-\dfrac{1}{x}$

(1) $f'(e)=1-\dfrac{1}{e}$ より，点 $(e,\ e-1)$ における**接線の方程式**は，

$$y-(e-1)=\left(1-\frac{1}{e}\right)(x-e)$$

すなわち，　$\boldsymbol{y=\left(1-\dfrac{1}{e}\right)x}$

点 $(e,\ e-1)$ における**法線の方程式**は，

$$y-(e-1)=-\frac{1}{1-\frac{1}{e}}(x-e)$$

$$y-(e-1)=-\frac{e}{e-1}(x-e)$$

すなわち，　$\boldsymbol{y=-\dfrac{e}{e-1}x+\dfrac{2e^2-2e+1}{e-1}}$

(2) 接点の座標を $(a,\ a-\log a)$ とすると，接線の方程式は，

$$y-(a-\log a)=\left(1-\frac{1}{a}\right)(x-a)\quad\cdots\cdots①$$

接線①が点 $(0,\ -1)$ を通るから，

$$-1-(a-\log a)=\left(1-\frac{1}{a}\right)(0-a)$$

整理すると，　$\log a=2$

よって，　$a=e^2$

①より，求める接線の方程式は，

$$y-(e^2-2)=\left(1-\frac{1}{e^2}\right)(x-e^2)$$

すなわち，　$\boldsymbol{y=\left(1-\dfrac{1}{e^2}\right)x-1}$

2 教科書 p.112

$0<\alpha<\beta<\dfrac{\pi}{2}$ のとき，平均値の定理を用いて次の不等式を証明せよ。

$$0<\sin\beta-\sin\alpha<\beta-\alpha$$

ガイド 関数 $f(x)=\sin x$ に平均値の定理を用いる。

解答 関数 $f(x)=\sin x$ はすべての実数において微分可能で，

$f'(x)=\cos x$

閉区間 $[\alpha,\ \beta]$ において平均値の定理を用いると，

$$\begin{cases} \dfrac{\sin\beta-\sin\alpha}{\beta-\alpha}=\cos c & \cdots\cdots① \\ \alpha<c<\beta & \cdots\cdots② \end{cases}$$

を満たす実数 c が存在する。

$0<\alpha<c<\beta<\dfrac{\pi}{2}$ より，$0<\cos c<1$ であるから，①より，

$$0<\frac{\sin\beta-\sin\alpha}{\beta-\alpha}<1$$

②より，$\beta-\alpha>0$ であるから，

$$0<\sin\beta-\sin\alpha<\beta-\alpha$$

3 教科書 p.112

次の関数の極値を求めよ。

(1) $f(x)=e^{-x}\cos x\quad(0\leqq x\leqq 2\pi)$

(2) $f(x)=x^3-3|x^2-4|$

ガイド (2) $-2\leqq x\leqq 2$ のとき，$f(x)=x^3+3(x^2-4)$

$x\leqq -2,\ 2\leqq x$ のとき，$f(x)=x^3-3(x^2-4)$

解答 (1) $f'(x)=(-e^{-x})\cdot\cos x+e^{-x}\cdot(-\sin x)=-e^{-x}(\cos x+\sin x)$

$f'(x)=0$ とすると，$e^{-x}\neq 0$ より，

$\sin x+\cos x=0$

$\sin x=-\cos x$

$x=\dfrac{\pi}{2},\ \dfrac{3}{2}\pi$ は方程式を満たさないから，

$\dfrac{\sin x}{\cos x}=-1\qquad \tan x=-1$

$0\leqq x\leqq 2\pi$ より，$\quad x=\dfrac{3}{4}\pi,\ \dfrac{7}{4}\pi$

したがって，$f(x)$ の増減表は次のようになる。

x	0	……	$\frac{3}{4}\pi$	……	$\frac{7}{4}\pi$	……	2π
$f'(x)$		$-$	0	$+$	0	$-$	
$f(x)$	1	↘	極小 $-\frac{\sqrt{2}}{2}e^{-\frac{3}{4}\pi}$	↗	極大 $\frac{\sqrt{2}}{2}e^{-\frac{7}{4}\pi}$	↘	$e^{-2\pi}$

よって，$f(x)$ は，

$x=\frac{3}{4}\pi$ のとき，極小値 $-\frac{\sqrt{2}}{2}e^{-\frac{3}{4}\pi}$，

$x=\frac{7}{4}\pi$ のとき，極大値 $\frac{\sqrt{2}}{2}e^{-\frac{7}{4}\pi}$ をとる。

(2)　(i)　$-2 \leqq x \leqq 2$ のとき，

$f(x)=x^3+3(x^2-4)=x^3+3x^2-12$ であるから，

$-2<x<2$ において，

$$f'(x)=3x^2+6x=3x(x+2)$$

$f'(x)=0$ とすると，　$x=0$

(ii)　$x \leqq -2$，$2 \leqq x$ のとき，

$f(x)=x^3-3(x^2-4)=x^3-3x^2+12$ であるから，

$x<-2$，$2<x$ において，

$$f'(x)=3x^2-6x=3x(x-2)>0$$

したがって，$f(x)$ の増減表は次のようになる。

x	……	-2	……	0	……	2	……
$f'(x)$	$+$	／	$-$	0	$+$	／	$+$
$f(x)$	↗	極大 -8	↘	極小 -12	↗	8	↗

よって，$f(x)$ は，

$x=-2$ のとき，極大値 -8，

$x=0$ のとき，極小値 -12 をとる。

□ **4**　教科書 p.112

関数 $f(x)=(ax^2-3)e^x$ が極値をもつような定数 a の値の範囲を求めよ。

ガイド　$f'(x)=0$ が実数解をもち，その解の前後で $f'(x)$ の符号が変わればよい。

解答 $f'(x)=2axe^x+(ax^2-3)e^x=(ax^2+2ax-3)e^x$

$e^x>0$ より，$ax^2+2ax-3=0$ が実数解をもち，その解の前後で $ax^2+2ax-3$ の符号が変わればよい。

(i) $a=0$ のとき，$ax^2+2ax-3=-3$ となり，不適

(ii) $a\neq 0$ のとき，2次方程式 $ax^2+2ax-3=0$ ……① が異なる2つの実数解をもてばよい。

①の判別式を D とすると，

$$\frac{D}{4}=a^2+3a=a(a+3)>0$$

よって，　$a<-3,\ 0<a$

これは $a\neq 0$ を満たす。

(i)，(ii)より，　$\boldsymbol{a<-3,\ 0<a}$

□ **5** 教科書 p.112

曲線 $y=x^4-4x^3+6kx^2$ が $x=-1$ で変曲点をもつように，定数 k の値を定めよ。

ガイド $y=f(x)$ とすると，$f''(-1)=0$ であることが必要条件である。

解答 $f(x)=x^4-4x^3+6kx^2$ とすると，

$$f'(x)=4x^3-12x^2+12kx$$

$$f''(x)=12x^2-24x+12k$$

$f''(-1)=0$ であることが必要であるから，

$$f''(-1)=12+24+12k=0$$

よって，　$k=-3$

このとき，

$$f''(x)=12x^2-24x-36=12(x+1)(x-3)$$

よって，$f''(x)$ の符号とグラフの凹凸を調べると，次の表のようになる。

x	……	-1	……	3	……
$f''(x)$	$+$	0	$-$	0	$+$
$f(x)$	下に凸	変曲点	上に凸	変曲点	下に凸

したがって，$f(x)$ は確かに $x=-1$ で変曲点をもち，条件を満たす。

よって，　$\boldsymbol{k=-3}$

□ **6** 次の関数のグラフの概形をかけ。

教科書 p.112

(1) $y=(\log x)^2$

(2) $y=\dfrac{x^3+4}{3x^2}$

ガイド 関数の増減，グラフの凹凸，漸近線を調べてグラフの概形をかく。

(1) $\lim_{x\to+0} y$，$\lim_{x\to\infty} y$ も調べる。

(2) y 軸，直線 $y=\dfrac{1}{3}x$ が漸近線である。

解答 (1) 定義域は，　$x>0$

$$y'=2\log x\cdot\frac{1}{x}=\frac{2}{x}\log x$$

$$y''=-\frac{2}{x^2}\log x+\frac{2}{x^2}=\frac{2}{x^2}(1-\log x)$$

この関数の増減やグラフの凹凸は，次の表のようになる。

x	0	……	1	……	e	……
y'		$-$	0	$+$	$+$	$+$
y''		$+$	$+$	$+$	0	$-$
y		↘(下に凸)	極小 0	↗(下に凸)	1	↗(上に凸)

また，$\lim_{x\to+0} y=\infty$ であるから，直線 $x=0$，すなわち y 軸は漸近線である。

さらに，$\lim_{x\to\infty} y=\infty$ である。

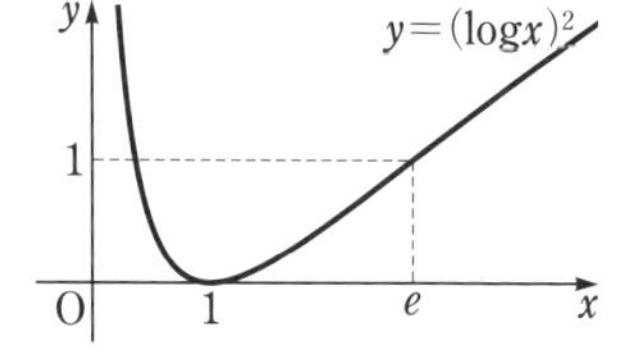

以上から，グラフの概形は上の図のようになる。

(2) 定義域は，　$x\neq0$

$$y=\frac{1}{3}x+\frac{4}{3x^2}$$

$$y'=\frac{1}{3}-\frac{8}{3x^3}=\frac{x^3-8}{3x^3}=\frac{(x-2)(x^2+2x+4)}{3x^3}$$

$$y''=\left(\frac{1}{3}-\frac{8}{3x^3}\right)'=-\frac{8}{3}\cdot\frac{-3}{x^4}=\frac{8}{x^4}>0$$

この関数の増減やグラフの凹凸は，次の表のようになる。

x	……	0	……	2	……
y'	$+$	／	$-$	0	$+$
y''	$+$	／	$+$	$+$	$+$
y	↗	／	↘	極小 1	↗

$\displaystyle\lim_{x\to+0}y=\infty$，$\displaystyle\lim_{x\to-0}y=\infty$ より，直線 $x=0$，すなわち y 軸は漸近線である。

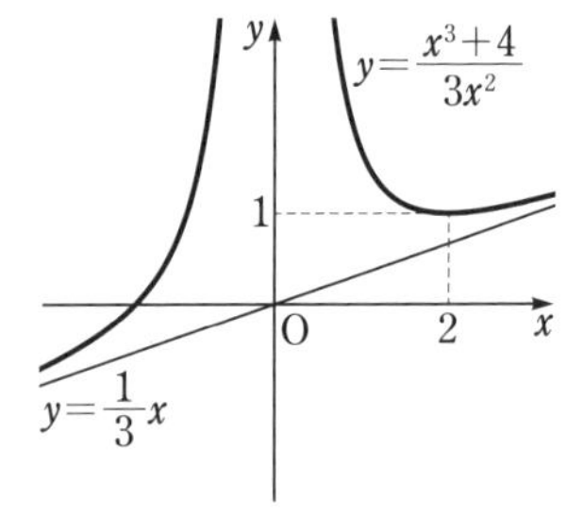

また，$y-\dfrac{1}{3}x=\dfrac{4}{3x^2}$ より，

$\displaystyle\lim_{x\to\infty}\left(y-\frac{1}{3}x\right)=0$，

$\displaystyle\lim_{x\to-\infty}\left(y-\frac{1}{3}x\right)=0$ であるから，

直線 $y=\dfrac{1}{3}x$ も漸近線である。

以上から，グラフの概形は上の図のようになる。

第4節 微分法の応用

1 最大・最小

問39 次の関数の最大値と最小値を求めよ。

教科書 p.113

(1) $y=x\sqrt{4-x^2}$　　(2) $y=x\log x-x$ $\left(\dfrac{1}{e}\leqq x\leqq e\right)$

ガイド (1) 定義域に注意する。

解答 (1) 定義域は $4-x^2\geqq 0$ より，　$-2\leqq x\leqq 2$

$$y'=\sqrt{4-x^2}+x\cdot\frac{-2x}{2\sqrt{4-x^2}}=\frac{2(2-x^2)}{\sqrt{4-x^2}}$$

$$=\frac{2(\sqrt{2}+x)(\sqrt{2}-x)}{\sqrt{4-x^2}}$$

$y'=0$ とすると，　$x=\pm\sqrt{2}$

したがって，$-2\leqq x\leqq 2$ における y の増減表は次のようになる。

x	-2	……	$-\sqrt{2}$	……	$\sqrt{2}$	……	2
y'	／	$-$	0	$+$	0	$-$	／
y	0	↘	極小 -2	↗	極大 2	↘	0

よって，

$x=\sqrt{2}$ のとき，最大値 2，

$x=-\sqrt{2}$ のとき，最小値 -2 をとる。

(2)　$y'=\log x+x\cdot\dfrac{1}{x}-1=\log x$

$y'=0$ とすると，　$x=1$

これは $\dfrac{1}{e}\leqq x\leqq e$ を満たす。

したがって，$\dfrac{1}{e}\leqq x\leqq e$ における y の増減表は右のようになる。

x	$\dfrac{1}{e}$	……	1	……	e
y'		$-$	0	$+$	
y	$-\dfrac{2}{e}$	↘	極小 -1	↗	0

よって，

$x=e$ のとき，最大値 0，

$x=1$ のとき，最小値 -1 をとる。

問40 金属板を使って円柱形でふたのない缶を作る。缶の容積を $27\pi\ \mathrm{cm}^3$ とする場合，金属板の使用量を最小にするには，底面の半径と高さをそれぞれ何 cm にすればよいか。ただし，金属板の厚さは無視して考えるものとする。

教科書 p.114

ガイド 底面の半径を r cm，高さを h cm として，使用する金属板の面積を r と h で表す。

解答 底面の半径を r cm $(r>0)$，高さを h cm $(h>0)$ とすると，容積が $27\pi\ \mathrm{cm}^3$ であるから，

$$\pi r^2 h = 27\pi \quad \cdots\cdots ①$$

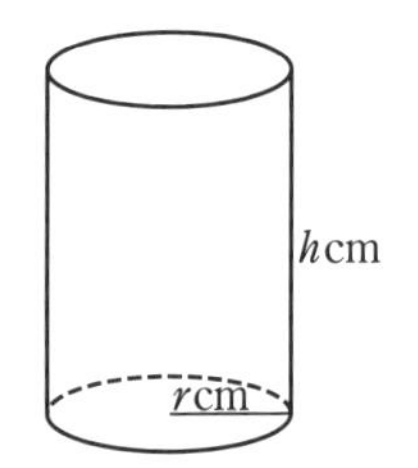

また，使用する金属板の面積を $S\ \mathrm{cm}^2$ とすると，

$$S = \pi r^2 + 2\pi rh \quad \cdots\cdots ②$$

①より，　$h = \dfrac{27}{r^2}$　……③

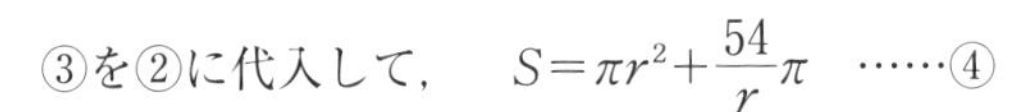

③を②に代入して，　$S = \pi r^2 + \dfrac{54}{r}\pi$　……④

④を r について微分すると，

$$\frac{dS}{dr} = 2\pi r - \frac{54}{r^2}\pi = \frac{2\pi}{r^2}(r^3 - 27) = \frac{2\pi}{r^2}(r-3)(r^2+3r+9)$$

$\dfrac{dS}{dr} = 0$ とすると，　$r=3$

r	0	……	3	……
$\dfrac{dS}{dr}$	／	$-$	0	$+$
S	／	↘	極小 27π	↗

$r>0$ であるから右の増減表より，$r=3$ のとき S は最小で，このとき③より，　$h=3$

よって，金属板の使用量を最小にするには，**底面の半径**を **3 cm**，**高さ**を **3 cm** にすればよい。

2 方程式，不等式への応用

問41 $x>1$ のとき，不等式 $x-1>\log x$ が成り立つことを証明せよ。

教科書 p.115

ガイド $f(x)=x-1-\log x$ とおき，$x>1$ で $f(x)>0$ であることを示す。

解答 $f(x)=x-1-\log x$ とおくと，　$f'(x)=1-\dfrac{1}{x}=\dfrac{x-1}{x}$

$x>1$ のとき，　$f'(x)>0$

したがって，$f(x)$ は $x\geqq 1$ のとき増加する。

$f(1)=0$ であるから，$x>1$ のとき，　$f(x)>0$

よって，$x>1$ のとき，　$x-1>\log x$

参考 一般に，自然数 n に対して次のことが成り立つ。

$$\lim_{x\to\infty}\frac{e^x}{x^n}=\infty,\quad \lim_{x\to\infty}\frac{x^n}{e^x}=0$$

問42 k を定数とするとき，x についての方程式 $x^2=ke^{-x}$ の異なる実数解の個数を調べよ。

教科書 p.116

ガイド $f(x)=k$ の形に変形して，$y=f(x)$ のグラフと直線 $y=k$ の共有点の個数を調べればよい。

解答 方程式を変形すると，　$x^2e^x=k$

$f(x)=x^2e^x$ とおくと，

$$f'(x)=2xe^x+x^2e^x=x(x+2)e^x$$

であるから，$f(x)$ の増減表は右のようになる。

x	……	-2	……	0	……
$f'(x)$	$+$	0	$-$	0	$+$
$f(x)$	↗	極大 $\dfrac{4}{e^2}$	↘	極小 0	↗

また，　$\displaystyle\lim_{x\to\infty}x^2e^x=\infty,\ \lim_{x\to-\infty}x^2e^x=0$

したがって，$y=f(x)$ のグラフは，右の図のようになる。

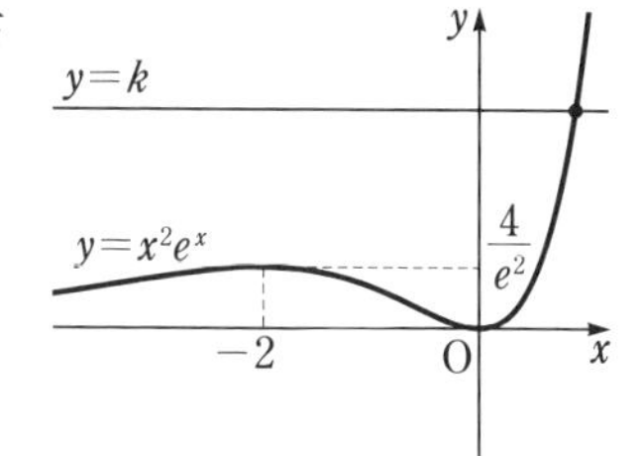

このグラフと直線 $y=k$ との共有点の個数が求める実数解の個数と一致するから，

$k<0$ のとき，　0個

$k=0,\ k>\dfrac{4}{e^2}$ のとき，　1個

$k=\dfrac{4}{e^2}$ のとき，　2個

$0<k<\dfrac{4}{e^2}$ のとき，　3個

3 曲線の媒介変数表示と微分法

問43 t を媒介変数として，$x=2t^2$，$y=t$ と表される関数について，$\dfrac{dy}{dx}$ を t を用いて表せ。

教科書 p.118

ガイド 一般に，曲線 C 上の点 $\mathrm{P}(x,\ y)$ が，1つの変数，例えば t を用いて，

$$x=f(t),\ y=g(t)$$

の形に表されるとき，これを曲線 C の **媒介変数表示** といい，t を **媒介変数** という。

原点Oを中心とする半径 r の円 $x^2+y^2=r^2$ 上の点 $\mathrm{P}(x,\ y)$ は，x 軸の正の部分を始線とする動径OPの表す一般角 t を媒介変数として，

$$\boldsymbol{x=r\cos t,\ y=r\sin t}$$

と表すことができる。

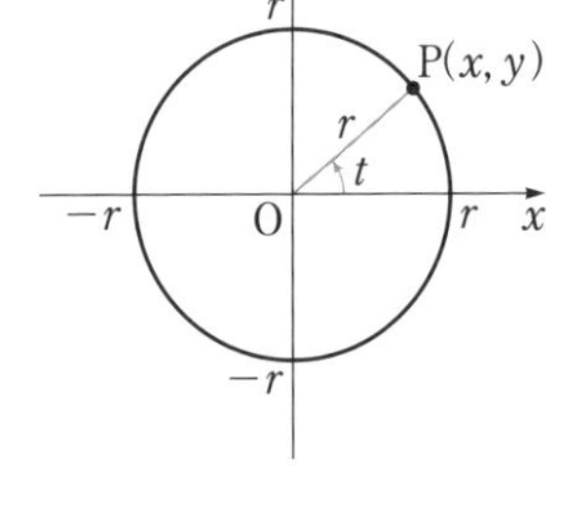

θ を媒介変数，a を正の定数として，

$$\boldsymbol{x=a(\theta-\sin\theta),\ y=a(1-\cos\theta)}$$

と表される曲線を **サイクロイド** という。この曲線は，半径 a の円Cが x 軸に接しながら滑ることなく回転していくとき，その円周上の定点Pが描く図形であり，次の図のようになる。

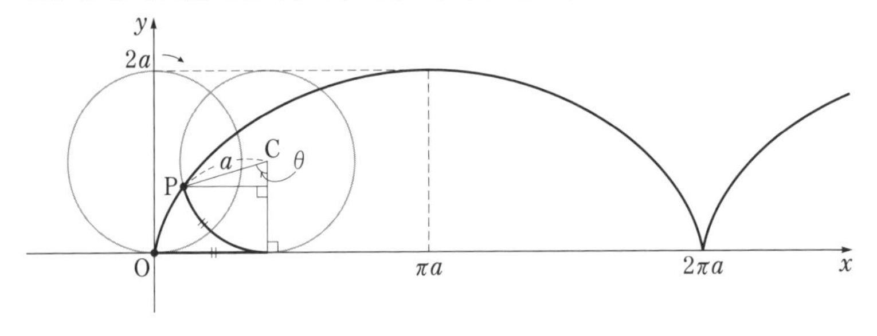

ここがポイント **[媒介変数表示された関数の微分法]**

$x=f(t)$, $y=g(t)$ がともに微分可能であるとき,

$$\frac{dy}{dx}=\frac{\frac{dy}{dt}}{\frac{dx}{dt}}=\frac{g'(t)}{f'(t)} \qquad \text{ただし, } f'(t)\neq 0$$

解答 $\frac{dx}{dt}=4t$, $\frac{dy}{dt}=1$ であるから, $t\neq 0$ のとき,

$$\frac{dy}{dx}=\frac{\frac{dy}{dt}}{\frac{dx}{dt}}=\frac{1}{4t}$$

4 速度と加速度

問44 数直線上を動く点Pの座標 x が, 時刻 t の関数として, $x=-t^4+6t^2$ と表されるとき, 時刻 $t=1$, $t=2$ における点Pの速度 v と加速度 α を, それぞれ求めよ。

教科書 p.119

ガイド 数直線上を動く点Pの座標 x が, 時刻 t の関数として, $x=f(t)$ と表されるとき, 時刻 t から $t+\Delta t$ までの平均速度は,

$\frac{f(t+\Delta t)-f(t)}{\Delta t}$ である。この平均速度の Δt を 0 に限りなく近づけるときの極限値を, 時刻 t における点Pの**速度**という。Pの速度を v とすると, 次のようになる。

$$v=\frac{dx}{dt}=f'(t)$$

また, 速度 v の絶対値 $|v|$ を, 時刻 t における点Pの**速さ**という。

さらに, 速度 v の時刻 t における変化率を点Pの**加速度**という。Pの加速度を α とすると, 次のようになる。

$$\alpha=\frac{dv}{dt}=\frac{d^2x}{dt^2}=f''(t)$$

ここがポイント **[直線上を動く点の速度と加速度]**

数直線上を動く点Pの座標 x が，時刻 t の関数として，$x=f(t)$ と表されるとき，時刻 t における点Pの速度 v，加速度 α は，

$$v=\frac{dx}{dt}=f'(t) \qquad \alpha=\frac{dv}{dt}=\frac{d^2x}{dt^2}=f''(t)$$

解答 $v=\dfrac{dx}{dt}=-4t^3+12t,\quad \alpha=\dfrac{dv}{dt}=-12t^2+12$

より，

$t=1$ のとき，

$\boldsymbol{v}=-4\cdot1^3+12\cdot1=\mathbf{8},\quad \boldsymbol{\alpha}=-12\cdot1^2+12=\mathbf{0}$

$t=2$ のとき，

$\boldsymbol{v}=-4\cdot2^3+12\cdot2=\mathbf{-8},\quad \boldsymbol{\alpha}=-12\cdot2^2+12=\mathbf{-36}$

問45 座標平面のサイクロイド上を動く点 $\mathrm{P}(x,\ y)$ の時刻 t における座標が，

教科書 p.121

$$x=t-\sin t,\ y=1-\cos t$$

と表されるとき，次の時刻における点Pの速度 $\vec{v}$，加速度 $\vec{\alpha}$ と，それらの大きさ $|\vec{v}|$，$|\vec{\alpha}|$ を求めよ。

(1) $t=0$　　(2) $t=\dfrac{\pi}{3}$　　(3) $t=\dfrac{\pi}{2}$

ガイド 座標平面上を動く点 $\mathrm{P}(x,\ y)$ があり，x，y が時刻 t の関数として，$x=f(t)$，$y=g(t)$ と表されている。

点Pの x 軸方向の速度，y 軸方向の速度の組 $\left(\dfrac{dx}{dt},\ \dfrac{dy}{dt}\right)$ を，時刻 t における点Pの**速度**または**速度ベクトル**といい，$\vec{v}$ で表す。

また，$|\vec{v}|=\sqrt{\left(\dfrac{dx}{dt}\right)^2+\left(\dfrac{dy}{dt}\right)^2}$ を，時刻 t における点Pの**速さ**または速度 $\vec{v}$ の大きさという。

同様に，x 軸方向の加速度，y 軸方向の加速度の組

$\vec{\alpha}=\left(\dfrac{d^2x}{dt^2},\ \dfrac{d^2y}{dt^2}\right)$ を，時刻 t における点Pの**加速度**または**加速度ベクトル**といい，$|\vec{\alpha}|=\sqrt{\left(\dfrac{d^2x}{dt^2}\right)^2+\left(\dfrac{d^2y}{dt^2}\right)^2}$ を**加速度の大きさ**という。

ここがポイント **[平面上を動く点の速度と加速度]**

座標平面上を動く点 $\mathrm{P}(x,\ y)$ について，x，y が時刻 t の関数であるとき，時刻 t における点Pの速度 $\vec{v}$，速さ $|\vec{v}|$，加速度 $\vec{\alpha}$，加速度の大きさ $|\vec{\alpha}|$ は，

$$\vec{v}=\left(\frac{dx}{dt},\ \frac{dy}{dt}\right) \qquad |\vec{v}|=\sqrt{\left(\frac{dx}{dt}\right)^2+\left(\frac{dy}{dt}\right)^2}$$

$$\vec{\alpha}=\left(\frac{d^2x}{dt^2},\ \frac{d^2y}{dt^2}\right) \qquad |\vec{\alpha}|=\sqrt{\left(\frac{d^2x}{dt^2}\right)^2+\left(\frac{d^2y}{dt^2}\right)^2}$$

点Pが右の図のように，円 $x^2+y^2=r^2$ 上を一定の速さ $r\omega$ で動く運動を**等速円運動**という。

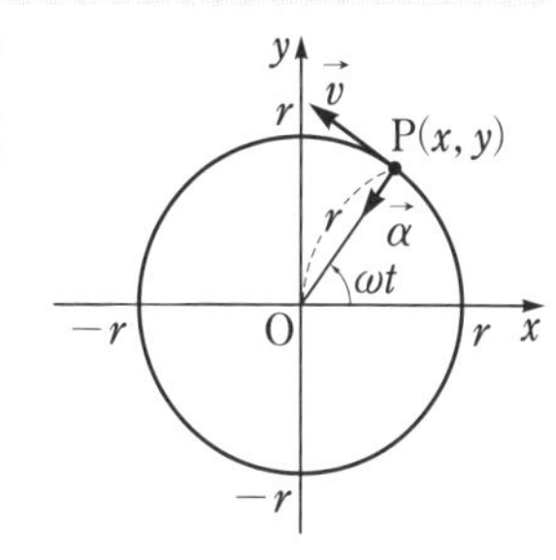

第3章 微分法

解答 $\dfrac{dx}{dt}=1-\cos t$，$\dfrac{dy}{dt}=\sin t$ より，

$\vec{v}=(1-\cos t,\ \sin t)$

$|\vec{v}|=\sqrt{(1-\cos t)^2+\sin^2 t}=\sqrt{2(1-\cos t)}$

また，$\dfrac{d^2x}{dt^2}=\sin t$，$\dfrac{d^2y}{dt^2}=\cos t$ より，

$\vec{\alpha}=(\sin t,\ \cos t)$

$|\vec{\alpha}|=\sqrt{\sin^2 t+\cos^2 t}=1$

(1)　$t=0$ のとき，　$\boldsymbol{\vec{v}=(0,\ 0)}$，$\boldsymbol{\vec{\alpha}=(0,\ 1)}$，$\boldsymbol{|\vec{v}|=0}$，$\boldsymbol{|\vec{\alpha}|=1}$

(2)　$t=\dfrac{\pi}{3}$ のとき，　$\boldsymbol{\vec{v}=\left(\frac{1}{2},\ \frac{\sqrt{3}}{2}\right)}$，$\boldsymbol{\vec{\alpha}=\left(\frac{\sqrt{3}}{2},\ \frac{1}{2}\right)}$，

$\boldsymbol{|\vec{v}|=1}$，$\boldsymbol{|\vec{\alpha}|=1}$

(3)　$t=\dfrac{\pi}{2}$ のとき，　$\boldsymbol{\vec{v}=(1,\ 1)}$，$\boldsymbol{\vec{\alpha}=(1,\ 0)}$，$\boldsymbol{|\vec{v}|=\sqrt{2}}$，$\boldsymbol{|\vec{\alpha}|=1}$

問46 正三角形の各辺の長さが毎秒 0.5 cm の速度で増加している。この正三角形の各辺の長さが 4 cm になった瞬間における面積の増加する速度を求めよ。

教科書 p.122

ガイド t 秒後の正三角形の各辺の長さを x cm，面積を S cm^2 とすると，

$$S=\frac{1}{2}x^2\sin\frac{\pi}{3}$$

である。

解答 t 秒後の正三角形の各辺の長さを x cm，面積を S cm^2 とすると，

$$S=\frac{1}{2}x^2\sin\frac{\pi}{3}=\frac{\sqrt{3}}{4}x^2$$

S は x の関数で，x は t の関数であるから，

$$\frac{dS}{dt}=\frac{dS}{dx}\cdot\frac{dx}{dt}=\frac{\sqrt{3}}{2}x\cdot\frac{dx}{dt}$$

$\dfrac{dx}{dt}=0.5=\dfrac{1}{2}$，$x=4$ であるから，

$$\frac{dS}{dt}=\frac{\sqrt{3}}{2}\cdot4\cdot\frac{1}{2}=\sqrt{3}$$

よって，求める面積の増加する速度は，

毎秒 $\sqrt{3}$ cm^2

5 関数の近似式

問47 $h \fallingdotseq 0$ のときの $\cos(a+h)$ の1次の近似式を作れ。

教科書 p.123

ガイド

ここがポイント **[1次の近似式]**

1. $h \fallingdotseq 0$ のとき，　$f(a+h) \fallingdotseq f(a)+f'(a)h$
2. $x \fallingdotseq 0$ のとき，　$f(x) \fallingdotseq f(0)+f'(0)x$

解答 $(\cos x)'=-\sin x$ であるから，$h \fallingdotseq 0$ のとき，

$$\cos(a+h) \fallingdotseq \cos a-h\sin a$$

問48 $x \fallingdotseq 0$ のとき，次の近似式が成り立つことを示し，その式を用いて[　]の近似値を求めよ。

教科書 p.124

(1) $e^x \fallingdotseq 1+x$　$[e^{0.01}]$　　(2) $\log(1+x) \fallingdotseq x$　$[\log 0.99]$

ガイド 問 47 の ここがポイント の②を利用する。

解答 (1) $f(x)=e^x$ とおくと，　$f'(x)=e^x$

よって，$f(0)=1$，$f'(0)=1$ より，

$x \fallingdotseq 0$ のとき，　$e^x \fallingdotseq 1+x$

これより，

$e^{0.01} \fallingdotseq 1+0.01=\mathbf{1.01}$

(2) $f(x)=\log(1+x)$ とおくと，　$f'(x)=\dfrac{1}{1+x}$

よって，$f(0)=0$，$f'(0)=1$ より，

$x \fallingdotseq 0$ のとき，　$\log(1+x) \fallingdotseq 0+x=x$

また，$\log 0.99=\log(1-0.01)$ であるから，

$\log 0.99 \fallingdotseq \mathbf{-0.01}$

問49 $x \fallingdotseq 0$ のとき，$\sin x \fallingdotseq x$ であることを示せ。また，この式を用いて，$\sin 1^\circ$ の近似値を求めよ。ただし，$\pi=3.142$ とする。

教科書 p.124

ガイド $\sin 1^\circ=\sin\dfrac{\pi}{180}$ である。

解答 $f(x)=\sin x$ とおくと，　$f'(x)=\cos x$

よって，$f(0)=0$，$f'(0)=1$ より，

$x \fallingdotseq 0$ のとき，　$\sin x \fallingdotseq 0+x=x$

また，$\sin 1^\circ=\sin\dfrac{\pi}{180}$ であるから，

$\sin 1^\circ \fallingdotseq \dfrac{\pi}{180}=\dfrac{3.142}{180} \fallingdotseq \mathbf{0.01746}$

参考 $x=f(t)$，$y=g(t)$ と媒介変数表示すると，次の関係式を満たす曲線を**クロソイド曲線**という。

$$\frac{d}{dt}f(t)=\cos t^2,\quad \frac{d}{dt}g(t)=\sin t^2$$

この曲線は，高速道路などの設計に利用されている。

第3章 微分法

節末問題

第4節｜微分法の応用

1 次の関数の最大値と最小値を求めよ。

教科書 p.125

(1) $y=x\sqrt{2x-x^2}$ (2) $y=\sin^3x-\cos^3x \quad (0\leqq x\leqq\pi)$

ガイド (1) 定義域に注意する。

(2) $y'=\dfrac{3\sqrt{2}}{2}\sin 2x\sin\left(x+\dfrac{\pi}{4}\right)$ となる。

解答 (1) 定義域は $2x-x^2\geqq 0$ より，$0\leqq x\leqq 2$

$0<x<2$ において，

$$y'=\sqrt{2x-x^2}+x\cdot\frac{2-2x}{2\sqrt{2x-x^2}}=-\frac{x(2x-3)}{\sqrt{2x-x^2}}$$

$y'=0$ とすると，$0<x<2$ であるから，$x=\dfrac{3}{2}$

したがって，$0\leqq x\leqq 2$ における y の増減表は右のようになる。

x	0	……	$\dfrac{3}{2}$	……	2
y'	／	$+$	0	$-$	／
y	0	↗	極大 $\dfrac{3\sqrt{3}}{4}$	↘	0

よって，

$x=\dfrac{3}{2}$ のとき，最大値 $\dfrac{3\sqrt{3}}{4}$，

$x=0$，2 のとき，最小値 0 をとる。

(2) $y'=3\sin^2x\cos x+3\sin x\cos^2x$

$$=3\sin x\cos x(\sin x+\cos x)=\frac{3\sqrt{2}}{2}\sin 2x\sin\left(x+\frac{\pi}{4}\right)$$

$y'=0$ とすると，$\sin 2x=0$ または $\sin\left(x+\dfrac{\pi}{4}\right)=0$

$0\leqq x\leqq\pi$ より，$0\leqq 2x\leqq 2\pi$，$\dfrac{\pi}{4}\leqq x+\dfrac{\pi}{4}\leqq\dfrac{5}{4}\pi$ であるから，

$$2x=0,\ \pi,\ 2\pi \quad\text{または}\quad x+\frac{\pi}{4}=\pi$$

よって，$x=0$，$\dfrac{\pi}{2}$，$\dfrac{3}{4}\pi$，π

したがって，$0\leqq x\leqq\pi$ における y の増減表は次のようになる。

x	0	……	$\dfrac{\pi}{2}$	……	$\dfrac{3}{4}\pi$	……	π
y'		＋	0	－	0	＋	
y	-1	↗	極大 1	↘	極小 $\dfrac{\sqrt{2}}{2}$	↗	1

よって，

$x=\dfrac{\pi}{2}$，π のとき，最大値 1，

$x=0$ のとき，最小値 -1 をとる。

☐ **2**　教科書 p.125

原点をOとし，定点A(1，2)を通る直線が，x軸，y軸の正の部分と交わる点を，それぞれP，Qとする。

このとき，△OPQの面積の最小値を求めよ。

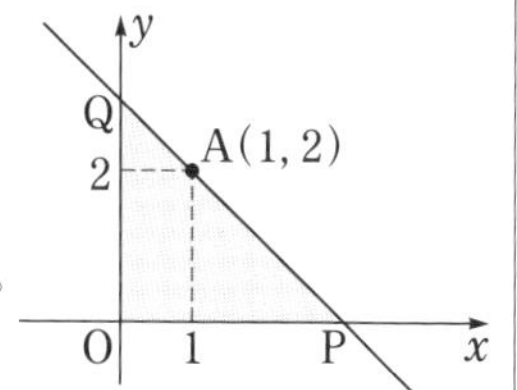

ガイド　点Aを通る直線の方程式は，$y=m(x-1)+2$ とおける。

△OPQの面積を m で表し，m の関数と考えて最小値を求める。

解答　点Aを通り，x軸，y軸の正の部分と交わる直線の方程式は，

$$y=m(x-1)+2\quad(m<0)$$

とおける。

$m\neq0$ より，　$\mathrm{P}\left(-\dfrac{2}{m}+1,\ 0\right)$，$\mathrm{Q}(0,\ -m+2)$

△OPQの面積を S とすると，

$$S=\frac{1}{2}\left(-\frac{2}{m}+1\right)(-m+2)=\frac{1}{2}\left(4-m-\frac{4}{m}\right)$$

よって，

$$\frac{dS}{dm}=\frac{1}{2}\left(-1+\frac{4}{m^2}\right)$$

$$=-\frac{(m+2)(m-2)}{2m^2}$$

m	……	-2	……	0
$\dfrac{dS}{dm}$	－	0	＋	／
S	↘	極小 4	↗	／

したがって，S の増減表は右のようになる。

よって，△OPQの面積の最小値は，　**4**

3　教科書 p.125

$x>0$ のとき，不等式 $\cos x>1-\frac{x^2}{2}$ が成り立つことを証明せよ。

ガイド　$f(x)=\cos x+\frac{x^2}{2}-1$ とおいて，$f'(x)$，$f''(x)$ を調べて，$x>0$ で $f(x)>0$ であることを示す。

解答　$f(x)=\cos x-\left(1-\frac{x^2}{2}\right)=\cos x+\frac{x^2}{2}-1$ とおくと，

$$f'(x)=-\sin x+x$$
$$f''(x)=-\cos x+1$$

$x>0$ のとき，$f''(x)\geqq 0$ より，$f'(x)$ は $x\geqq 0$ のとき増加する。

$f'(0)=0$ より，

$x>0$ のとき，　$f'(x)>0$

したがって，$f(x)$ は $x\geqq 0$ のとき増加する。

$f(0)=1+0-1=0$ より，

$x>0$ のとき，　$f(x)>0$

よって，$x>0$ のとき，　$\cos x>1-\frac{x^2}{2}$

4　教科書 p.125

k を定数とするとき，x についての方程式 $4x^3+1=kx$ の異なる実数解の個数を調べよ。

ガイド　$x=0$ は解ではないから，方程式は，$\frac{4x^3+1}{x}=k$ と変形できる。

解答　$x=0$ は $4x^3+1=kx$ の解ではないから，$x\neq 0$ としてよい。

方程式を変形すると，　$\frac{4x^3+1}{x}=k$

$f(x)=\frac{4x^3+1}{x}=4x^2+\frac{1}{x}$ とおくと，

$$f'(x)=8x-\frac{1}{x^2}=\frac{8x^3-1}{x^2}=\frac{(2x-1)(4x^2+2x+1)}{x^2}$$

であるから，$f(x)$ の増減表は次のようになる。

x	……	0	……	$\frac{1}{2}$	……
$f'(x)$	$-$	／	$-$	0	$+$
$f(x)$	↘	／	↘	極小 3	↗

また，

$$\lim_{x\to+0}\left(4x^2+\frac{1}{x}\right)=\infty,\ \lim_{x\to-0}\left(4x^2+\frac{1}{x}\right)=-\infty,\ \lim_{x\to\infty}\left(4x^2+\frac{1}{x}\right)=\infty,$$

$$\lim_{x\to-\infty}\left(4x^2+\frac{1}{x}\right)=\infty$$

したがって，$y=f(x)$ のグラフは，右の図のようになる。

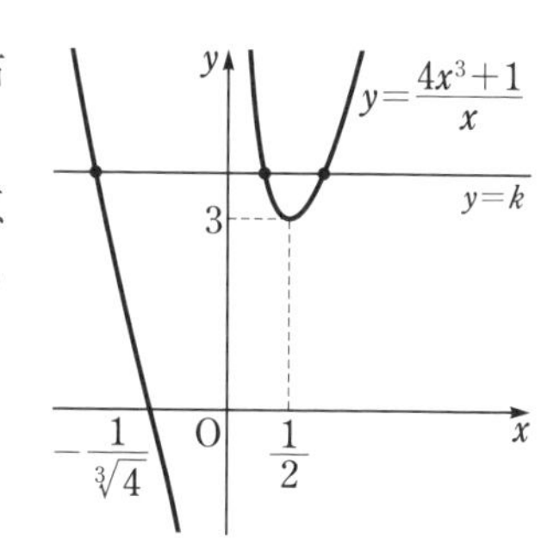

このグラフと直線 $y=k$ との共有点の個数が求める実数解の個数と一致するから，

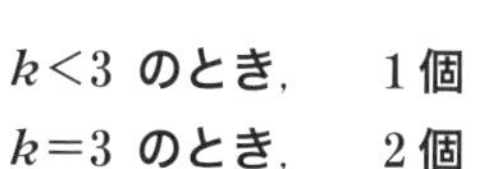

$k<3$ のとき，　1個

$k=3$ のとき，　2個

$k>3$ のとき，　3個

☑ **5**　教科書 p.125

t を媒介変数として，$x=\frac{1-t^2}{1+t^2}$，$y=\frac{2t}{1+t^2}$ と表される関数について，$\frac{dy}{dx}$ を t を用いて表せ。

ガイド　媒介変数表示された関数の微分法を利用する。

解答

$$\frac{dx}{dt}=\left(\frac{1-t^2}{1+t^2}\right)'=\frac{(-2t)\cdot(1+t^2)-(1-t^2)\cdot 2t}{(1+t^2)^2}=-\frac{4t}{(1+t^2)^2}$$

$$\frac{dy}{dt}=\left(\frac{2t}{1+t^2}\right)'=2\cdot\frac{1\cdot(1+t^2)-t\cdot 2t}{(1+t^2)^2}=\frac{2(1-t^2)}{(1+t^2)^2}$$

よって，$t\neq 0$ のとき，

$$\frac{dy}{dx}=\frac{\frac{dy}{dt}}{\frac{dx}{dt}}=\frac{\frac{2(1-t^2)}{(1+t^2)^2}}{-\frac{4t}{(1+t^2)^2}}=\boldsymbol{\frac{t^2-1}{2t}}$$

□ **6** 教科書 p.125

座標平面上を動く点 $P(x,\ y)$ の時刻 t における座標が，

$$x=t-\sin t,\quad y=1-\cos t \quad (0\leqq t\leqq 2\pi)$$

と表されるとき，点Pの速さの最大値と，そのときの座標を求めよ。

ガイド 速さは 0 以上の値をとるから，速さの 2 乗の最大値を求めて，その正の平方根を考える。

解答 点Pの速度を $\vec{v}$ とすると，$\dfrac{dx}{dt}=1-\cos t$，$\dfrac{dy}{dt}=\sin t$ より，

$$\vec{v}=(1-\cos t,\ \sin t)$$

これより，速さ $|\vec{v}|$ の 2 乗は，

$$|\vec{v}|^2=(1-\cos t)^2+\sin^2 t=2(1-\cos t)$$

$0\leqq t\leqq 2\pi$ より，　$-1\leqq\cos t\leqq 1$

したがって，$\cos t=-1$，すなわち，$t=\pi$ のとき，$|\vec{v}|^2$ の最大値は，

$$2\times\{1-(-1)\}=4$$

このとき，　$x=\pi-0=\pi$，$y=1-(-1)=2$

よって，$\boldsymbol{t=\pi}$ **のとき**，点Pの速さの**最大値**は **2** で，そのときの**座標**は，　$\boldsymbol{(\pi,\ 2)}$

□ **7** 教科書 p.125

$x\fallingdotseq 0$ のとき，$\sin\left(\dfrac{\pi}{6}+x\right)$ の 1 次の近似式を作り，$\sin 31^\circ$ の近似値を求めよ。ただし，$\sqrt{3}=1.732$，$\pi=3.142$ とする。

ガイド $\sin 31^\circ=\sin(30^\circ+1^\circ)=\sin\left(\dfrac{\pi}{6}+\dfrac{\pi}{180}\right)$ である。

解答 $f(x)=\sin x$ とおくと，　$f'(x)=\cos x$

よって，$f\left(\dfrac{\pi}{6}\right)=\dfrac{1}{2}$，$f'\left(\dfrac{\pi}{6}\right)=\dfrac{\sqrt{3}}{2}$ より，

$$x\fallingdotseq 0 \text{ のとき，}\quad \boldsymbol{\sin\left(\frac{\pi}{6}+x\right)\fallingdotseq\frac{1}{2}+\frac{\sqrt{3}}{2}x}$$

また，$\sin 31^\circ=\sin(30^\circ+1^\circ)=\sin\left(\dfrac{\pi}{6}+\dfrac{\pi}{180}\right)$ であるから，

$$\sin 31^\circ\fallingdotseq\frac{1}{2}+\frac{\sqrt{3}}{2}\times\frac{\pi}{180}=\frac{1}{2}+\frac{1.732}{2}\times\frac{3.142}{180}\fallingdotseq\mathbf{0.5151}$$

章末問題

A

1. 教科書 p.126

次の関数 $f(x)$ が $x=1$ で微分可能になるように，定数 a，b の値を定めよ。

$$f(x)=\begin{cases} x^2+1 & (x\leqq 1 \text{ のとき}) \\ -2x^2+ax+b & (x>1 \text{ のとき}) \end{cases}$$

第3章 微分法

ガイド $\displaystyle\lim_{x\to 1-0} f(x)=\lim_{x\to 1+0} f(x)$ であり，$x=1$ における微分係数が存在すればよい。

解答 $x=1$ で微分可能であるとき，$x=1$ で連続であるから，

$f(1)=2$

$\displaystyle\lim_{x\to 1+0} f(x)=\lim_{x\to 1+0}(-2x^2+ax+b)=-2+a+b$

より，　$2=-2+a+b$

すなわち，　$b=4-a$　……①

また，

$$\lim_{h\to -0}\frac{f(1+h)-f(1)}{h}=\lim_{h\to -0}\frac{\{(1+h)^2+1\}-2}{h}$$

$$=\lim_{h\to -0}\frac{2h+h^2}{h}=\lim_{h\to -0}(2+h)=2$$

$$\lim_{h\to +0}\frac{f(1+h)-f(1)}{h}$$

$$=\lim_{h\to +0}\frac{\{-2(1+h)^2+a(1+h)+b\}-2}{h}$$

$$=\lim_{h\to +0}\frac{\{-2(1+h)^2+a(1+h)+4-a\}-2}{h}$$

$$=\lim_{h\to +0}\frac{-4h-2h^2+ah}{h}$$

$$=\lim_{h\to +0}(-4-2h+a)=-4+a$$

$x=1$ における微分係数が存在するから，　$2=-4+a$

よって，　$\boldsymbol{a=6}$

①より，　$\boldsymbol{b=-2}$

2. 教科書 p.126

微分可能な関数 $f(x)$ について，次の等式を証明せよ。

(1) $\displaystyle\lim_{h\to 0}\frac{f(-h)-f(0)}{h}=-f'(0)$

(2) $\displaystyle\lim_{h\to 0}\frac{f(a+2h)-f(a)}{h}=2f'(a)$

ガイド (1)は $-h=t$，(2)は $2h=t$ とおく。

解答 (1) $-h=t$ とおくと，$h\to 0$ のとき $t\to 0$ であるから，

$$\lim_{h\to 0}\frac{f(-h)-f(0)}{h}=\lim_{h\to 0}\frac{f(-h)-f(0)}{-h}\cdot(-1)$$

$$=\lim_{t\to 0}\frac{f(0+t)-f(0)}{t}\cdot(-1)=-f'(0)$$

(2) $2h=t$ とおくと，$h\to 0$ のとき $t\to 0$ であるから，

$$\lim_{h\to 0}\frac{f(a+2h)-f(a)}{h}=\lim_{h\to 0}\frac{f(a+2h)-f(a)}{2h}\cdot 2$$

$$=\lim_{t\to 0}\frac{f(a+t)-f(a)}{t}\cdot 2=2f'(a)$$

3. 教科書 p.126

n を正の整数とすると，$x\neq 1$ のとき，

$1+x+x^2+\cdots\cdots+x^n=\dfrac{x^{n+1}-1}{x-1}$ が成り立つ。この両辺を x で微分することによって，$x\neq 1$ のとき，次の和を求めよ。

$$1+2x+3x^2+\cdots\cdots+nx^{n-1}$$

ガイド $1+x+x^2+x^3+\cdots\cdots+x^n$ を x で微分すると，

$1+2x+3x^2+\cdots\cdots+nx^{n-1}$ となり，それは $\dfrac{x^{n+1}-1}{x-1}$ を x で微分したものに等しい。

解答 与えられた等式の左辺を x で微分すると，

$$(1+x+x^2+x^3+\cdots\cdots+x^n)'=1+2x+3x^2+\cdots\cdots+nx^{n-1}$$

右辺を x で微分すると，

$$\left(\frac{x^{n+1}-1}{x-1}\right)'=\frac{(x^{n+1}-1)'(x-1)-(x^{n+1}-1)(x-1)'}{(x-1)^2}$$

$$=\frac{(n+1)x^n\cdot(x-1)-(x^{n+1}-1)\cdot 1}{(x-1)^2}$$

$$=\frac{(n+1)x^{n+1}-(n+1)x^n-x^{n+1}+1}{(x-1)^2}$$

$$=\frac{nx^{n+1}-(n+1)x^n+1}{(x-1)^2}$$

よって，　$1+2x+3x^2+\cdots\cdots+nx^{n-1}=\boldsymbol{\frac{nx^{n+1}-(n+1)x^n+1}{(x-1)^2}}$

4. 教科書 p.126

関数 $y=x^x$ $(x>0)$ を微分せよ。

ガイド　対数微分法を用いる。

解答　$x>0$ より，$y=x^x$ の両辺の自然対数をとると，　$\log y=x\log x$

両辺を x で微分すると，

$$\frac{y'}{y}=1\cdot\log x+x\cdot\frac{1}{x}=\log x+1$$

よって，　$\boldsymbol{y'}=y(\log x+1)\boldsymbol{=x^x(\log x+1)}$

5. 教科書 p.126

直角双曲線 $xy=1$ 上の点Pにおける接線が x 軸，y 軸と交わる点を，それぞれQ，Rとし，原点をOとする。このとき，△OQR の面積は一定であることを示せ。

ガイド　点Pの座標を $(x_1,\ y_1)$ とおくと，Pにおける接線の方程式は，

$$y-y_1=-\frac{y_1}{x_1}(x-x_1)$$

である。

解答　点Pの座標を $(x_1,\ y_1)$ とすると，　$x_1\neq0$

$xy=1$ の両辺を x について微分すると，　$y+x\cdot y'=0$

$x\neq0$ より，　$y'=-\dfrac{y}{x}$

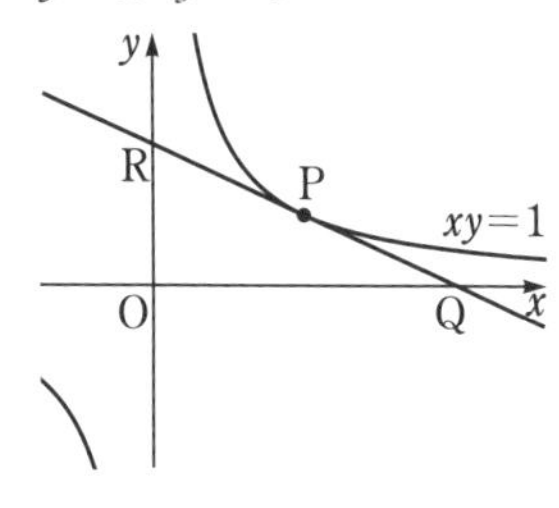

点Pにおける接線の方程式は，

$$y-y_1=-\frac{y_1}{x_1}(x-x_1)$$

$$y=-\frac{y_1}{x_1}x+2y_1$$

x 軸との交点Qの座標は，$y=0$ として，　$(2x_1,\ 0)$

y 軸との交点Rの座標は，$x=0$ として，　$(0,\ 2y_1)$

したがって，

$$\triangle OQR=\frac{1}{2}OQ\cdot OR=\frac{1}{2}|2x_1||2y_1|=2|x_1y_1|$$

点Pは直角双曲線 $xy=1$ 上にあるから，　$x_1y_1=1$

よって，$\triangle OQR=2$ で，面積は一定である。

6. 教科書 p.126

次の関数のグラフの概形をかけ。

(1)　$y=xe^x$　　(2)　$y=\dfrac{x}{\log x}$

ガイド　(1)は x 軸，(2)は直線 $x=1$ が漸近線である。

解答　(1)　$y'=e^x+xe^x=(x+1)e^x$

$y''=e^x+(x+1)e^x=(x+2)e^x$

この関数の増減やグラフの凹凸は，次の表のようになる。

x	……	-2	……	-1	……
y'	$-$	$-$	$-$	0	$+$
y''	$-$	0	$+$	$+$	$+$
y	↘	$-\dfrac{2}{e^2}$	↘	極小 $-\dfrac{1}{e}$	↗

$\displaystyle\lim_{x\to\infty}y=\infty$

また，$\displaystyle\lim_{x\to-\infty}y=0$ より，直線 $y=0$，すなわち x 軸は漸近線である。

以上から，グラフの概形は右の図のようになる。

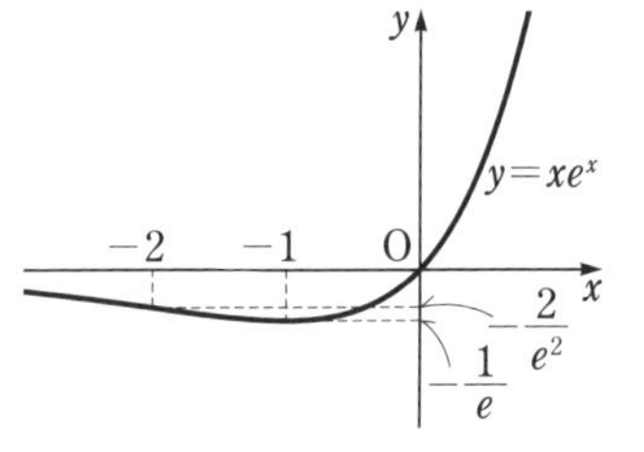

(2)　定義域は，　$0<x<1,\ 1<x$

$$y'=\frac{\log x-1}{(\log x)^2}$$

$$y''=\frac{\dfrac{1}{x}\cdot(\log x)^2-(\log x-1)\cdot 2\log x\cdot\dfrac{1}{x}}{(\log x)^4}=\frac{-\log x+2}{x(\log x)^3}$$

この関数の増減やグラフの凹凸は，次の表のようになる。

x	0	……	1	……	e	……	e^2	……
y'	／	$-$	／	$-$	0	$+$	$+$	$+$
y''	／	$-$	／	$+$	$+$	$+$	0	$-$
y	／	↘	／	↘	極小 e	↗	$\frac{e^2}{2}$	↗

$\lim_{x\to1+0} y=\infty$，$\lim_{x\to1-0} y=-\infty$ より，直線 $x=1$ は漸近線である。

また，$\lim_{x\to+0} y=0$

以上から，グラフの概形は右の図のようになる。

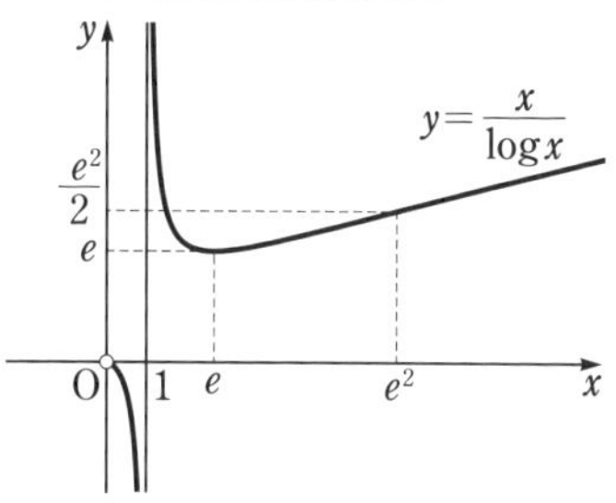

参考 $\lim_{x\to\infty} y=\infty$ となることは **13.** (2) よりわかる。

7. 教科書 p.126

座標平面上を動く点 P$(x,\ y)$ の時刻 t における座標が，

$$x=\sin t+\cos t,\ y=\sin t\cos t$$

と表されている。$0\leqq t\leqq\pi$ のとき，点 P の速さの最大値を求めよ。

ガイド 速さは 0 以上の値をとるから，速さの 2 乗の最大値を求めて，その正の平方根を考える。

解答 $\frac{dx}{dt}=\cos t-\sin t$，$\frac{dy}{dt}=\cos^2 t-\sin^2 t=\cos 2t$ より，速度 $\vec{v}$ は，

$$\vec{v}=(\cos t-\sin t,\ \cos 2t)$$

これより，速さ $|\vec{v}|$ の 2 乗は，

$$|\vec{v}|^2=(\cos t-\sin t)^2+\cos^2 2t=1-2\cos t\sin t+\cos^2 2t$$

$$=-\sin^2 2t-\sin 2t+2=-\left(\sin 2t+\frac{1}{2}\right)^2+\frac{9}{4}$$

$0\leqq t\leqq\pi$ のとき，　$0\leqq 2t\leqq 2\pi$

したがって，$\sin 2t=-\frac{1}{2}$，すなわち，$2t=\frac{7}{6}\pi$，$\frac{11}{6}\pi$ のとき，$|\vec{v}|^2$ は最大値 $\frac{9}{4}$ をとる。

よって，$\boldsymbol{t=\frac{7}{12}\pi,\ \frac{11}{12}\pi}$ **のとき**，点 P の速さは**最大値** $\boldsymbol{\frac{3}{2}}$ をとる。

B

☐ **8.** 教科書 p.127

$\lim_{t\to 0}(1+t)^{\frac{1}{t}}=e$ を用いて，次の極限値を求めよ。

(1) $\lim_{x\to 0}\dfrac{\log(1+x)}{x}$　　(2) $\lim_{x\to\infty}\left(1+\dfrac{1}{2x}\right)^x$

ガイド (2) $\dfrac{1}{2x}=t$ とおき換えて考える。

解答 (1) $\lim_{x\to 0}\dfrac{\log(1+x)}{x}=\lim_{x\to 0}\log(1+x)^{\frac{1}{x}}=\log e=\mathbf{1}$

(2) $\dfrac{1}{2x}=t$ とおくと，$x\to\infty$ のとき $t\to +0$ であるから，

$$\lim_{x\to\infty}\left(1+\frac{1}{2x}\right)^x=\lim_{t\to +0}(1+t)^{\frac{1}{2t}}=\lim_{t\to +0}\{(1+t)^{\frac{1}{t}}\}^{\frac{1}{2}}=e^{\frac{1}{2}}=\boldsymbol{\sqrt{e}}$$

☐ **9.** 教科書 p.127

2つの曲線 $y=ax^2$ と $y=\log x$ が共有点をもち，その点における2つの曲線の接線が一致するとき，定数 a の値とその共有点の座標を求めよ。

ガイド 共有点の x 座標を t とすると，$x=t$ における2つの曲線の y 座標と接線の傾きが，それぞれ一致する。

解答 $f(x)=ax^2$ とすると，　$f'(x)=2ax$

$g(x)=\log x$ とすると，　$g'(x)=\dfrac{1}{x}$

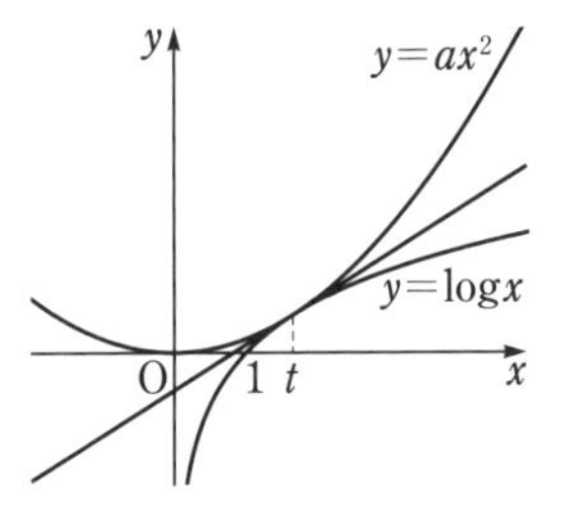

共有点の x 座標を t とすると，

$2at=\dfrac{1}{t}$　……①

また，　$at^2=\log t$　……②

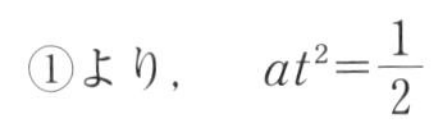

①より，　$at^2=\dfrac{1}{2}$

②に代入して，　$\log t=\dfrac{1}{2}$　　すなわち，　$t=\sqrt{e}$

①より，　$\boldsymbol{a}=\dfrac{1}{2t^2}=\boldsymbol{\dfrac{1}{2e}}$

また，**共有点の座標**は，　$\left(\boldsymbol{\sqrt{e}},\ \boldsymbol{\dfrac{1}{2}}\right)$

10. 教科書 p.127

x 軸上の点 $P(a,\ 0)$ から曲線 $y=xe^{-x}$ に2本の接線が引けるような定数 a の値の範囲を求めよ。

ガイド 接点の座標を $(t,\ te^{-t})$ とおいて接線の方程式を求める。その方程式に点Pの座標を代入したときにできる t についての方程式が，2つの異なる実数解をもてばよい。

解答 $y'=e^{-x}-xe^{-x}=(1-x)e^{-x}$

接点の座標を $(t,\ te^{-t})$ とおくと，接線の方程式は，

$y-te^{-t}=(1-t)e^{-t}(x-t)$

これが点 $P(a,\ 0)$ を通るから，

$-te^{-t}=(1-t)e^{-t}(a-t)$

$e^{-t}\neq 0$ であるから，両辺を e^{-t} で割ると，

$-t=(1-t)(a-t)$

$t^2-at+a=0$ ……①

点Pから2本の接線が引けるためには，t の2次方程式①が異なる2つの実数解をもてばよいから，①の判別式を D とすると，

$D=a^2-4a=a(a-4)>0$

よって，求める a の値の範囲は，　$\boldsymbol{a<0,\ 4<a}$

11. 教科書 p.127

関数 $y=\sin e^x\ (x\geqq 0)$ の極大値をとる点を，x 座標が小さいものから順に $A_1,\ A_2,\ A_3,$ …… とするとき，次の問いに答えよ。

(1) $A_1,\ A_2$ の座標を求めよ。

(2) 線分 A_1A_5 の長さを求めよ。

ガイド $y'=e^x\cos e^x$ より，$y'=0$ となるのは，$e^x=\dfrac{\pi}{2},\ \dfrac{3}{2}\pi,\ \dfrac{5}{2}\pi,$ …… のときである。そのうち，極大値をとるのは，$e^x=\dfrac{\pi}{2},\ \dfrac{5}{2}\pi,\ \dfrac{9}{2}\pi,$ …… のときである。

解答 (1) $y'=e^x\cos e^x$

$e^x>0$ より，$e^x=\dfrac{\pi}{2},\ \dfrac{3}{2}\pi,\ \dfrac{5}{2}\pi,$ …… のとき $y'=0$ である。

n を0以上の整数とすると，$2n\pi\leqq e^x\leqq(2n+2)\pi$ における y の増減表は次のようになる。

e^x	$2n\pi$	……	$2n\pi+\dfrac{\pi}{2}$	……	$2n\pi+\dfrac{3}{2}\pi$	……	$(2n+2)\pi$
y'		$+$	0	$-$	0	$+$	
y		↗	極大	↘	極小	↗	

また，$e^x=\dfrac{\pi}{2}$，$\dfrac{3}{2}\pi$，$\dfrac{5}{2}\pi$，……のとき，$x=\log\dfrac{\pi}{2}$，$\log\dfrac{3}{2}\pi$，$\log\dfrac{5}{2}\pi$，……であり，これらは $x\geqq 0$ を満たす。

A_1 は $e^x=\dfrac{\pi}{2}$ のときの点，A_2 は $e^x=\dfrac{5}{2}\pi$ のときの点であるから，

$$\mathbf{A_1\left(\log\frac{\pi}{2},\ 1\right),\ A_2\left(\log\frac{5}{2}\pi,\ 1\right)}$$

(2) A_5 は $e^x=\dfrac{17}{2}\pi$ のときの点であるから，その座標は，

$$A_5\left(\log\frac{17}{2}\pi,\ 1\right)$$

よって，

$$A_1A_5=\log\frac{17}{2}\pi-\log\frac{\pi}{2}=\mathbf{\log 17}$$

☐12. 教科書 p.127

a を1より大きい定数とするとき，関数 $f(x)=\dfrac{8x}{x^2+2}$ $(1\leqq x\leqq a)$ の最大値と最小値を求めよ。

ガイド $y=f(x)$ のグラフをかいて考える。

解答

$$f'(x)=\frac{8(x^2+2)-8x\cdot 2x}{(x^2+2)^2}=-\frac{8(x^2-2)}{(x^2+2)^2}$$

$$=-\frac{8(x+\sqrt{2})(x-\sqrt{2})}{(x^2+2)^2}$$

この関数の $x\geqq 1$ における増減表は次のようになる。

x	1	……	$\sqrt{2}$	……
$f'(x)$		$+$	0	$-$
$f(x)$	$\dfrac{8}{3}$	↗	極大 $2\sqrt{2}$	↘

また，$\lim_{x\to\infty} f(x)=0$ であるから，直線 $y=0$，すなわち x 軸は漸近線である。

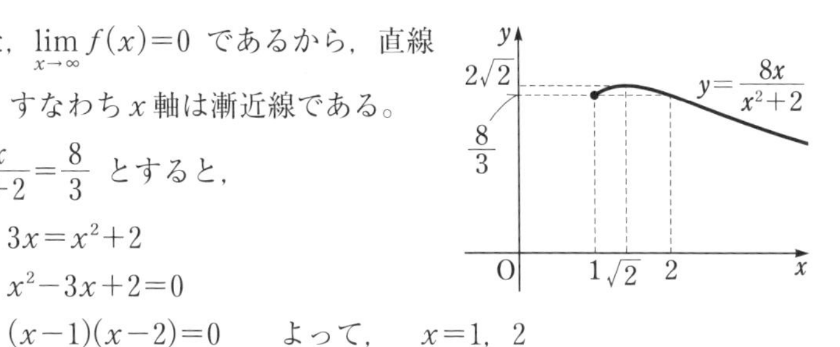

$\frac{8x}{x^2+2}=\frac{8}{3}$ とすると，

$3x=x^2+2$

$x^2-3x+2=0$

$(x-1)(x-2)=0$　　よって，　$x=1,\ 2$

以上から，$x\geqq 1$ における $y=f(x)$ のグラフの概形は上の図のようになる。

よって，

$1<a<\sqrt{2}$ のとき，$x=a$ で最大値 $\frac{8a}{a^2+2}$

$x=1$ で最小値 $\frac{8}{3}$

$\sqrt{2}\leqq a<2$ のとき，$x=\sqrt{2}$ で最大値 $2\sqrt{2}$

$x=1$ で最小値 $\frac{8}{3}$

$a=2$ のとき，$x=\sqrt{2}$ で最大値 $2\sqrt{2}$

$x=1,\ 2$ で最小値 $\frac{8}{3}$

$2<a$ のとき，$x=\sqrt{2}$ で最大値 $2\sqrt{2}$

$x=a$ で最小値 $\frac{8a}{a^2+2}$

☐13. 教科書 p.127

次の問いに答えよ。

(1) 不等式 $2\sqrt{x}>\log x$ を証明せよ。

(2) 不等式 $2\sqrt{x}>\log x$ を用いて，極限値 $\lim_{x\to\infty}\frac{\log x}{x}$ を求めよ。

(3) すべての正の数 x について，不等式 $ax\geqq\log x$ が成り立つとき，定数 a の値の範囲を求めよ。

ガイド (1) $f(x)=2\sqrt{x}-\log x$ とおいて，$x>0$ のとき，$f(x)>0$ を示す。

(3) $ax\geqq\log x$ で $x>0$ より，$a\geqq\frac{\log x}{x}$ となる a の値の範囲を求める。

第3章　微分法

解答　(1)　$f(x)=2\sqrt{x}-\log x$ とおくと，定義域は $x>0$ で，

$$f'(x)=\frac{1}{\sqrt{x}}-\frac{1}{x}=\frac{\sqrt{x}-1}{x}$$

$f(x)$ の増減表は右のようになるから，$x>0$ のとき，

$f(x)>0$

よって，　$2\sqrt{x}>\log x$

x	0	……	1	……
$f'(x)$	／	$-$	0	$+$
$f(x)$	／	↘	極小 2	↗

(2)　(1)より，$x>1$ のとき，$2\sqrt{x}>\log x>0$ であるから，

$$\frac{2\sqrt{x}}{x}>\frac{\log x}{x}>0$$

$\lim_{x\to\infty}\frac{2\sqrt{x}}{x}=\lim_{x\to\infty}\frac{2}{\sqrt{x}}=0$ より，　$\lim_{x\to\infty}\frac{\log x}{x}=\mathbf{0}$

(3)　$ax\geqq\log x$ より，$x>0$ であるから，　$a\geqq\frac{\log x}{x}$

$y=\frac{\log x}{x}$ とすると，　$y'=\frac{1-\log x}{x^2}$

y の増減表は右のようになる。

また，$\lim_{x\to+0}y=-\infty$ であるから，直線 $x=0$，すなわち y 軸は漸近線である。

(2)より，$\lim_{x\to\infty}y=0$ であるから，直線 $y=0$，すなわち x 軸は漸近線である。

x	0	……	e	……
y'	／	$+$	0	$-$
y	／	↗	極大 $\frac{1}{e}$	↘

以上から，グラフの概形は右の図のようになる。

よって，すべての正の数 x について，不等式 $ax\geqq\log x$ が成り立つとき，　$\boldsymbol{a\geqq\frac{1}{e}}$

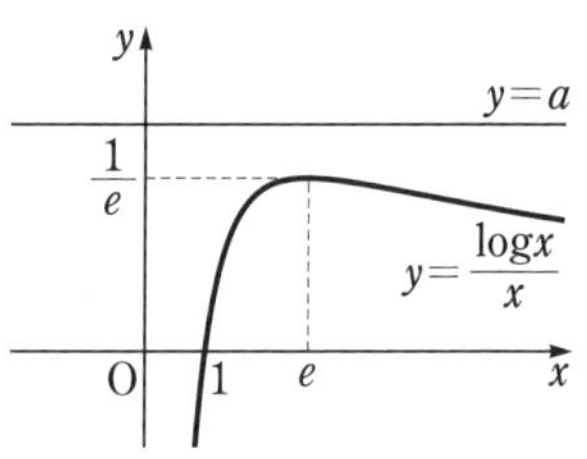

14. 教科書 p.127

右の図のような，上面の半径が 10 cm，高さが 15 cm の円錐(すい)の容器に，毎秒 8 cm^3 の割合で水を注いでいく。水面の高さが 6 cm になった瞬間における水面の上昇する速度を求めよ。

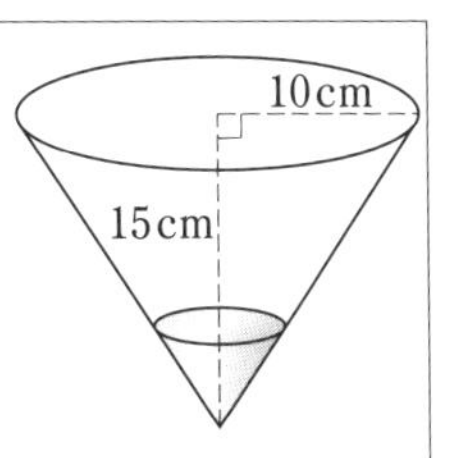

ガイド 水を注ぎ始めてから t 秒後の水面の半径を r cm，高さを h cm とおいて，$\dfrac{dh}{dt}$ を求める。

解答 水を注ぎ始めてから t 秒後の水面の半径を r cm，高さを h cm とすると，

$$r : h = 10 : 15$$

より，$r = \dfrac{2}{3}h$

注いだ水の量を V cm^3 とすると，

$$V = \frac{1}{3}\pi r^2 h = \frac{1}{3}\pi\left(\frac{2}{3}h\right)^2 h = \frac{4}{27}\pi h^3$$

V は h の関数で，h は t の関数であるから，

$$\frac{dV}{dt} = \frac{dV}{dh}\cdot\frac{dh}{dt} = \frac{4}{9}\pi h^2\cdot\frac{dh}{dt}$$

$\dfrac{dV}{dt} = 8$，$h = 6$ であるから，

$$8 = \frac{4}{9}\pi\cdot 6^2\cdot\frac{dh}{dt}$$

したがって，$\dfrac{dh}{dt} = \dfrac{1}{2\pi}$

よって，求める水面の上昇する速度は，**毎秒 $\dfrac{1}{2\pi}$ cm**

思考力を養う 利益が最大になるのは？ 課題学習

ある会社では，1トンあたりの販売価格がK万円の薬品を販売しており，その薬品xトンを製造するためにかかる費用$C(x)$万円が，

$$C(x)=(x-3)^3+10x+30 \quad (x>0)$$

で表されるとする。このとき，xトンを製造して販売したときの利益$P(x)$は，次のようになる。

$$P(x)=Kx-C(x) \quad (x>0)$$

例えば，$K=22$ のとき，利益 $P(x)=22x-(x-3)^3-10x-30$ を最大にするには，$P'(x)=22-3(x-3)^2-10=0$ より，

$$x=1,\ 5$$

よって，増減表を書くと，5トン製造したときに最大の利益22万円を得ることがわかる。

Q 1 教科書 p.128

右の図は上の関数 $y=C(x)$ と $y=Kx$ のグラフである。次の(1)～(3)のときのxの値を右の図のa，b，cの中から選び，その理由を説明してみよう。

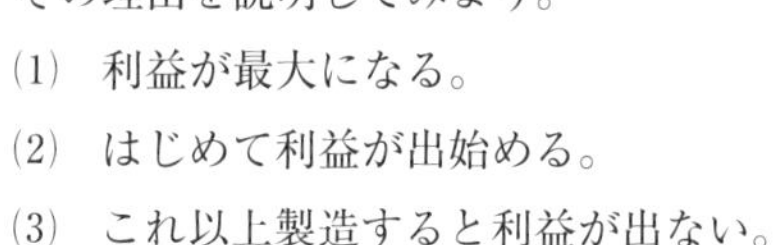

(1) 利益が最大になる。

(2) はじめて利益が出始める。

(3) これ以上製造すると利益が出ない。

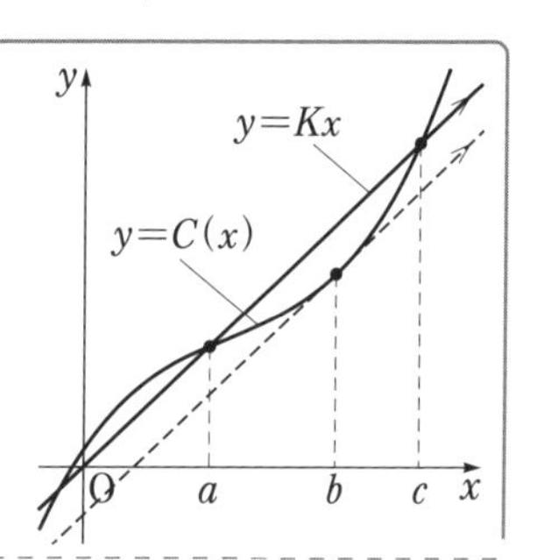

ガイド $y=C(x)$ と $y=Kx$ のグラフの位置関係を考える。

解答 $P(x)=Kx-C(x)$ であるから，$Kx>C(x)$ のとき，利益が出る。

(1) 直線 $y=Kx$ が $y=C(x)$ のグラフより上に最も離れているところであるから， $\boldsymbol{b}$

(2) はじめて直線 $y=Kx$ の方が $y=C(x)$ のグラフより上にくるところであるから， $\boldsymbol{a}$

(3) 直線 $y=Kx$ の方が $y=C(x)$ のグラフより下になると利益は出ないから， $\boldsymbol{c}$

$P'(x)=K-C'(x)$ であるから，$P'(x)=0$ のとき $K=C'(x)$ である。
よって，次のことがいえる。
$P(x)>0$ の範囲で，$C'(x)<K$ ならば x を増やせば利益が増え，
$C'(x)>K$ ならば x を増やせば利益は減る

Q 2　K の値を変化させると，利益 $P(x)$ を最大にする x の値はどのように変化するかを考えてみよう。

教科書 p.128

ガイド　K の値を変化させたときに，$K=C'(x)$ を満たす x の値がどのように変化するかを考える。

解答　（例）　K の値を 22 から増やすと，利益を最大にする x の値も増え，K の値を減らすと利益を最大にする x の値も減る。

社会の中で，数学が活用されていることが実感できるね。

第4章 積分法

第1節 不定積分

1 不定積分

問1 次の不定積分を求めよ。

教科書 p.131

(1) $\int \frac{1}{x^2} dx$　　(2) $\int x^{\frac{1}{3}} dx$

(3) $\int t\sqrt{t}\, dt$　　(4) $\int \frac{dx}{\sqrt[4]{x}}$

ガイド 関数 $f(x)$ に対して，x で微分すると $f(x)$ になる関数 $F(x)$，すなわち，

$$F'(x)=f(x)$$

となるような $F(x)$ を，$f(x)$ の**原始関数**という。

関数 $f(x)$ の原始関数は無数にあるが，$F(x)$ を $f(x)$ の原始関数の1つとすれば，どの原始関数も定数 C を用いて $F(x)+C$ の形に書ける。この任意の定数 C を含んだ $F(x)+C$ を $f(x)$ の**不定積分**といい，$\int f(x)\,dx$ で表す。すなわち，

$$\int f(x)\,dx=F(x)+C$$

関数 $f(x)$ の不定積分を求めることを $f(x)$ を**積分する**といい，$f(x)$ を**被積分関数**という。また，C を**積分定数**という。今後，特に断らなくても，文字 C は積分定数を表すものとする。

ここがポイント [x^α の不定積分]

$\alpha \neq -1$ のとき，$\int x^\alpha dx=\frac{1}{\alpha+1}x^{\alpha+1}+C$

$\alpha=-1$ のとき，$\int \frac{1}{x} dx=\log|x|+C$

$\int \frac{1}{f(x)} dx$ は，$\int \frac{dx}{f(x)}$ のように書くこともある。

解答 (1) $\int\frac{1}{x^2}dx=\int x^{-2}dx=\frac{1}{-2+1}x^{-2+1}+C$

$=-x^{-1}+C=\boldsymbol{-\frac{1}{x}+C}$

(2) $\int x^{\frac{1}{3}}dx=\frac{1}{\frac{1}{3}+1}x^{\frac{1}{3}+1}+C=\frac{3}{4}x^{\frac{4}{3}}+C=\boldsymbol{\frac{3}{4}x\sqrt[3]{x}+C}$

(3) $\int t\sqrt{t}\,dt=\int t^{\frac{3}{2}}dt=\frac{1}{\frac{3}{2}+1}t^{\frac{3}{2}+1}+C$

$=\frac{2}{5}t^{\frac{5}{2}}+C=\boldsymbol{\frac{2}{5}t^2\sqrt{t}+C}$

(4) $\int\frac{dx}{\sqrt[4]{x}}=\int x^{-\frac{1}{4}}dx=\frac{1}{-\frac{1}{4}+1}x^{-\frac{1}{4}+1}+C$

$=\frac{4}{3}x^{\frac{3}{4}}+C=\boldsymbol{\frac{4}{3}\sqrt[4]{x^3}+C}$

⚠注意　実際に問題を解く際には，答えの後ろに「(Cは積分定数)」などと書かなければならない。忘れやすいから，注意しよう。

問 2　次の不定積分を求めよ。

教科書 p.132

(1) $\int\frac{x^2-2x+2}{x}dx$　　(2) $\int\frac{\sqrt{x}+2}{x}dx$

(3) $\int\frac{t^2+t+1}{\sqrt{t}}dt$　　(4) $\int\left(x+\frac{1}{x}\right)^2dx$

ガイド

ここがポイント

[1] $\int kf(x)\,dx=k\int f(x)\,dx$　　ただし，k は定数

[2] $\int\{f(x)+g(x)\}\,dx=\int f(x)\,dx+\int g(x)\,dx$

[3] $\int\{f(x)-g(x)\}\,dx=\int f(x)\,dx-\int g(x)\,dx$

解答 (1) $\int\frac{x^2-2x+2}{x}dx=\int\left(x-2+\frac{2}{x}\right)dx=\int x\,dx-2\int dx+2\int\frac{1}{x}dx$

$=\boldsymbol{\frac{1}{2}x^2-2x+2\log|x|+C}$

第4章 積分法

(2) $$\int\frac{\sqrt{x}+2}{x}dx=\int\left(\frac{1}{\sqrt{x}}+\frac{2}{x}\right)dx=\int\frac{1}{\sqrt{x}}dx+2\int\frac{1}{x}dx$$
$$=\int x^{-\frac{1}{2}}dx+2\int\frac{1}{x}dx=2x^{\frac{1}{2}}+2\log|x|+C$$
$$=2\sqrt{x}+2\log|x|+C$$

被積分関数が $\frac{\sqrt{x}+2}{x}$ より，定義域は $x>0$ であるから，

$$\int\frac{\sqrt{x}+2}{x}dx=\boldsymbol{2\sqrt{x}+2\log x+C}$$

(3) $$\int\frac{t^2+t+1}{\sqrt{t}}dt=\int\left(t\sqrt{t}+\sqrt{t}+\frac{1}{\sqrt{t}}\right)dt$$
$$=\int t\sqrt{t}\,dt+\int\sqrt{t}\,dt+\int\frac{1}{\sqrt{t}}dt$$
$$=\int t^{\frac{3}{2}}dt+\int t^{\frac{1}{2}}dt+\int t^{-\frac{1}{2}}dt$$
$$=\frac{2}{5}t^{\frac{5}{2}}+\frac{2}{3}t^{\frac{3}{2}}+2t^{\frac{1}{2}}+C$$
$$=\boldsymbol{\frac{2}{5}t^2\sqrt{t}+\frac{2}{3}t\sqrt{t}+2\sqrt{t}+C}$$

(4) $$\int\left(x+\frac{1}{x}\right)^2dx=\int\left(x^2+2+\frac{1}{x^2}\right)dx=\int x^2dx+2\int dx+\int\frac{1}{x^2}dx$$
$$=\int x^2dx+2\int dx+\int x^{-2}dx=\boldsymbol{\frac{1}{3}x^3+2x-\frac{1}{x}+C}$$

問 3 次の不定積分を求めよ。

教科書 p.133

(1) $\int(4\cos x-\sin x)dx$　　(2) $\int\frac{3-\cos^3x}{\cos^2x}dx$

(3) $\int\frac{1}{\tan^2x}dx$

ガイド

ここがポイント **[三角関数の不定積分]**

$$\int\sin x\,dx=-\cos x+C \qquad \int\cos x\,dx=\sin x+C$$

$$\int\frac{1}{\cos^2x}dx=\tan x+C \qquad \int\frac{1}{\sin^2x}dx=-\frac{1}{\tan x}+C$$

解答 (1) $\displaystyle\int(4\cos x-\sin x)\,dx=\boldsymbol{4\sin x+\cos x+C}$

(2) $\displaystyle\int\frac{3-\cos^3 x}{\cos^2 x}\,dx=\int\left(\frac{3}{\cos^2 x}-\cos x\right)dx=\boldsymbol{3\tan x-\sin x+C}$

(3) $\displaystyle\int\frac{1}{\tan^2 x}\,dx=\int\frac{\cos^2 x}{\sin^2 x}\,dx=\int\frac{1-\sin^2 x}{\sin^2 x}\,dx=\int\left(\frac{1}{\sin^2 x}-1\right)dx$

$\displaystyle=\boldsymbol{-\frac{1}{\tan x}-x+C}$

問 4 次の不定積分を求めよ。

教科書 p.133

(1) $\displaystyle\int(2e^x-3^x)\,dx$　　(2) $\displaystyle\int(5^x+x^4)\,dx$

ガイド

ここがポイント **[指数関数の不定積分]**

$\displaystyle\int e^x\,dx=e^x+C$　　$\displaystyle\int a^x\,dx=\frac{a^x}{\log a}+C$

解答 (1) $\displaystyle\int(2e^x-3^x)\,dx=\boldsymbol{2e^x-\frac{3^x}{\log 3}+C}$

(2) $\displaystyle\int(5^x+x^4)\,dx=\boldsymbol{\frac{5^x}{\log 5}+\frac{1}{5}x^5+C}$

2 置換積分法と部分積分法

問 5 次の不定積分を求めよ。

教科書 p.134

(1) $\displaystyle\int(2x+1)^3\,dx$　(2) $\displaystyle\int\cos\left(3\theta+\frac{\pi}{6}\right)d\theta$　(3) $\displaystyle\int e^{-x+1}\,dx$

(4) $\displaystyle\int 3^{-x}\,dx$　(5) $\displaystyle\int\frac{dx}{(3x-1)^2}$　(6) $\displaystyle\int\sqrt{3-5t}\,dt$

ガイド

ここがポイント **[$f(ax+b)$ の不定積分]**

$F'(x)=f(x)$，$a\neq 0$ のとき，

$$\int f(ax+b)\,dx=\frac{1}{a}F(ax+b)+C$$

解答 (1) $\displaystyle\int(2x+1)^3\,dx=\frac{1}{2}\cdot\frac{1}{4}(2x+1)^4+C=\boldsymbol{\frac{1}{8}(2x+1)^4+C}$

(2) $\displaystyle\int\cos\left(3\theta+\frac{\pi}{6}\right)d\theta=\boldsymbol{\frac{1}{3}\sin\left(3\theta+\frac{\pi}{6}\right)+C}$

(3) $\displaystyle\int e^{-x+1}\,dx=\frac{1}{-1}\cdot e^{-x+1}+C=\boldsymbol{-e^{-x+1}+C}$

(4) $\displaystyle\int 3^{-x}\,dx=\frac{1}{-1}\cdot\frac{3^{-x}}{\log 3}+C=\boldsymbol{-\frac{3^{-x}}{\log 3}+C}$

(5) $\displaystyle\int\frac{dx}{(3x-1)^2}=\int(3x-1)^{-2}\,dx=\frac{1}{3}\cdot\frac{1}{-1}(3x-1)^{-1}+C$

$\displaystyle=\boldsymbol{-\frac{1}{3(3x-1)}+C}$

(6) $\displaystyle\int\sqrt{3-5t}\,dt=\int(3-5t)^{\frac{1}{2}}\,dt=\frac{1}{-5}\cdot\frac{2}{3}(3-5t)^{\frac{3}{2}}+C$

$\displaystyle=\boldsymbol{-\frac{2}{15}(3-5t)\sqrt{3-5t}+C}$

問 6 次の不定積分を求めよ。

教科書 **p.135**

(1) $\displaystyle\int x\sqrt{3-x}\,dx$ (2) $\displaystyle\int\frac{x}{\sqrt{x+1}}\,dx$

ガイド

ここがポイント **[置換積分法(1)]**

$$\int f(x)\,dx=\int f(g(t))g'(t)\,dt \quad \text{ただし，} x=g(t)$$

(1)は $\sqrt{3-x}=t$ とおき，(2)は $\sqrt{x+1}=t$ とおく。

解答 (1) $\sqrt{3-x}=t$ とおくと， $3-x=t^2$

$x=3-t^2$ であるから， $\dfrac{dx}{dt}=-2t$

よって，

$$\int x\sqrt{3-x}\,dx=\int(3-t^2)\cdot t\cdot(-2t)\,dt=2\int(t^4-3t^2)\,dt$$

$$=2\left(\frac{1}{5}t^5-t^3\right)+C=\frac{2}{5}(t^2-5)t^3+C$$

$$=\boldsymbol{-\frac{2}{5}(x+2)(3-x)\sqrt{3-x}+C}$$

(2) $\sqrt{x+1}=t$ とおくと， $x+1=t^2$

$x=t^2-1$ であるから，　$\dfrac{dx}{dt}=2t$

よって，

$$\int\frac{x}{\sqrt{x+1}}\,dx=\int\frac{t^2-1}{t}\cdot 2t\,dt=2\int(t^2-1)\,dt$$

$$=2\left(\frac{1}{3}t^3-t\right)+C=\frac{2}{3}(t^2-3)t+C$$

$$=\boldsymbol{\frac{2}{3}(x-2)\sqrt{x+1}+C}$$

問 7　次の不定積分を求めよ。

教科書 p.136

(1) $\displaystyle\int(3x^2+1)\sqrt{x^3+x}\,dx$　　(2) $\displaystyle\int\sin^2 x\cos x\,dx$

(3) $\displaystyle\int\frac{\log x}{x}\,dx$　　(4) $\displaystyle\int x^2e^{x^3}\,dx$

ガイド

ここがポイント [置換積分法(2)]

$$\int f(g(x))g'(x)\,dx=\int f(u)\,du \qquad \text{ただし，} g(x)=u$$

解答

(1)　$x^3+x=u$ とおくと，$\dfrac{du}{dx}=3x^2+1$ であるから，

$$\int(3x^2+1)\sqrt{x^3+x}\,dx=\int\sqrt{x^3+x}\cdot(3x^2+1)\,dx=\int\sqrt{u}\,du$$

$$=\frac{2}{3}u^{\frac{3}{2}}+C=\boldsymbol{\frac{2}{3}(x^3+x)\sqrt{x^3+x}+C}$$

(2)　$\sin x=u$ とおくと，$\dfrac{du}{dx}=\cos x$ であるから，

$$\int\sin^2 x\cos x\,dx=\int\sin^2 x\cdot\cos x\,dx=\int u^2\,du$$

$$=\frac{1}{3}u^3+C=\boldsymbol{\frac{1}{3}\sin^3 x+C}$$

(3) $\log x = u$ とおくと，$\dfrac{du}{dx} = \dfrac{1}{x}$ であるから，

$$\int \frac{\log x}{x} dx = \int \log x \cdot \underset{\sim\sim\sim}{\frac{1}{x} dx} = \int u \underset{\sim}{du} = \frac{1}{2}u^2 + C$$

$$= \boldsymbol{\frac{1}{2}(\log x)^2 + C}$$

(4) $x^3 = u$ とおくと，$\dfrac{du}{dx} = 3x^2$ であるから，

$$\int x^2 e^{x^3} dx = \frac{1}{3}\int e^{x^3} \cdot \underset{\sim\sim\sim}{3x^2 dx} = \frac{1}{3}\int e^u \underset{\sim}{du} = \frac{1}{3}e^u + C$$

$$= \boldsymbol{\frac{1}{3}e^{x^3} + C}$$

☐ **問 8** 次の不定積分を求めよ。

教科書 **p.137**

(1) $\displaystyle\int \frac{2x+1}{x^2+x-1} dx$　　(2) $\displaystyle\int \frac{1}{x\log x} dx$

ガイド

ここがポイント $\left[\dfrac{g'(x)}{g(x)}\text{ の不定積分}\right]$

$$\boldsymbol{\int \frac{g'(x)}{g(x)} dx = \log|g(x)| + C}$$

解答 (1) $\displaystyle\int \frac{2x+1}{x^2+x-1} dx = \int \frac{(x^2+x-1)'}{x^2+x-1} dx = \boldsymbol{\log|x^2+x-1| + C}$

(2) $\displaystyle\int \frac{1}{x\log x} dx = \int \frac{\frac{1}{x}}{\log x} dx = \int \frac{(\log x)'}{\log x} dx = \boldsymbol{\log|\log x| + C}$

☐ **問 9** 不定積分 $\displaystyle\int \frac{dx}{\tan x}$ を求めよ。

教科書 **p.137**

ガイド $\dfrac{1}{\tan x} = \dfrac{\cos x}{\sin x}$ と考える。

解答 $\displaystyle\int \frac{dx}{\tan x} = \int \frac{\cos x}{\sin x} dx = \int \frac{(\sin x)'}{\sin x} dx = \boldsymbol{\log|\sin x| + C}$

問10 次の不定積分を求めよ。

教科書 p.138

(1) $\int x\sin x\,dx$　　(2) $\int xe^{2x}dx$

ガイド

ここがポイント [部分積分法]

$$\int f(x)g'(x)dx=f(x)g(x)-\int f'(x)g(x)dx$$

(1)では $x\sin x=x(-\cos x)'$，(2)では $xe^{2x}=x\left(\frac{1}{2}e^{2x}\right)'$ と考えて，部分積分法を用いる。

解答 (1) $\int x\sin x\,dx=\int x(-\cos x)'dx=x(-\cos x)-\int(x)'(-\cos x)dx$

$$=-x\cos x+\int\cos x\,dx=\boldsymbol{-x\cos x+\sin x+C}$$

(2) $\int xe^{2x}dx=\int x\left(\frac{1}{2}e^{2x}\right)'dx=x\cdot\frac{1}{2}e^{2x}-\int(x)'\cdot\frac{1}{2}e^{2x}dx$

$$=\frac{1}{2}xe^{2x}-\frac{1}{2}\int e^{2x}dx=\frac{1}{2}xe^{2x}-\frac{1}{4}e^{2x}+C$$

$$=\boldsymbol{\frac{1}{4}e^{2x}(2x-1)+C}$$

問11 次の不定積分を求めよ。

教科書 p.139

(1) $\int\log 2x\,dx$　　(2) $\int x^2\log x\,dx$

ガイド (1)の $\log 2x$，(2)の $\log x$ は直接積分できないから，(1)では $\log 2x=(\log 2x)\cdot 1=(\log 2x)\cdot(x)'$，(2)では $x^2\log x=\left(\frac{1}{3}x^3\right)'\log x$ と考えて，部分積分法を用いる。

解答 (1) $\int\log 2x\,dx=\int(\log 2x)\cdot(x)'dx=(\log 2x)\cdot x-\int(\log 2x)'\cdot x\,dx$

$$=x\log 2x-\int\frac{2}{2x}\cdot x\,dx=x\log 2x-\int dx$$

$$=\boldsymbol{x\log 2x-x+C}$$

(2) $\int x^2\log x\,dx=\int\left(\frac{1}{3}x^3\right)'\log x dx$

$=\frac{1}{3}x^3\log x-\int\frac{1}{3}x^3(\log x)'dx$

$=\frac{1}{3}x^3\log x-\int\frac{1}{3}x^3\cdot\frac{1}{x}dx=\frac{1}{3}x^3\log x-\frac{1}{3}\int x^2dx$

$=\frac{1}{3}x^3\log x-\frac{1}{9}x^3+C=\boldsymbol{\frac{1}{9}x^3(3\log x-1)+C}$

☐ **問12** 不定積分 $\int x^2\sin x\,dx$ を求めよ。

教科書 p.139

ガイド 部分積分法を 2 回用いる。

解答 $\int x^2\sin x\,dx=\int x^2(-\cos x)'dx$

$=x^2(-\cos x)-\int(x^2)'(-\cos x)dx$

$=-x^2\cos x+2\int x\cos x\,dx$

$=-x^2\cos x+2\int x(\sin x)'dx$

$=-x^2\cos x+2\left\{x\sin x-\int(x)'\sin x\,dx\right\}$

$=-x^2\cos x+2x\sin x-2\int\sin x\,dx$

$=-x^2\cos x+2x\sin x+2\cos x+C$

$=\boldsymbol{2x\sin x-(x^2-2)\cos x+C}$

3 いろいろな関数の不定積分

☐ **問13** 次の不定積分を求めよ。

教科書 p.140

(1) $\int\frac{x^2+3x-4}{x+2}dx$　(2) $\int\frac{dx}{x^2-1}$　(3) $\int\frac{3x+4}{x^2+3x+2}dx$

ガイド $\dfrac{x-5}{(x+1)(x-2)}=\dfrac{2}{x+1}-\dfrac{1}{x-2}$ のように式変形することを**部分分数に分ける**という。

(1)　被積分関数の分子の次数を分母の次数より小さくする。

(2), (3)　被積分関数を部分分数に分ける。

解答 (1) $\displaystyle\int\frac{x^2+3x-4}{x+2}dx=\int\frac{(x+2)(x+1)-6}{x+2}dx=\int\left(x+1-\frac{6}{x+2}\right)dx$

$$=\boldsymbol{\frac{1}{2}x^2+x-6\log|x+2|+C}$$

(2) $\dfrac{1}{x^2-1}=\dfrac{1}{(x-1)(x+1)}$ より，

$\dfrac{1}{(x-1)(x+1)}=\dfrac{a}{x-1}+\dfrac{b}{x+1}$ とおき，分母を払うと，

$1=a(x+1)+b(x-1)$

$1=(a+b)x+a-b$

係数を比較して，　$a+b=0$，$a-b=1$

これより，　$a=\dfrac{1}{2}$，$b=-\dfrac{1}{2}$

よって，　$\displaystyle\int\frac{dx}{x^2-1}=\frac{1}{2}\int\left(\frac{1}{x-1}-\frac{1}{x+1}\right)dx$

$$=\frac{1}{2}(\log|x-1|-\log|x+1|)+C$$

$$=\boldsymbol{\frac{1}{2}\log\left|\frac{x-1}{x+1}\right|+C}$$

(3) $\dfrac{3x+4}{x^2+3x+2}=\dfrac{3x+4}{(x+1)(x+2)}$ より，

$\dfrac{3x+4}{(x+1)(x+2)}=\dfrac{a}{x+1}+\dfrac{b}{x+2}$ とおき，分母を払うと，

$3x+4=a(x+2)+b(x+1)$

$3x+4=(a+b)x+2a+b$

係数を比較して，　$a+b=3$，$2a+b=4$

これより，　$a=1$，$b=2$

よって，　$\displaystyle\int\frac{3x+4}{x^2+3x+2}dx=\int\left(\frac{1}{x+1}+\frac{2}{x+2}\right)dx$

$$=\log|x+1|+2\log|x+2|+C$$

$$=\boldsymbol{\log|x+1|(x+2)^2+C}$$

問14 次の不定積分を求めよ。

教科書 p.141

(1) $\int \sin^2 x\,dx$ (2) $\int \cos^2 2x\,dx$

ガイド 半角の公式 $\sin^2 x=\dfrac{1-\cos 2x}{2}$, $\cos^2 x=\dfrac{1+\cos 2x}{2}$ を利用する。

解答 (1) $\int \sin^2 x\,dx=\int \dfrac{1-\cos 2x}{2}\,dx$

$$=\frac{1}{2}\int(1-\cos 2x)\,dx=\boldsymbol{\frac{1}{2}x-\frac{1}{4}\sin 2x+C}$$

(2) $\int \cos^2 2x\,dx=\int \dfrac{1+\cos 4x}{2}\,dx$

$$=\frac{1}{2}\int(1+\cos 4x)\,dx=\boldsymbol{\frac{1}{2}x+\frac{1}{8}\sin 4x+C}$$

問15 次の不定積分を求めよ。

教科書 p.142

(1) $\int \cos 2x \sin x\,dx$ (2) $\int \sin x \sin 3x\,dx$

ガイド

ここがポイント [三角関数の積を和や差に直す公式]

1 $\sin\alpha\cos\beta=\dfrac{1}{2}\{\sin(\alpha+\beta)+\sin(\alpha-\beta)\}$

2 $\cos\alpha\sin\beta=\dfrac{1}{2}\{\sin(\alpha+\beta)-\sin(\alpha-\beta)\}$

3 $\cos\alpha\cos\beta=\dfrac{1}{2}\{\cos(\alpha+\beta)+\cos(\alpha-\beta)\}$

4 $\sin\alpha\sin\beta=-\dfrac{1}{2}\{\cos(\alpha+\beta)-\cos(\alpha-\beta)\}$

解答 (1) $\int \cos 2x \sin x\,dx=\int \dfrac{1}{2}(\sin 3x-\sin x)\,dx$

$$=\boldsymbol{-\frac{1}{6}\cos 3x+\frac{1}{2}\cos x+C}$$

(2) $\int \sin x \sin 3x\,dx=\int\left[-\dfrac{1}{2}\{\cos 4x-\cos(-2x)\}\right]dx$

$$=-\frac{1}{2}\int(\cos 4x-\cos 2x)\,dx$$

$$=\boldsymbol{-\frac{1}{8}\sin 4x+\frac{1}{4}\sin 2x+C}$$

問16　不定積分 $\int \sin^3 x\,dx$ を求めよ。

教科書 p.142

ガイド　$\sin^3 x=\sin^2 x\cdot\sin x=(1-\cos^2 x)\cdot\sin x$ と考えて，$\cos x=t$ とおく。

解答

$$\int \sin^3 x\,dx=\int \sin^2 x\cdot\sin x\,dx=\int (1-\cos^2 x)\cdot\sin x\,dx$$

$\cos x=t$ とおくと，　$\dfrac{dt}{dx}=-\sin x$

よって，　$\int \sin^3 x\,dx=\int (1-t^2)\cdot(-1)\,dt=\int (t^2-1)\,dt$

$$=\frac{1}{3}t^3-t+C=\boldsymbol{\frac{1}{3}\cos^3 x-\cos x+C}$$

問17　不定積分 $\int \dfrac{dx}{\cos x}$ を求めよ。

教科書 p.143

ガイド　$\dfrac{1}{\cos x}=\dfrac{\cos x}{\cos^2 x}=\dfrac{\cos x}{1-\sin^2 x}$ と考えて，$\sin x=t$ とおく。

解答

$$\int \frac{dx}{\cos x}=\int \frac{\cos x}{\cos^2 x}\,dx=\int \frac{\cos x}{1-\sin^2 x}\,dx$$

$\sin x=t$ とおくと，　$\dfrac{dt}{dx}=\cos x$

よって，　$\int \dfrac{dx}{\cos x}=\int \dfrac{1}{1-t^2}\,dt=\int \dfrac{-1}{(t+1)(t-1)}\,dt$

$$=\frac{1}{2}\int\left(\frac{1}{t+1}-\frac{1}{t-1}\right)dt$$

$$=\frac{1}{2}(\log|t+1|-\log|t-1|)+C$$

$$=\frac{1}{2}\log\left|\frac{t+1}{t-1}\right|+C$$

$$=\frac{1}{2}\log\left|\frac{\sin x+1}{\sin x-1}\right|+C=\boldsymbol{\frac{1}{2}\log\frac{1+\sin x}{1-\sin x}+C}$$

参考　$-1<\sin x<1$ より，$\sin x+1>0$，$\sin x-1<0$ であるから，

$$\left|\frac{\sin x+1}{\sin x-1}\right|=\frac{\sin x+1}{-(\sin x-1)}=\frac{1+\sin x}{1-\sin x}$$

節末問題

第1節｜不定積分

1 次の不定積分を求めよ。

教科書 p.144

(1) $\displaystyle\int\frac{(\sqrt{x}+2)^2}{x}dx$　(2) $\displaystyle\int\left(\frac{1}{\tan\theta}+1\right)\sin\theta\,d\theta$　(3) $\displaystyle\int e^x(e^{-x}+2)\,dx$

ガイド 問 2 の ここがポイント を利用する。

(2) $\dfrac{1}{\tan\theta}=\dfrac{\cos\theta}{\sin\theta}$ を用いる。

解答 (1) $\displaystyle\int\frac{(\sqrt{x}+2)^2}{x}dx=\int\frac{x+4\sqrt{x}+4}{x}dx=\int\left(1+\frac{4}{\sqrt{x}}+\frac{4}{x}\right)dx$

$$=\boldsymbol{x+8\sqrt{x}+4\log x+C}$$

(2) $\displaystyle\int\left(\frac{1}{\tan\theta}+1\right)\sin\theta\,d\theta=\int\left(\frac{\cos\theta}{\sin\theta}+1\right)\sin\theta\,d\theta$

$$=\int(\cos\theta+\sin\theta)\,d\theta=\boldsymbol{\sin\theta-\cos\theta+C}$$

(3) $\displaystyle\int e^x(e^{-x}+2)\,dx=\int(1+2e^x)\,dx=\boldsymbol{x+2e^x+C}$

2 次の不定積分を求めよ。

教科書 p.144

(1) $\displaystyle\int\sqrt{3x-1}\,dx$　(2) $\displaystyle\int\frac{\cos x}{\sin^2 x}dx$　(3) $\displaystyle\int\frac{e^x-e^{-x}}{e^x+e^{-x}}dx$

ガイド (1) 問 5 の ここがポイント を利用する。

(2) $\sin x=u$ とおいて，置換積分法を用いる。

(3) $(e^x+e^{-x})'=e^x-e^{-x}$ である。

解答 (1) $\displaystyle\int\sqrt{3x-1}\,dx=\frac{1}{3}\cdot\frac{2}{3}(3x-1)^{\frac{3}{2}}+C=\boldsymbol{\frac{2}{9}(3x-1)\sqrt{3x-1}+C}$

(2) $\sin x=u$ とおくと，$\dfrac{du}{dx}=\cos x$ であるから，

$$\int\frac{\cos x}{\sin^2 x}dx=\int\frac{1}{\sin^2 x}\cdot\cos x\,dx=\int\frac{1}{u^2}du=-\frac{1}{u}+C$$

$$=\boldsymbol{-\frac{1}{\sin x}+C}$$

(3) $\displaystyle\int\frac{e^x-e^{-x}}{e^x+e^{-x}}dx=\int\frac{(e^x+e^{-x})'}{e^x+e^{-x}}dx=\log|e^x+e^{-x}|+C$

$\displaystyle=\boldsymbol{\log(e^x+e^{-x})+C}$

3 次の不定積分を求めよ。

教科書 p. 144

(1) $\displaystyle\int(2x+1)\cos x\,dx$　(2) $\displaystyle\int\log(x-2)\,dx$　(3) $\displaystyle\int\frac{dx}{x^2+2x-3}$

ガイド (1)では $(2x+1)\cos x=(2x+1)(\sin x)'$，(2)では $\log(x-2)=1\cdot\log(x-2)=(x-2)'\log(x-2)$ と考えて，部分積分法を用いる。

(3) 被積分関数を部分分数に分けて考える。

解答 (1) $\displaystyle\int(2x+1)\cos x\,dx=\int(2x+1)(\sin x)'dx$

$\displaystyle=(2x+1)\sin x-\int(2x+1)'\sin x\,dx$

$\displaystyle=(2x+1)\sin x-\int 2\sin x\,dx$

$\boldsymbol{=(2x+1)\sin x+2\cos x+C}$

(2) $\displaystyle\int\log(x-2)\,dx=\int(x-2)'\log(x-2)\,dx$

$\displaystyle=(x-2)\log(x-2)-\int(x-2)\{\log(x-2)\}'dx$

$\displaystyle=(x-2)\log(x-2)-\int(x-2)\cdot\frac{1}{x-2}dx$

$\displaystyle=(x-2)\log(x-2)-\int dx$

$\boldsymbol{=(x-2)\log(x-2)-x+C}$

(3) $\displaystyle\frac{1}{x^2+2x-3}=\frac{1}{(x-1)(x+3)}$ より，

$\displaystyle\frac{1}{(x-1)(x+3)}=\frac{a}{x-1}+\frac{b}{x+3}$ とおき，分母を払うと，

$1=a(x+3)+b(x-1)$

$1=(a+b)x+(3a-b)$

係数を比較して，　$a+b=0$，$3a-b=1$

これより，　$a=\dfrac{1}{4}$，$b=-\dfrac{1}{4}$

よって，$\displaystyle\int\frac{dx}{x^2+2x-3}=\int\frac{1}{4}\left(\frac{1}{x-1}-\frac{1}{x+3}\right)dx$

$$=\frac{1}{4}(\log|x-1|-\log|x+3|)+C$$

$$=\boldsymbol{\frac{1}{4}\log\left|\frac{x-1}{x+3}\right|+C}$$

☐ **4**

教科書 p. 144

次の条件を満たす関数 $f(x)$ を求めよ。

$f'(x)=\cos 3x\cos x$，$f(0)=2$

ガイド $\cos 3x\cos x$ を三角関数の和の形に変形し，$f'(x)$ を積分してから，$f(0)=2$ より積分定数を定める。

解答▶ $f'(x)=\cos 3x\cos x=\dfrac{1}{2}(\cos 4x+\cos 2x)$

$$f(x)=\int f'(x)\,dx=\int\frac{1}{2}(\cos 4x+\cos 2x)\,dx$$

$$=\frac{1}{8}\sin 4x+\frac{1}{4}\sin 2x+C$$

$f(0)=2$ より，　$C=2$

よって，　$\boldsymbol{f(x)=\frac{1}{8}\sin 4x+\frac{1}{4}\sin 2x+2}$

☐ **5**

教科書 p. 144

不定積分 $\displaystyle\int\sin x\cos x\,dx$ を，次の(1)，(2)の 2 つの方法で求めよ。

(1) 2 倍角の公式を用いて，$\sin x\cos x=\dfrac{1}{2}\sin 2x$ と変形する。

(2) $\sin x=u$ とおいて，置換積分法を用いる。

ガイド 問題文の指示の通りに積分する。

解答▶ (1) $\displaystyle\int\sin x\cos x\,dx=\int\frac{1}{2}\sin 2x\,dx=\boldsymbol{-\frac{1}{4}\cos 2x+C}$

(2) $\sin x=u$ とおくと，$\dfrac{du}{dx}=\cos x$ であるから，

$$\int\sin x\cos x\,dx=\int u\,du=\frac{1}{2}u^2+C=\boldsymbol{\frac{1}{2}\sin^2 x+C}$$

参考　$-\frac{1}{4}\cos 2x+C=-\frac{1}{4}(1-2\sin^2 x)+C=\frac{1}{2}\sin^2 x-\frac{1}{4}+C$ であるから，(1)と(2)の答えは定数の違いだけである。

6　教科書 p.144

次の不定積分を求めよ。

(1) $\int x\sqrt{(2x-1)^3}\,dx$　(2) $\int \frac{dx}{x(\log x)^2}$　(3) $\int \frac{x-6}{x^2-9}\,dx$

(4) $\int x\sin^2 x\,dx$　(5) $\int (\log x)^2\,dx$　(6) $\int \frac{dx}{1-\cos x}$

ガイド　(3)　被積分関数を部分分数に分けて考える。

(4)　$\sin^2 x=\frac{1-\cos 2x}{2}$ を用いて被積分関数を変形し，部分積分法を用いる。

(5)　部分積分法を 2 回用いる。

(6)　$\frac{1}{1-\cos x}=\frac{1+\cos x}{1-\cos^2 x}=\frac{1}{\sin^2 x}+\frac{\cos x}{\sin^2 x}$

$\frac{\cos x}{\sin^2 x}$ の積分は，$\sin x=t$ とおいて考える。

解答　(1) $\int x\sqrt{(2x-1)^3}\,dx$

$$=\int x(2x-1)^{\frac{3}{2}}dx=\int x\cdot\left\{\frac{1}{2}\cdot\frac{2}{5}(2x-1)^{\frac{5}{2}}\right\}'dx$$

$$=x\cdot\frac{1}{5}(2x-1)^{\frac{5}{2}}-\frac{1}{5}\int(x)'(2x-1)^{\frac{5}{2}}dx$$

$$=\frac{1}{5}x(2x-1)^{\frac{5}{2}}-\frac{1}{5}\int(2x-1)^{\frac{5}{2}}dx$$

$$=\frac{1}{5}x(2x-1)^{\frac{5}{2}}-\frac{1}{5}\cdot\frac{1}{2}\cdot\frac{2}{7}(2x-1)^{\frac{7}{2}}+C$$

$$=\frac{1}{5}x(2x-1)^2\sqrt{2x-1}-\frac{1}{35}(2x-1)^3\sqrt{2x-1}+C$$

$$=\frac{1}{35}(2x-1)^2\sqrt{2x-1}\{7x-(2x-1)\}+C$$

$$=\boldsymbol{\frac{1}{35}(2x-1)^2(5x+1)\sqrt{2x-1}+C}$$

第4章　積分法

(2)　$\log x = t$ とおくと，$\dfrac{dt}{dx} = \dfrac{1}{x}$ であるから，

$$\int \frac{dx}{x(\log x)^2} = \int \frac{1}{(\log x)^2} \cdot \frac{1}{x}\,dx$$

$$= \int \frac{1}{t^2}\,dt$$

$$= -\frac{1}{t} + C = \boldsymbol{-\frac{1}{\log x} + C}$$

(3)　$\dfrac{x-6}{x^2-9} = \dfrac{x-6}{(x+3)(x-3)}$ より，

$\dfrac{x-6}{(x+3)(x-3)} = \dfrac{a}{x+3} + \dfrac{b}{x-3}$ とおき，分母を払うと，

$$x-6 = a(x-3) + b(x+3)$$

$$x-6 = (a+b)x + (-3a+3b)$$

係数を比較して，　$a+b=1$，$-3a+3b=-6$

これより，　$a = \dfrac{3}{2}$，$b = -\dfrac{1}{2}$

よって，　$\displaystyle\int \frac{x-6}{x^2-9}\,dx = \int \left(\frac{3}{2} \cdot \frac{1}{x+3} - \frac{1}{2} \cdot \frac{1}{x-3}\right) dx$

$$= \frac{3}{2}\log|x+3| - \frac{1}{2}\log|x-3| + C$$

$$= \boldsymbol{\frac{1}{2}\log\left|\frac{(x+3)^3}{x-3}\right| + C}$$

(4)　$\displaystyle\int x\sin^2 x\,dx = \int x \cdot \frac{1-\cos 2x}{2}\,dx = \frac{1}{2}\int (x - x\cos 2x)\,dx$

$$= \frac{1}{2}\int x\,dx - \frac{1}{2}\int x\cos 2x\,dx$$

$$= \frac{1}{2} \cdot \frac{1}{2}x^2 - \frac{1}{2}\int x\left(\frac{1}{2}\sin 2x\right)' dx$$

$$= \frac{1}{4}x^2 - \frac{1}{2}\left\{x \cdot \frac{1}{2}\sin 2x - \int (x)' \cdot \frac{1}{2}\sin 2x\,dx\right\}$$

$$= \frac{1}{4}x^2 - \frac{1}{2}\left(\frac{1}{2}x\sin 2x - \frac{1}{2}\int \sin 2x\,dx\right)$$

$$= \frac{1}{4}x^2 - \frac{1}{2}\left(\frac{1}{2}x\sin 2x + \frac{1}{4}\cos 2x\right) + C$$

$$= \boldsymbol{\frac{1}{4}x^2 - \frac{1}{4}x\sin 2x - \frac{1}{8}\cos 2x + C}$$

(5)
$$\int(\log x)^2 dx=\int(\log x)^2\cdot(x)' dx$$
$$=(\log x)^2\cdot x-\int\{(\log x)^2\}'\cdot x\,dx$$
$$=x(\log x)^2-\int 2(\log x)\cdot\frac{1}{x}\cdot x\,dx$$
$$=x(\log x)^2-2\int\log x\,dx$$
$$=x(\log x)^2-2\int(\log x)\cdot(x)' dx$$
$$=x(\log x)^2-2\left\{(\log x)\cdot x-\int(\log x)'\cdot x\,dx\right\}$$
$$=x(\log x)^2-2\left(x\log x-\int\frac{1}{x}\cdot x\,dx\right)$$
$$=x(\log x)^2-2\left(x\log x-\int dx\right)$$
$$=x(\log x)^2-2(x\log x-x)+C$$
$$=\boldsymbol{x(\log x)^2-2x\log x+2x+C}$$

(6)
$$\int\frac{dx}{1-\cos x}=\int\frac{1+\cos x}{(1-\cos x)(1+\cos x)}dx=\int\frac{1+\cos x}{1-\cos^2 x}dx$$
$$=\int\frac{1+\cos x}{\sin^2 x}dx=\int\left(\frac{1}{\sin^2 x}+\frac{\cos x}{\sin^2 x}\right)dx$$

$$\int\frac{1}{\sin^2 x}dx=-\frac{1}{\tan x}+C_1$$

$\sin x=t$ とおくと，$\dfrac{dt}{dx}=\cos x$ であるから，

$$\int\frac{\cos x}{\sin^2 x}dx=\int\frac{1}{t^2}dt=-\frac{1}{t}+C_2=-\frac{1}{\sin x}+C_2$$

よって，

$$\int\frac{dx}{1-\cos x}=\boldsymbol{-\frac{1}{\tan x}-\frac{1}{\sin x}+C}\ \left(\boldsymbol{=-\frac{1+\cos x}{\sin x}+C}\right)$$

いろいろな積分法があるね。
しっかりと練習しよう！
計算に慣れてきたら，手順を省いてもいいよ。

第2節 定積分

1 定積分

問18 次の定積分を求めよ。

教科書 p.145

(1) $\displaystyle\int_1^3 \frac{dx}{x^2}$ (2) $\displaystyle\int_{-3}^{-1} \frac{dx}{x}$ (3) $\displaystyle\int_0^{\frac{\pi}{4}} \tan x\,dx$

ガイド

ここがポイント **[定積分]**

関数 $f(x)$ の原始関数の1つを $F(x)$ とすると，

$$\int_a^b f(x)\,dx=\Big[F(x)\Big]_a^b=F(b)-F(a)$$

解答

(1) $\displaystyle\int_1^3 \frac{dx}{x^2}=\left[-\frac{1}{x}\right]_1^3=-\frac{1}{3}-(-1)=\boldsymbol{\frac{2}{3}}$

(2) $\displaystyle\int_{-3}^{-1} \frac{dx}{x}=\Big[\log|x|\Big]_{-3}^{-1}=\log 1-\log 3=\boldsymbol{-\log 3}$

(3) $\displaystyle\int_0^{\frac{\pi}{4}} \tan x\,dx=\int_0^{\frac{\pi}{4}} \frac{\sin x}{\cos x}\,dx=\int_0^{\frac{\pi}{4}} \left\{-\frac{(\cos x)'}{\cos x}\right\}dx=\Big[-\log|\cos x|\Big]_0^{\frac{\pi}{4}}$

$\displaystyle=-\log\frac{\sqrt{2}}{2}-(-\log 1)=-\log 2^{-\frac{1}{2}}=\boldsymbol{\frac{1}{2}\log 2}$

慣れないうちは $F(b)-F(a)$ の計算も1つ1つの項を書いて計算しよう。

問19 次の定積分を求めよ。

教科書 p.146

(1) $\displaystyle\int_1^3 \sqrt{x+1}\,dx$ (2) $\displaystyle\int_0^{\pi} \cos^2 x\,dx$

(3) $\displaystyle\int_0^{\frac{\pi}{2}} \cos\theta\cos 2\theta\,d\theta$ (4) $\displaystyle\int_0^1 (e^x-e^{-x})\,dx$

ガイド

ここがポイント

[1] $\displaystyle\int_a^b \{kf(x)+\ell g(x)\}\,dx = k\int_a^b f(x)\,dx + \ell\int_a^b g(x)\,dx$

ただし，k，ℓ は定数

[2] $\displaystyle\int_a^a f(x)\,dx = 0$

[3] $\displaystyle\int_b^a f(x)\,dx = -\int_a^b f(x)\,dx$

[4] $\displaystyle\int_a^b f(x)\,dx = \int_a^c f(x)\,dx + \int_c^b f(x)\,dx$

解答

(1) $\displaystyle\int_1^3 \sqrt{x+1}\,dx = \int_1^3 (x+1)^{\frac{1}{2}}dx = \left[\frac{2}{3}(x+1)^{\frac{3}{2}}\right]_1^3$

$\displaystyle = \frac{2}{3}(8-2\sqrt{2}) = \boldsymbol{\frac{4}{3}(4-\sqrt{2})}$

(2) $\displaystyle\int_0^{\pi} \cos^2 x\,dx = \int_0^{\pi} \frac{1+\cos 2x}{2}\,dx = \left[\frac{1}{2}x + \frac{1}{4}\sin 2x\right]_0^{\pi} = \boldsymbol{\frac{\pi}{2}}$

(3) $\displaystyle\int_0^{\frac{\pi}{2}} \cos\theta\cos 2\theta\,d\theta = \int_0^{\frac{\pi}{2}} \frac{1}{2}\{\cos 3\theta + \cos(-\theta)\}\,d\theta$

$\displaystyle = \int_0^{\frac{\pi}{2}} \frac{1}{2}(\cos 3\theta + \cos\theta)\,d\theta$

$\displaystyle = \frac{1}{2}\int_0^{\frac{\pi}{2}} \cos 3\theta\,d\theta + \frac{1}{2}\int_0^{\frac{\pi}{2}} \cos\theta\,d\theta$

$\displaystyle = \frac{1}{2}\left[\frac{1}{3}\sin 3\theta\right]_0^{\frac{\pi}{2}} + \frac{1}{2}\left[\sin\theta\right]_0^{\frac{\pi}{2}} = \boldsymbol{\frac{1}{3}}$

(4) $\displaystyle\int_0^1 (e^x - e^{-x})\,dx = \int_0^1 e^x dx - \int_0^1 e^{-x} dx$

$\displaystyle = \left[e^x\right]_0^1 - \left[-e^{-x}\right]_0^1 = \boldsymbol{e + \frac{1}{e} - 2}$

問20 次の定積分を求めよ。

教科書 p.146

(1) $\displaystyle\int_0^{2\pi} |\sin x|\,dx$　　(2) $\displaystyle\int_1^9 |\sqrt{x} - 2|\,dx$

第4章 積分法

ガイド (1) $0 \leqq x \leqq \pi$ のとき, $|\sin x| = \sin x$

$\pi \leqq x \leqq 2\pi$ のとき, $|\sin x| = -\sin x$

(2) $1 \leqq x \leqq 4$ のとき, $|\sqrt{x} - 2| = 2 - \sqrt{x}$

$4 \leqq x \leqq 9$ のとき, $|\sqrt{x} - 2| = \sqrt{x} - 2$

解答 (1) $\displaystyle\int_0^{2\pi} |\sin x| dx = \int_0^{\pi} \sin x\, dx + \int_{\pi}^{2\pi} (-\sin x) dx$

$$= \Big[-\cos x\Big]_0^{\pi} + \Big[\cos x\Big]_{\pi}^{2\pi} = \mathbf{4}$$

(2) $\displaystyle\int_1^9 |\sqrt{x} - 2| dx = \int_1^4 (2 - \sqrt{x}) dx + \int_4^9 (\sqrt{x} - 2) dx$

$$= \left[2x - \frac{2}{3}x^{\frac{3}{2}}\right]_1^4 + \left[\frac{2}{3}x^{\frac{3}{2}} - 2x\right]_4^9 = \mathbf{4}$$

☐ **問21** 次の定積分を求めよ。

教科書 **p.147** (1) $\displaystyle\int_0^3 (5x+2)\sqrt{x+1}\, dx$ (2) $\displaystyle\int_e^{e^2} \frac{dx}{x(\log x)^2}$ (3) $\displaystyle\int_0^{\frac{\pi}{2}} \sin^4 x \cos x\, dx$

ガイド

ここがポイント **[定積分の置換積分法]**

$x = g(t)$ とおくとき, $a = g(\alpha)$, $b = g(\beta)$ ならば,

$$\int_a^b f(x) dx = \int_{\alpha}^{\beta} f(g(t))g'(t) dt$$

x	$a \to b$
t	$\alpha \to \beta$

(3) $\sin x = t$ とおき, $\dfrac{dt}{dx}$ を求めて, dx を dt に変換する。

解答 (1) $x + 1 = t$ とおくと, $x = t - 1$ より, $\dfrac{dx}{dt} = 1$

x	$0 \to 3$
t	$1 \to 4$

$$\int_0^3 (5x+2)\sqrt{x+1}\, dx = \int_1^4 (5t-3) \cdot \sqrt{t}\, dt$$

$$= \int_1^4 (5t^{\frac{3}{2}} - 3t^{\frac{1}{2}}) dt = \left[2t^{\frac{5}{2}} - 2t^{\frac{3}{2}}\right]_1^4 = \mathbf{48}$$

(2) $\log x = t$ とおくと, $x = e^t$ より, $\dfrac{dx}{dt} = e^t$

x	$e \to e^2$
t	$1 \to 2$

$$\int_e^{e^2} \frac{dx}{x(\log x)^2} = \int_1^2 \frac{1}{e^t \cdot t^2} \cdot e^t dt = \int_1^2 \frac{dt}{t^2}$$

$$= \left[-\frac{1}{t}\right]_1^2 = \mathbf{\frac{1}{2}}$$

(3)　$\sin x=t$ とおくと，　$\dfrac{dt}{dx}=\cos x$

x	$0\to\dfrac{\pi}{2}$
t	$0\to 1$

$$\int_0^{\frac{\pi}{2}}\sin^4 x\cos x\,dx=\int_0^1 t^4dt=\left[\frac{1}{5}t^5\right]_0^1=\mathbf{\frac{1}{5}}$$

問22　次の定積分を求めよ。

教科書 p.148

(1)　$\displaystyle\int_0^1\sqrt{4-x^2}\,dx$　　(2)　$\displaystyle\int_{-3}^3\sqrt{9-x^2}\,dx$

ガイド　(1)では $x=2\sin\theta$，(2)では $x=3\sin\theta$ とおく。

解答　(1)　$x=2\sin\theta$ とおくと，　$\dfrac{dx}{d\theta}=2\cos\theta$

x	$0\to 1$
θ	$0\to\dfrac{\pi}{6}$

$$\sqrt{4-x^2}=\sqrt{4(1-\sin^2\theta)}=2\sqrt{\cos^2\theta}$$

$0\leqq\theta\leqq\dfrac{\pi}{6}$ のとき，$\cos\theta>0$ より，

$$2\sqrt{\cos^2\theta}=2\cos\theta$$

よって，

$$\int_0^1\sqrt{4-x^2}\,dx=\int_0^{\frac{\pi}{6}}2\cos\theta\cdot2\cos\theta\,d\theta=4\int_0^{\frac{\pi}{6}}\cos^2\theta\,d\theta$$

$$=4\int_0^{\frac{\pi}{6}}\frac{1+\cos2\theta}{2}d\theta=2\left[\theta+\frac{1}{2}\sin2\theta\right]_0^{\frac{\pi}{6}}$$

$$=\mathbf{\frac{\pi}{3}+\frac{\sqrt{3}}{2}}$$

(2)　$x=3\sin\theta$ とおくと，　$\dfrac{dx}{d\theta}=3\cos\theta$

x	$-3\to 3$
θ	$-\dfrac{\pi}{2}\to\dfrac{\pi}{2}$

$$\sqrt{9-x^2}=\sqrt{9(1-\sin^2\theta)}=3\sqrt{\cos^2\theta}$$

$-\dfrac{\pi}{2}\leqq\theta\leqq\dfrac{\pi}{2}$ のとき，$\cos\theta\geqq0$ より，

$$3\sqrt{\cos^2\theta}=3\cos\theta$$

よって，

$$\int_{-3}^3\sqrt{9-x^2}\,dx=\int_{-\frac{\pi}{2}}^{\frac{\pi}{2}}3\cos\theta\cdot3\cos\theta\,d\theta=9\int_{-\frac{\pi}{2}}^{\frac{\pi}{2}}\cos^2\theta\,d\theta$$

$$=9\int_{-\frac{\pi}{2}}^{\frac{\pi}{2}}\frac{1+\cos2\theta}{2}d\theta=\frac{9}{2}\left[\theta+\frac{1}{2}\sin2\theta\right]_{-\frac{\pi}{2}}^{\frac{\pi}{2}}$$

$$=\mathbf{\frac{9}{2}\pi}$$

問23 定積分 $\displaystyle\int_0^3 \frac{dx}{\sqrt{36-x^2}}$ を求めよ。

教科書 p.148

ガイド $x=6\sin\theta$ とおいて，置換積分法を用いる。

解答 $x=6\sin\theta$ とおくと， $\dfrac{dx}{d\theta}=6\cos\theta$

x	$0 \to 3$
θ	$0 \to \dfrac{\pi}{6}$

$$\sqrt{36-x^2}=\sqrt{6^2(1-\sin^2\theta)}=6\sqrt{\cos^2\theta}$$

$0 \leqq \theta \leqq \dfrac{\pi}{6}$ のとき，$\cos\theta>0$ より，

$$6\sqrt{\cos^2\theta}=6\cos\theta$$

よって，

$$\int_0^3 \frac{dx}{\sqrt{36-x^2}}=\int_0^{\frac{\pi}{6}} \frac{1}{6\cos\theta}\cdot 6\cos\theta\, d\theta=\int_0^{\frac{\pi}{6}} d\theta=\Big[\theta\Big]_0^{\frac{\pi}{6}}=\boldsymbol{\frac{\pi}{6}}$$

問24 次の定積分を求めよ。

教科書 p.149

(1) $\displaystyle\int_{-1}^{\sqrt{3}} \frac{dx}{x^2+1}$ (2) $\displaystyle\int_0^2 \frac{dx}{x^2+4}$

ガイド (1)では $x=\tan\theta$，(2)では $x=2\tan\theta$ とおく。

解答 (1) $x=\tan\theta$ とおくと， $\dfrac{dx}{d\theta}=\dfrac{1}{\cos^2\theta}$

x	$-1 \to \sqrt{3}$
θ	$-\dfrac{\pi}{4} \to \dfrac{\pi}{3}$

$$\frac{1}{x^2+1}=\frac{1}{\tan^2\theta+1}=\cos^2\theta$$

よって，

$$\int_{-1}^{\sqrt{3}} \frac{dx}{x^2+1}=\int_{-\frac{\pi}{4}}^{\frac{\pi}{3}} \cos^2\theta\cdot\frac{d\theta}{\cos^2\theta}=\int_{-\frac{\pi}{4}}^{\frac{\pi}{3}} d\theta=\Big[\theta\Big]_{-\frac{\pi}{4}}^{\frac{\pi}{3}}=\boldsymbol{\frac{7}{12}\pi}$$

(2) $x=2\tan\theta$ とおくと， $\dfrac{dx}{d\theta}=\dfrac{2}{\cos^2\theta}$

x	$0 \to 2$
θ	$0 \to \dfrac{\pi}{4}$

$$\frac{1}{x^2+4}=\frac{1}{4\tan^2\theta+4}=\frac{1}{4(\tan^2\theta+1)}$$
$$=\frac{1}{4}\cos^2\theta$$

よって，

$$\int_0^2 \frac{dx}{x^2+4}=\int_0^{\frac{\pi}{4}} \frac{1}{4}\cos^2\theta\cdot\frac{2}{\cos^2\theta}\, d\theta=\frac{1}{2}\int_0^{\frac{\pi}{4}} d\theta=\frac{1}{2}\Big[\theta\Big]_0^{\frac{\pi}{4}}=\boldsymbol{\frac{\pi}{8}}$$

問25　教科書 p.150 の[1]の証明にならって，下の[2]を証明せよ。

教科書 p.150

ガイド　$f(-x)=f(x)$ を満たす関数 $f(x)$ を**偶関数**という。
偶関数 $y=f(x)$ のグラフは y 軸に関して対称である。
$f(-x)=-f(x)$ を満たす関数 $f(x)$ を**奇関数**という。
奇関数 $y=f(x)$ のグラフは原点に関して対称である。

ここがポイント **[偶関数・奇関数の定積分]**

[1] **$f(x)$ が偶関数のとき，** $\displaystyle\int_{-a}^{a}f(x)\,dx=2\int_{0}^{a}f(x)\,dx$

[2] **$f(x)$ が奇関数のとき，** $\displaystyle\int_{-a}^{a}f(x)\,dx=0$

解答

$$\int_{-a}^{a}f(x)\,dx=\int_{-a}^{0}f(x)\,dx+\int_{0}^{a}f(x)\,dx$$

ここで，$x=-t$ とおくと，　$\dfrac{dx}{dt}=-1$

x	$-a\to0$
t	$a\to0$

また，$f(x)$ は奇関数であるから，$f(-t)=-f(t)$ より，

$$\int_{-a}^{0}f(x)\,dx=\int_{a}^{0}f(-t)\cdot(-1)\,dt=\int_{0}^{a}f(-t)\,dt$$

$$=-\int_{0}^{a}f(t)\,dt=-\int_{0}^{a}f(x)\,dx$$

よって，　$\displaystyle\int_{-a}^{a}f(x)\,dx=0$

問26　次の定積分を求めよ。

教科書 p.150

(1) $\displaystyle\int_{-1}^{1}(x^3+3x^2-x+4)\,dx$　　(2) $\displaystyle\int_{-2}^{2}x\sqrt{4-x^2}\,dx$

(3) $\displaystyle\int_{-\frac{\pi}{2}}^{\frac{\pi}{2}}\sin^3x\cos x\,dx$　　(4) $\displaystyle\int_{-1}^{1}(e^x+e^{-x})\,dx$

ガイド　被積分関数が偶関数なのか奇関数なのかを考えて，計算を簡単にして求める。

第4章 積分法

解答 (1) $f_1(x)=x^3$, $f_2(x)=-x$ は奇関数, $g_1(x)=3x^2$, $g_2(x)=4$ は偶関数であるから,

$$\int_{-1}^{1}(x^3+3x^2-x+4)\,dx=\int_{-1}^{1}(3x^2+4)\,dx=2\int_0^1(3x^2+4)\,dx$$
$$=2\Big[x^3+4x\Big]_0^1=\mathbf{10}$$

(2) $(-x)\sqrt{4-(-x)^2}=-x\sqrt{4-x^2}$ より, $f(x)=x\sqrt{4-x^2}$ は奇関数であるから,

$$\int_{-2}^{2}x\sqrt{4-x^2}\,dx=\mathbf{0}$$

(3) $\sin^3(-x)\cos(-x)=-\sin^3 x\cos x$ より, $f(x)=\sin^3 x\cos x$ は奇関数であるから,

$$\int_{-\frac{\pi}{2}}^{\frac{\pi}{2}}\sin^3 x\cos x\,dx=\mathbf{0}$$

(4) $e^{(-x)}+e^{-(-x)}=e^{-x}+e^x=e^x+e^{-x}$ より, $f(x)=e^x+e^{-x}$ は偶関数であるから,

$$\int_{-1}^{1}(e^x+e^{-x})\,dx=2\int_0^1(e^x+e^{-x})\,dx=2\Big[e^x-e^{-x}\Big]_0^1$$
$$=\mathbf{2\left(e-\frac{1}{e}\right)}$$

問27 部分積分法を用いて, 次の定積分を求めよ。

教科書 p.151

(1) $\int_a^b(x-a)(x-b)^2dx$ (2) $\int_0^1 x(x-1)^4dx$

ガイド

ここがポイント **[定積分の部分積分法]**

$$\int_a^b f(x)g'(x)\,dx=\Big[f(x)g(x)\Big]_a^b-\int_a^b f'(x)g(x)\,dx$$

解答 (1) $\int_a^b(x-a)(x-b)^2dx=\int_a^b(x-a)\left\{\frac{1}{3}(x-b)^3\right\}'dx$

$$=\left[(x-a)\cdot\frac{1}{3}(x-b)^3\right]_a^b-\int_a^b 1\cdot\frac{1}{3}(x-b)^3dx$$
$$=-\frac{1}{3}\left[\frac{1}{4}(x-b)^4\right]_a^b=\mathbf{\frac{1}{12}(a-b)^4}$$

(2) $\displaystyle\int_0^1 x(x-1)^4dx=\int_0^1 x\left\{\frac{1}{5}(x-1)^5\right\}'dx$

$\displaystyle=\left[x\cdot\frac{1}{5}(x-1)^5\right]_0^1-\int_0^1 1\cdot\frac{1}{5}(x-1)^5dx$

$\displaystyle=-\frac{1}{5}\left[\frac{1}{6}(x-1)^6\right]_0^1=\mathbf{\frac{1}{30}}$

問28 次の定積分を求めよ。

教科書 p.151

(1) $\displaystyle\int_0^{\pi} x\cos x\,dx$　　(2) $\displaystyle\int_0^1 xe^{-x}dx$　　(3) $\displaystyle\int_1^{e^2}\log x\,dx$

ガイド 定積分の部分積分法を利用する。

(3)は，$\log x=(\log x)\cdot 1=(\log x)\cdot(x)'$ と考える。

解答 (1) $\displaystyle\int_0^{\pi} x\cos x\,dx=\int_0^{\pi} x(\sin x)'dx$

$\displaystyle=\Big[x\sin x\Big]_0^{\pi}-\int_0^{\pi}1\cdot\sin x\,dx$

$\displaystyle=-\Big[-\cos x\Big]_0^{\pi}=-\{1-(-1)\}=\mathbf{-2}$

(2) $\displaystyle\int_0^1 xe^{-x}dx=\int_0^1 x(-e^{-x})'dx$

$\displaystyle=\Big[-xe^{-x}\Big]_0^1-\int_0^1 1\cdot(-e^{-x})\,dx$

$\displaystyle=-\frac{1}{e}+\int_0^1 e^{-x}dx=-\frac{1}{e}+\Big[-e^{-x}\Big]_0^1$

$\displaystyle=-\frac{1}{e}+\left\{-\frac{1}{e}-(-1)\right\}=\mathbf{1-\frac{2}{e}}$

(3) $\displaystyle\int_1^{e^2}\log x\,dx=\int_1^{e^2}(\log x)\cdot(x)'dx$

$\displaystyle=\Big[(\log x)\cdot x\Big]_1^{e^2}-\int_1^{e^2}\frac{1}{x}\cdot x\,dx$

$\displaystyle=2e^2-\Big[x\Big]_1^{e^2}=2e^2-(e^2-1)=\mathbf{e^2+1}$

問29 次の等式を満たす関数 $f(x)$ を求めよ。

教科書 p.153

(1) $f(x)=x+\int_0^1 e^t f(t)\,dt$

(2) $f(x)=\sin x-\int_0^{\frac{\pi}{2}} f(t)\cos t\,dt$

ガイド 定積分の項は定数であるから，k とおいて考える。

解答 (1) $\int_0^1 e^t f(t)\,dt$ は定数であるから，

$$\int_0^1 e^t f(t)\,dt=k\ (k \text{は定数}) \quad \cdots\cdots ①$$

とおくと，$f(x)=x+k$ となる。

これを①へ代入して，

$$k=\int_0^1 e^t f(t)\,dt=\int_0^1 e^t(t+k)\,dt=\int_0^1 te^t\,dt+k\int_0^1 e^t\,dt$$

$$=\Big[te^t\Big]_0^1-\int_0^1 e^t\,dt+k\Big[e^t\Big]_0^1=e-\Big[e^t\Big]_0^1+k(e-1)$$

$$=e-(e-1)+k(e-1)=(e-1)k+1$$

したがって，$k=(e-1)k+1$ より，　$k=-\dfrac{1}{e-2}$

よって，　$\boldsymbol{f(x)=x-\dfrac{1}{e-2}}$

(2) $\int_0^{\frac{\pi}{2}} f(t)\cos t\,dt$ は定数であるから，

$$\int_0^{\frac{\pi}{2}} f(t)\cos t\,dt=k\ (k \text{は定数}) \quad \cdots\cdots ①$$

とおくと，$f(x)=\sin x-k$ となる。

これを①へ代入して，

$$k=\int_0^{\frac{\pi}{2}} f(t)\cos t\,dt=\int_0^{\frac{\pi}{2}}(\sin t-k)\cos t\,dt$$

$$=\int_0^{\frac{\pi}{2}}\sin t\cos t\,dt-k\int_0^{\frac{\pi}{2}}\cos t\,dt$$

$$=\int_0^{\frac{\pi}{2}}\frac{1}{2}\sin 2t\,dt-k\Big[\sin t\Big]_0^{\frac{\pi}{2}}=\Big[-\frac{1}{4}\cos 2t\Big]_0^{\frac{\pi}{2}}-k$$

$$=\left\{\frac{1}{4}-\left(-\frac{1}{4}\right)\right\}-k=\frac{1}{2}-k$$

したがって，$k=\frac{1}{2}-k$ より，　$k=\frac{1}{4}$

よって，　$\boldsymbol{f(x)=\sin x-\frac{1}{4}}$

参考 $\int_0^{\frac{\pi}{2}}(\sin t-k)\cos t\,dt$ の計算は次のようにしてもよい。

$$\int_0^{\frac{\pi}{2}}(\sin t-k)\cos t\,dt=\left[\frac{1}{2}(\sin t-k)^2\right]_0^{\frac{\pi}{2}}$$

$$=\frac{1}{2}(1-k)^2-\frac{1}{2}k^2=\frac{1}{2}-k$$

2 定積分で表された関数の微分

問30 関数 $\int_2^x(te^t-2)\,dt$ を x について微分せよ。

教科書 p.154

ガイド

ここがポイント **[定積分と微分]**

a が定数のとき，　$\boldsymbol{\frac{d}{dx}\int_a^x f(t)\,dt=f(x)}$

解答 $\frac{d}{dx}\int_2^x(te^t-2)\,dt=\boldsymbol{xe^x-2}$

問31 関数 $G(x)=\int_2^x(x-t)e^t dt$ を x について微分せよ。

教科書 p.154

ガイド t についての定積分 $\int_2^x(x-t)e^t dt$ では，x は定数として扱う。

解答

$$G(x)=\int_2^x(x-t)e^t dt$$

$$=\int_2^x xe^t dt-\int_2^x te^t dt$$

$$=x\int_2^x e^t dt-\int_2^x te^t dt$$

であるから，

$$G'(\boldsymbol{x})=\underset{\sim\sim\sim\sim\sim\sim\sim\sim}{\frac{d}{dx}\left(x\int_2^x e^t dt\right)}-\frac{d}{dx}\int_2^x te^t dt$$

$$=\underset{\sim\sim\sim\sim\sim\sim\sim\sim\sim\sim\sim\sim}{1\cdot\int_2^x e^t dt+x\cdot\frac{d}{dx}\int_2^x e^t dt}-xe^x$$

$$=\Big[e^t\Big]_2^x+xe^x-xe^x=\boldsymbol{e^x-e^2}$$

問32

次の等式を満たす関数 $f(x)$ と定数 a の値を求めよ。

教科書 p.155

$$\int_2^x f(t)\,dt=x^2e^{-x}+a$$

ガイド 与えられた等式の両辺を x で微分して，$f(x)$ を求める。また，a の値を求めるには，与えられた等式の両辺に $x=2$ を代入し，

$\int_2^2 f(t)\,dt=0$ を利用する。

解答 両辺を x で微分すると，

$$\boldsymbol{f(x)}=2xe^{-x}-x^2e^{-x}=\boldsymbol{x(2-x)e^{-x}}$$

また，与えられた等式に $x=2$ を代入すると，

$$\int_2^2 f(t)\,dt=\frac{4}{e^2}+a$$

$\int_2^2 f(t)\,dt=0$ より，　$\boldsymbol{a=-\frac{4}{e^2}}$

問33

関数 $\int_0^{3x} t^2e^t dt$ を x について微分せよ。

教科書 p.155

ガイド $F'(t)=t^2e^t$ とおく。

解答 $F'(t)=t^2e^t$ とおくと，

$$\int_0^{3x} t^2e^t dt=\Big[F(t)\Big]_0^{3x}=F(3x)-F(0)$$

よって，

$$\frac{d}{dx}\int_0^{3x} t^2e^t dt=\frac{d}{dx}\{F(3x)-F(0)\}=F'(3x)\cdot(3x)'$$

$$=(9x^2e^{3x})\cdot3=\boldsymbol{27x^2e^{3x}}$$

3 区分求積法と定積分

問34 次の極限値を求めよ。

教科書 p.158

(1) $\displaystyle\lim_{n\to\infty}\frac{\sqrt{1}+\sqrt{2}+\cdots\cdots+\sqrt{n}}{n\sqrt{n}}$　　(2) $\displaystyle\lim_{n\to\infty}\frac{1}{n}\sum_{k=1}^{n}\sin\frac{k\pi}{n}$

ガイド 長方形の面積の和の極限として面積を求める方法を**区分求積法**という。これは，積分の考えが生まれたもとになっている。

ここがポイント [和の極限と定積分]

1 $\displaystyle\lim_{n\to\infty}\frac{1}{n}\left\{f\left(\frac{1}{n}\right)+f\left(\frac{2}{n}\right)+\cdots\cdots+f\left(\frac{n}{n}\right)\right\}=\lim_{n\to\infty}\frac{1}{n}\sum_{k=1}^{n}f\left(\frac{k}{n}\right)=\int_0^1 f(x)\,dx$

2 $\displaystyle\lim_{n\to\infty}\frac{1}{n}\left\{f(0)+f\left(\frac{1}{n}\right)+\cdots\cdots+f\left(\frac{n-1}{n}\right)\right\}=\lim_{n\to\infty}\frac{1}{n}\sum_{k=0}^{n-1}f\left(\frac{k}{n}\right)=\int_0^1 f(x)\,dx$

解答 (1) $\displaystyle\frac{\sqrt{1}+\sqrt{2}+\cdots\cdots+\sqrt{n}}{n\sqrt{n}}$

$\displaystyle=\frac{1}{n}\left(\sqrt{\frac{1}{n}}+\sqrt{\frac{2}{n}}+\cdots\cdots+\sqrt{\frac{n}{n}}\right)$

よって，$f(x)=\sqrt{x}$ とすると，

$\displaystyle\lim_{n\to\infty}\frac{\sqrt{1}+\sqrt{2}+\cdots\cdots+\sqrt{n}}{n\sqrt{n}}$

$\displaystyle=\lim_{n\to\infty}\frac{1}{n}\left\{f\left(\frac{1}{n}\right)+f\left(\frac{2}{n}\right)+\cdots\cdots+f\left(\frac{n}{n}\right)\right\}$

$\displaystyle=\lim_{n\to\infty}\frac{1}{n}\sum_{k=1}^{n}f\left(\frac{k}{n}\right)=\int_0^1 f(x)\,dx=\int_0^1\sqrt{x}\,dx=\left[\frac{2}{3}x^{\frac{3}{2}}\right]_0^1=\mathbf{\frac{2}{3}}$

y, $y=\sqrt{x}$, O, $\frac{1}{n}$, $\frac{2}{n}$, …, $\frac{n-1}{n}$, 1, x

(2) $f(x)=\sin\pi x$ とすると，

$\displaystyle\lim_{n\to\infty}\frac{1}{n}\sum_{k=1}^{n}\sin\frac{k\pi}{n}=\lim_{n\to\infty}\frac{1}{n}\sum_{k=1}^{n}\sin\left(\pi\cdot\frac{k}{n}\right)=\lim_{n\to\infty}\frac{1}{n}\sum_{k=1}^{n}f\left(\frac{k}{n}\right)$

$\displaystyle=\int_0^1 f(x)\,dx=\int_0^1\sin\pi x\,dx$

$\displaystyle=\left[-\frac{1}{\pi}\cos\pi x\right]_0^1=\mathbf{\frac{2}{\pi}}$

問35 $0 \leqq x \leqq 1$ のとき，$1 \leqq x^3+1 \leqq x^2+1$ であることを用いて，次の不等式を証明せよ。

教科書 p. 159

$$\frac{\pi}{4} < \int_0^1 \frac{dx}{x^3+1} < 1$$

ガイド

ここがポイント

1. 区間 $[a,\ b]$ で $f(x) \geqq 0$ **ならば**，$\displaystyle\int_a^b f(x)\,dx \geqq 0$

   等号が成り立つのは，つねに $f(x)=0$ の場合である。

2. 区間 $[a,\ b]$ で $f(x) \geqq g(x)$ **ならば**，

   $$\int_a^b f(x)\,dx \geqq \int_a^b g(x)\,dx$$

   等号が成り立つのは，つねに $f(x)=g(x)$ の場合である。

$0 \leqq x \leqq 1$ のとき，$1 \leqq x^3+1 \leqq x^2+1$ より，$\dfrac{1}{x^2+1} \leqq \dfrac{1}{x^3+1} \leqq 1$ である。この不等式の各辺を区間 $[0,\ 1]$ で積分する。

解答 $0 \leqq x \leqq 1$ のとき，$1 \leqq x^3+1 \leqq x^2+1$ より，$\dfrac{1}{x^2+1} \leqq \dfrac{1}{x^3+1} \leqq 1$ が成り立つ。

左の等号が成り立つのは $x=0,\ 1$ のときだけ，右の等号が成り立つのは $x=0$ のときだけであるから，

$$\int_0^1 \frac{dx}{x^2+1} < \int_0^1 \frac{dx}{x^3+1} < \int_0^1 dx \quad \cdots\cdots①$$

$\displaystyle\int_0^1 \frac{dx}{x^2+1}$ において，$x=\tan\theta$ とおくと，$\dfrac{dx}{d\theta} = \dfrac{1}{\cos^2\theta}$

x	$0 \to 1$
θ	$0 \to \dfrac{\pi}{4}$

$$\int_0^1 \frac{dx}{x^2+1} = \int_0^{\frac{\pi}{4}} \frac{1}{\tan^2\theta+1} \cdot \frac{d\theta}{\cos^2\theta}$$

$$= \int_0^{\frac{\pi}{4}} \cos^2\theta \cdot \frac{d\theta}{\cos^2\theta} = \int_0^{\frac{\pi}{4}} d\theta = \frac{\pi}{4}$$

また，$\displaystyle\int_0^1 dx = \Big[x\Big]_0^1 = 1$

よって，①より，$\displaystyle\frac{\pi}{4} < \int_0^1 \frac{dx}{x^3+1} < 1$

問36　不等式 $\log n > \dfrac{1}{2}+\dfrac{1}{3}+\dfrac{1}{4}+\cdots\cdots+\dfrac{1}{n}$ を証明せよ。ただし，n は2以上の自然数とする。

教科書 p.160

ガイド　自然数 k に対して，$k \leqq x \leqq k+1$ のとき，$\dfrac{1}{x} \geqq \dfrac{1}{k+1}$ が成り立つ。この不等式の両辺を区間 $[k,\ k+1]$ で積分し，和をとる。

解答　自然数 k に対して，$k \leqq x \leqq k+1$ のとき，　$\dfrac{1}{x} \geqq \dfrac{1}{k+1}$

等号が成り立つのは $x=k+1$ のときだけであるから，

$$\int_k^{k+1} \frac{1}{x}\,dx > \int_k^{k+1} \frac{1}{k+1}\,dx$$

すなわち，　$\displaystyle\int_k^{k+1} \frac{dx}{x} > \frac{1}{k+1}$

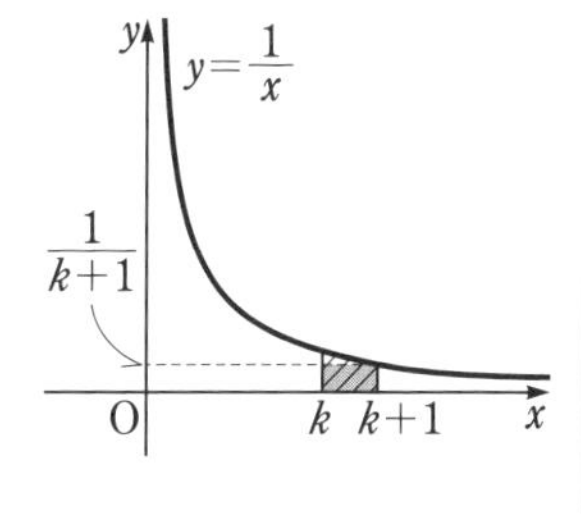

この式で，$k=1,\ 2,\ 3,\ \cdots\cdots,\ n-1$ とおいて，各辺をそれぞれ加えると，

$$\int_1^2 \frac{dx}{x}+\int_2^3 \frac{dx}{x}+\int_3^4 \frac{dx}{x}+\cdots\cdots+\int_{n-1}^n \frac{dx}{x} > \frac{1}{2}+\frac{1}{3}+\frac{1}{4}+\cdots\cdots+\frac{1}{n}$$

$$\text{左辺}=\int_1^n \frac{dx}{x}=\Big[\log|x|\Big]_1^n=\log n$$

よって，　$\log n > \dfrac{1}{2}+\dfrac{1}{3}+\dfrac{1}{4}+\cdots\cdots+\dfrac{1}{n}$

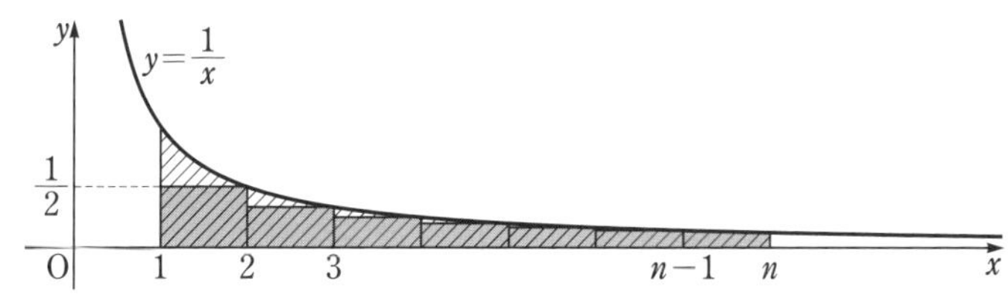

上のグラフを見ると
不等式が成り立つのが
よくわかるね。

節末問題

第2節 | 定積分

1 次の定積分を求めよ。

教科書 p. 161

(1) $\displaystyle\int_1^4 \frac{x+1}{\sqrt{x}}dx$　　(2) $\displaystyle\int_{-1}^1 \frac{dx}{x^2-4}$

(3) $\displaystyle\int_0^5 \sqrt{|t-2|}\,dt$　　(4) $\displaystyle\int_{-1}^{\sqrt{3}} \sqrt{4-x^2}\,dx$

(5) $\displaystyle\int_1^{\sqrt{3}} x\log(x^2+1)\,dx$　　(6) $\displaystyle\int_0^{\frac{\pi}{3}} \frac{x}{\cos^2 x}dx$

(7) $\displaystyle\int_0^{\pi} x|\cos x|\,dx$　　(8) $\displaystyle\int_{-\sqrt{3}}^{\sqrt{3}} \frac{x^2}{x^2+1}dx$

ガイド (5) $x^2+1=t$ とおく。

(8) $\dfrac{x^2}{x^2+1}=1-\dfrac{1}{x^2+1}$ と変形し，$x=\tan\theta$ とおく。

解答 (1) $\displaystyle\int_1^4 \frac{x+1}{\sqrt{x}}dx=\int_1^4\left(\sqrt{x}+\frac{1}{\sqrt{x}}\right)dx=\left[\frac{2}{3}x^{\frac{3}{2}}+2x^{\frac{1}{2}}\right]_1^4=\boldsymbol{\frac{20}{3}}$

(2) $f(x)=\dfrac{1}{x^2-4}$ は偶関数であるから，

$$\int_{-1}^1 \frac{dx}{x^2-4}=2\int_0^1 \frac{dx}{x^2-4}=2\int_0^1 \frac{dx}{(x+2)(x-2)}$$

$$=2\int_0^1 \frac{1}{4}\left(\frac{1}{x-2}-\frac{1}{x+2}\right)dx$$

$$=\frac{1}{2}\Big[\log|x-2|-\log|x+2|\Big]_0^1$$

$$=\boldsymbol{-\frac{1}{2}\log 3}$$

(3) $\displaystyle\int_0^5 \sqrt{|t-2|}\,dt=\int_0^2\sqrt{2-t}\,dt+\int_2^5\sqrt{t-2}\,dt$

$$=\left[-\frac{2}{3}(2-t)^{\frac{3}{2}}\right]_0^2+\left[\frac{2}{3}(t-2)^{\frac{3}{2}}\right]_2^5=\boldsymbol{\frac{4\sqrt{2}}{3}+2\sqrt{3}}$$

(4) $x=2\sin\theta$ とおくと，$\dfrac{dx}{d\theta}=2\cos\theta$

x	$-1 \to \sqrt{3}$
θ	$-\dfrac{\pi}{6} \to \dfrac{\pi}{3}$

$$\sqrt{4-x^2}=\sqrt{2^2(1-\sin^2\theta)}=2\sqrt{\cos^2\theta}$$

$-\dfrac{\pi}{6}\leqq\theta\leqq\dfrac{\pi}{3}$ のとき，$\cos\theta>0$ より，

$$2\sqrt{\cos^2\theta}=2\cos\theta$$

よって，

$$\int_{-1}^{\sqrt{3}}\sqrt{4-x^2}\,dx=\int_{-\frac{\pi}{6}}^{\frac{\pi}{3}}2\cos\theta\cdot 2\cos\theta\,d\theta=4\int_{-\frac{\pi}{6}}^{\frac{\pi}{3}}\cos^2\theta\,d\theta$$

$$=4\int_{-\frac{\pi}{6}}^{\frac{\pi}{3}}\frac{1+\cos 2\theta}{2}\,d\theta=2\left[\theta+\frac{1}{2}\sin 2\theta\right]_{-\frac{\pi}{6}}^{\frac{\pi}{3}}$$

$$=\boldsymbol{\pi+\sqrt{3}}$$

(5)　$x^2+1=t$ とおくと，　$\dfrac{dt}{dx}=2x$

x	$1\to\sqrt{3}$
t	$2\to\ \ 4$

$$\int_1^{\sqrt{3}}x\log(x^2+1)\,dx=\int_1^{\sqrt{3}}\frac{1}{2}\{\log(x^2+1)\}\cdot 2x\,dx$$

$$=\int_2^4\frac{1}{2}\log t\,dt=\left[\frac{1}{2}t\log t\right]_2^4-\int_2^4\frac{1}{2}\,dt$$

$$=3\log 2-\left[\frac{1}{2}t\right]_2^4=\boldsymbol{3\log 2-1}$$

(6)　$$\int_0^{\frac{\pi}{3}}\frac{x}{\cos^2 x}\,dx=\int_0^{\frac{\pi}{3}}x\cdot(\tan x)'\,dx=\Big[x\tan x\Big]_0^{\frac{\pi}{3}}-\int_0^{\frac{\pi}{3}}\tan x\,dx$$

$$=\frac{\sqrt{3}}{3}\pi-\int_0^{\frac{\pi}{3}}\frac{\sin x}{\cos x}\,dx=\frac{\sqrt{3}}{3}\pi-\int_0^{\frac{\pi}{3}}\left\{-\frac{(\cos x)'}{\cos x}\right\}dx$$

$$=\frac{\sqrt{3}}{3}\pi-\Big[-\log|\cos x|\Big]_0^{\frac{\pi}{3}}=\boldsymbol{\frac{\sqrt{3}}{3}\pi-\log 2}$$

(7)　$$\int_0^{\pi}x|\cos x|\,dx=\int_0^{\frac{\pi}{2}}x\cos x\,dx-\int_{\frac{\pi}{2}}^{\pi}x\cos x\,dx$$

$\displaystyle\int x\cos x\,dx=x\sin x-\int\sin x\,dx=x\sin x+\cos x+C$ より，

$$\int_0^{\pi}x|\cos x|\,dx=\Big[x\sin x+\cos x\Big]_0^{\frac{\pi}{2}}-\Big[x\sin x+\cos x\Big]_{\frac{\pi}{2}}^{\pi}=\boldsymbol{\pi}$$

(8)　$f(x)=\dfrac{x^2}{x^2+1}$ は偶関数であるから，

$$\int_{-\sqrt{3}}^{\sqrt{3}}\frac{x^2}{x^2+1}\,dx=2\int_0^{\sqrt{3}}\frac{x^2}{x^2+1}\,dx=2\int_0^{\sqrt{3}}\left(1-\frac{1}{x^2+1}\right)dx$$

$$=2\Big[x\Big]_0^{\sqrt{3}}-2\int_0^{\sqrt{3}}\frac{dx}{x^2+1}=2\sqrt{3}-2\int_0^{\sqrt{3}}\frac{dx}{x^2+1}$$

$x=\tan\theta$ とおくと，　$\dfrac{dx}{d\theta}=\dfrac{1}{\cos^2\theta}$

x	$0\to\sqrt{3}$
θ	$0\to\ \dfrac{\pi}{3}$

$$\frac{1}{x^2+1}=\frac{1}{\tan^2\theta+1}=\cos^2\theta$$

よって，

$$\int_0^{\sqrt{3}}\frac{dx}{x^2+1}=\int_0^{\frac{\pi}{3}}\cos^2\theta\cdot\frac{1}{\cos^2\theta}d\theta=\int_0^{\frac{\pi}{3}}d\theta=\Big[\theta\Big]_0^{\frac{\pi}{3}}=\frac{\pi}{3}$$

以上より，

$$\int_{-\sqrt{3}}^{\sqrt{3}}\frac{x^2}{x^2+1}dx=\mathbf{2\sqrt{3}-\frac{2}{3}\pi}$$

2 教科書 p.161

次の等式を満たす関数 $f(x)$ を求めよ。

$$f(x)=x\log x+\int_1^e tf'(t)\,dt$$

ガイド $\int_1^e tf'(t)\,dt=k$（kは定数）とおくと，$f(x)=x\log x+k$ となる。

解答 $\int_1^e tf'(t)\,dt$ は定数であるから，$\int_1^e tf'(t)\,dt=k$（kは定数）　……①

とおくと，$f(x)=x\log x+k$ となる。

$f'(x)=\log x+1$ であるから，これを①へ代入して，

$$k=\int_1^e tf'(t)\,dt=\int_1^e t(\log t+1)\,dt=\left[\frac{1}{2}t^2(\log t+1)\right]_1^e-\int_1^e\frac{1}{2}t\,dt$$

$$=e^2-\frac{1}{2}-\left[\frac{1}{4}t^2\right]_1^e=\frac{3}{4}e^2-\frac{1}{4}$$

よって，　$\boldsymbol{f(x)=x\log x+\frac{3}{4}e^2-\frac{1}{4}}$

3 教科書 p.161

a を定数とするとき，次の等式が成り立つことを示せ。

$$\frac{d}{dx}\int_a^x(x-t)f'(t)\,dt=f(x)-f(a)$$

ガイド t についての定積分 $\int_a^x(x-t)f'(t)\,dt$ では，x は定数として扱う。

解答

$$左辺=\frac{d}{dx}\int_a^x(x-t)f'(t)\,dt=\frac{d}{dx}\left(x\int_a^x f'(t)\,dt-\int_a^x tf'(t)\,dt\right)$$

$$=1\cdot\int_a^x f'(t)\,dt+x\cdot\frac{d}{dx}\int_a^x f'(t)\,dt-\frac{d}{dx}\int_a^x tf'(t)\,dt$$

$$=\Big[f(t)\Big]_a^x+xf'(x)-xf'(x)=f(x)-f(a)=右辺$$

よって，　$\displaystyle\frac{d}{dx}\int_a^x(x-t)f'(t)\,dt=f(x)-f(a)$

4　教科書 p.161

関数 $\int_{3x}^{x^2} e^t \log t\,dt$ を x について微分せよ。

ガイド　$F'(t)=e^t\log t$ とおき，定積分を計算する。

解答　$F'(t)=e^t\log t$ とおくと，

$$\int_{3x}^{x^2} e^t \log t\,dt=\Big[F(t)\Big]_{3x}^{x^2}=F(x^2)-F(3x)$$

よって，

$$\begin{aligned}\frac{d}{dx}\int_{3x}^{x^2} e^t \log t\,dt&=\frac{d}{dx}\{F(x^2)-F(3x)\}\\&=F'(x^2)\cdot(x^2)'-F'(3x)\cdot(3x)'\\&=(e^{x^2}\log x^2)\cdot 2x-(e^{3x}\log 3x)\cdot 3\\&=\boldsymbol{4xe^{x^2}\log x-3e^{3x}\log 3x}\end{aligned}$$

5　教科書 p.161

次の極限値を求めよ。

(1) $\lim_{n\to\infty}\left(\frac{1}{n+2}+\frac{1}{n+4}+\cdots\cdots+\frac{1}{3n}\right)$

(2) $\lim_{n\to\infty}\sum_{k=1}^{n}\frac{2k}{n^2+k^2}$

ガイド　(2) $\frac{2k}{n^2+k^2}=\frac{1}{n}\cdot\frac{2\cdot\frac{k}{n}}{1+\left(\frac{k}{n}\right)^2}$ と変形する。

解答　(1)

$$\frac{1}{n+2}+\frac{1}{n+4}+\cdots\cdots+\frac{1}{3n}$$

$$=\frac{1}{n}\left(\frac{1}{1+2\cdot\frac{1}{n}}+\frac{1}{1+2\cdot\frac{2}{n}}+\cdots\cdots+\frac{1}{1+2\cdot\frac{n}{n}}\right)$$

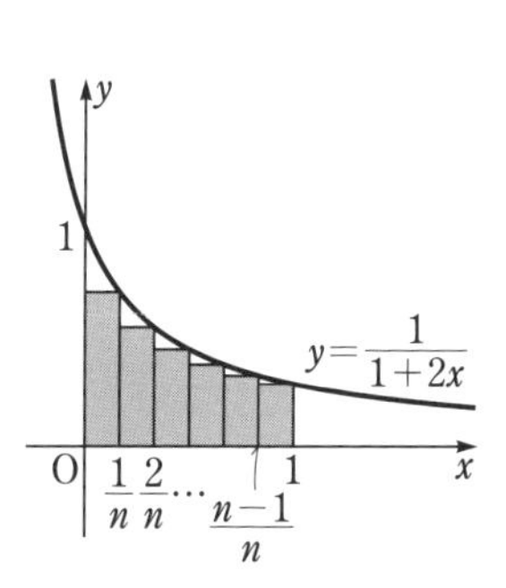

よって，$f(x)=\frac{1}{1+2x}$ とすると，

$$\lim_{n\to\infty}\left(\frac{1}{n+2}+\frac{1}{n+4}+\cdots\cdots+\frac{1}{3n}\right)$$

$$=\lim_{n\to\infty}\frac{1}{n}\left\{f\left(\frac{1}{n}\right)+f\left(\frac{2}{n}\right)+\cdots\cdots+f\left(\frac{n}{n}\right)\right\}$$

$$=\int_0^1 f(x)\,dx=\int_0^1\frac{dx}{1+2x}=\left[\frac{1}{2}\log|1+2x|\right]_0^1=\boldsymbol{\frac{1}{2}\log 3}$$

(2) $$\frac{2k}{n^2+k^2}=\frac{1}{n}\cdot\frac{2\cdot\frac{k}{n}}{1+\left(\frac{k}{n}\right)^2}$$

よって，$f(x)=\dfrac{2x}{1+x^2}$ とすると，

$$\lim_{n\to\infty}\sum_{k=1}^{n}\frac{2k}{n^2+k^2}=\int_0^1 f(x)\,dx=\int_0^1\frac{2x}{1+x^2}dx=\int_0^1\frac{(1+x^2)'}{1+x^2}dx$$

$$=\Big[\log(1+x^2)\Big]_0^1=\boldsymbol{\log 2}$$

☐ **6** 教科書 p.161

次の不等式を証明せよ。ただし，n は自然数とする。

$$\frac{1}{\sqrt{1}}+\frac{1}{\sqrt{2}}+\frac{1}{\sqrt{3}}+\cdots\cdots+\frac{1}{\sqrt{n}}>2(\sqrt{n+1}-1)$$

ガイド 自然数 k に対して，$k\leqq x\leqq k+1$ のとき，$\dfrac{1}{\sqrt{k}}\geqq\dfrac{1}{\sqrt{x}}$ が成り立つ。この不等式の両辺を区間 $[k,\ k+1]$ で積分し，和をとる。

解答 自然数 k に対して，$k\leqq x\leqq k+1$ のとき，　$\dfrac{1}{\sqrt{k}}\geqq\dfrac{1}{\sqrt{x}}$

等号が成り立つのは $x=k$ のときだけであるから，

$$\int_k^{k+1}\frac{1}{\sqrt{k}}dx>\int_k^{k+1}\frac{1}{\sqrt{x}}dx$$

すなわち，　$\dfrac{1}{\sqrt{k}}>\displaystyle\int_k^{k+1}\frac{dx}{\sqrt{x}}$

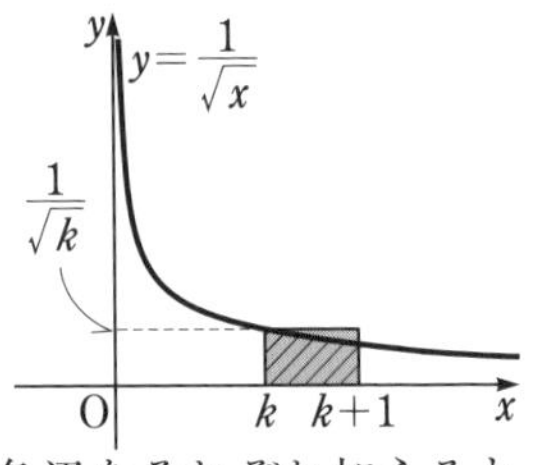

この式で，$k=1,\ 2,\ 3,\ \cdots\cdots,\ n$ とおいて，各辺をそれぞれ加えると，

$$\frac{1}{\sqrt{1}}+\frac{1}{\sqrt{2}}+\frac{1}{\sqrt{3}}+\cdots\cdots+\frac{1}{\sqrt{n}}>\int_1^2\frac{dx}{\sqrt{x}}+\int_2^3\frac{dx}{\sqrt{x}}+\int_3^4\frac{dx}{\sqrt{x}}+\cdots\cdots+\int_n^{n+1}\frac{dx}{\sqrt{x}}$$

$$\text{右辺}=\int_1^{n+1}\frac{dx}{\sqrt{x}}=\Big[2\sqrt{x}\Big]_1^{n+1}=2(\sqrt{n+1}-1)$$

よって，　$$\frac{1}{\sqrt{1}}+\frac{1}{\sqrt{2}}+\frac{1}{\sqrt{3}}+\cdots\cdots+\frac{1}{\sqrt{n}}>2(\sqrt{n+1}-1)$$

第3節 積分法の応用

1 面　積

問37 次の曲線や直線で囲まれた部分の面積 S を求めよ。

教科書 p.163

(1) $y=\dfrac{1}{x+1}$, x 軸, $x=1$, $x=4$

(2) $y=\log x$, x 軸, $x=e$

(3) $y=e^x-3$, x 軸, $x=-2$, $x=1$

ガイド 曲線 $y=f(x)$ と x 軸および2直線 $x=a$, $x=b$ で囲まれた部分の面積を S とすると,

区間 $[a,\ b]$ で $f(x)\geqq 0$ のとき,　$\boldsymbol{S=\int_a^b f(x)\,dx}$

区間 $[a,\ b]$ で $f(x)\leqq 0$ のとき,　$\boldsymbol{S=-\int_a^b f(x)\,dx}$

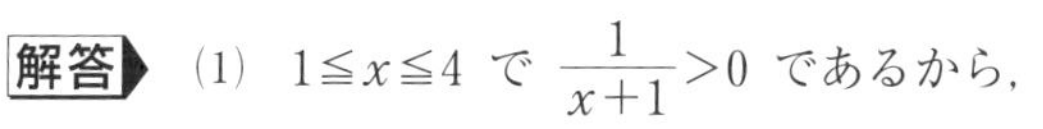

解答 (1) $1\leqq x\leqq 4$ で $\dfrac{1}{x+1}>0$ であるから,

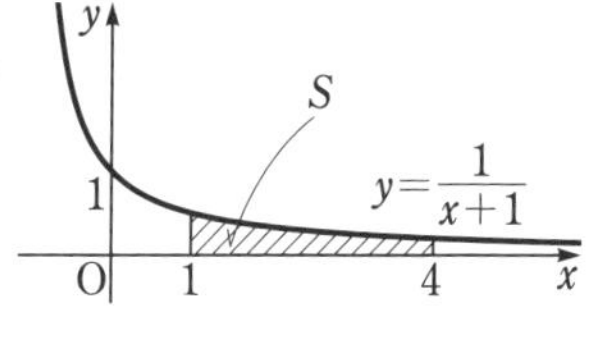

$S=\int_1^4 \dfrac{1}{x+1}\,dx$

$=\Big[\log|x+1|\Big]_1^4=\boldsymbol{\log\dfrac{5}{2}}$

(2) 曲線 $y=\log x$ と x 軸の交点の x 座標は,　$x=1$

$1\leqq x\leqq e$ で $\log x\geqq 0$ であるから,

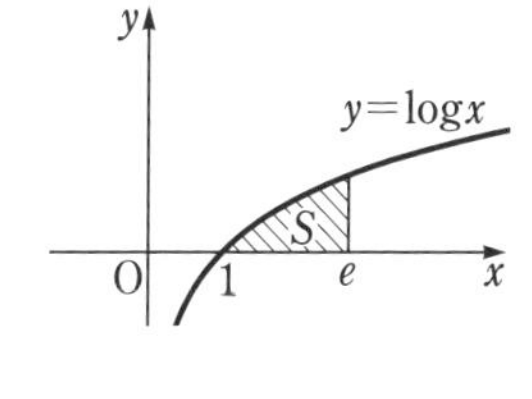

$S=\int_1^e \log x\,dx$

$=\Big[x\log x\Big]_1^e-\int_1^e dx$

$=e-\Big[x\Big]_1^e=\boldsymbol{1}$

(3) $-2\leqq x\leqq 1$ で $e^x-3<0$ であるから,

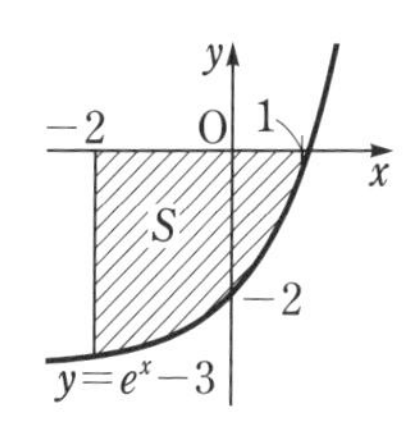

$S=-\int_{-2}^1 (e^x-3)\,dx$

$=-\Big[e^x-3x\Big]_{-2}^1$

$=\boldsymbol{9-e+\dfrac{1}{e^2}}$

問38 次の曲線や直線で囲まれた部分の面積 S を求めよ。

教科書 p.164

(1) $y=\sin x$, $y=\sin 2x$ $\left(0\leqq x\leqq\dfrac{\pi}{2}\right)$

(2) $y=\dfrac{1}{x}$, $x+4y-5=0$

ガイド 区間 $[a,\ b]$ で $f(x)\geqq g(x)$ のとき，2 曲線 $y=f(x)$, $y=g(x)$ および 2 直線 $x=a$, $x=b$ で囲まれた部分の面積を S とすると，

$$\boldsymbol{S=\int_a^b\{f(x)-g(x)\}dx}$$

解答 (1) 2 曲線の交点の x 座標は，方程式

$$\sin x=\sin 2x$$

の解である。$\sin 2x=2\sin x\cos x$ より，

$$\sin x(1-2\cos x)=0$$

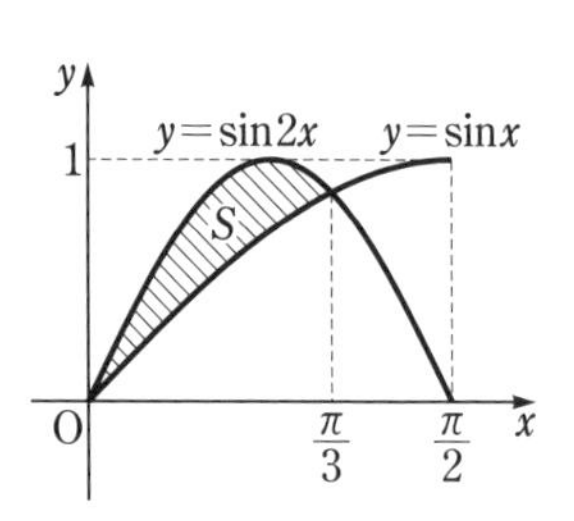

$0\leqq x\leqq\dfrac{\pi}{2}$ より，

$$x=0,\ \frac{\pi}{3}$$

$0\leqq x\leqq\dfrac{\pi}{3}$ で $\sin 2x\geqq\sin x$ であるから，

$$S=\int_0^{\frac{\pi}{3}}(\sin 2x-\sin x)\,dx=\left[-\frac{1}{2}\cos 2x+\cos x\right]_0^{\frac{\pi}{3}}=\boldsymbol{\frac{1}{4}}$$

(2) 曲線と直線の交点の x 座標は，方程式

$$\frac{1}{x}=-\frac{1}{4}x+\frac{5}{4}$$

の解である。$x^2-5x+4=0$ より，

$$(x-1)(x-4)=0$$

$$x=1,\ 4$$

$1\leqq x\leqq 4$ で $\dfrac{1}{x}\leqq-\dfrac{1}{4}x+\dfrac{5}{4}$ であるから，

$$S=\int_1^4\left(-\frac{1}{4}x+\frac{5}{4}-\frac{1}{x}\right)dx=\left[-\frac{1}{8}x^2+\frac{5}{4}x-\log|x|\right]_1^4$$

$$=\boldsymbol{\frac{15}{8}-2\log 2}$$

問39 右の図のように，2曲線 $y=e^x$，$y=e^{-x+1}$ および2直線 $x=0$，$x=2$ で囲まれた2つの部分の面積の和 S を求めよ。

教科書 p.164

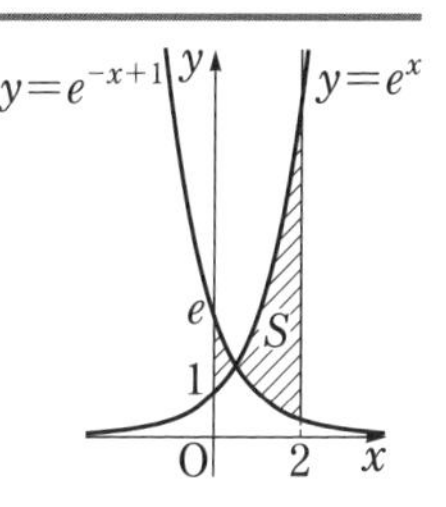

ガイド 2曲線の交点の x 座標を求めて，グラフの上下関係を調べる。

解答 2曲線の交点の x 座標は，方程式

$$e^x=e^{-x+1}$$

の解である。$x=-x+1$ より，　$x=\dfrac{1}{2}$

$0\leqq x\leqq\dfrac{1}{2}$ で $e^x\leqq e^{-x+1}$，$\dfrac{1}{2}\leqq x\leqq 2$ で $e^x\geqq e^{-x+1}$ であるから，

$$S=\int_0^{\frac{1}{2}}(e^{-x+1}-e^x)\,dx+\int_{\frac{1}{2}}^2(e^x-e^{-x+1})\,dx$$

$$=\Big[-e^{-x+1}-e^x\Big]_0^{\frac{1}{2}}+\Big[e^x+e^{-x+1}\Big]_{\frac{1}{2}}^2=\boldsymbol{e^2+e-4\sqrt{e}+\frac{1}{e}+1}$$

問40 曲線 $y=\sqrt{x-1}$ と y 軸および2直線 $y=1$，$y=2$ で囲まれた部分の面積 S を求めよ。

教科書 p.165

ガイド

ここがポイント

区間 $c\leqq y\leqq d$ で $g(y)\geqq 0$ のとき，曲線 $x=g(y)$ と y 軸および2直線 $y=c$, $y=d$ で囲まれた部分の面積を S とすると，

$$\boldsymbol{S=\int_c^d g(y)\,dy}$$

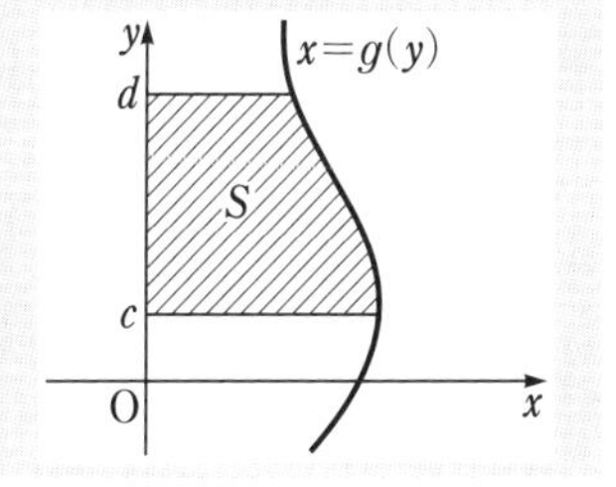

解答 $y=\sqrt{x-1}$ より，　$x=y^2+1$　$(y\geqq 0)$

よって，　$S=\displaystyle\int_1^2(y^2+1)\,dy$

$$=\left[\frac{1}{3}y^3+y\right]_1^2=\boldsymbol{\frac{10}{3}}$$

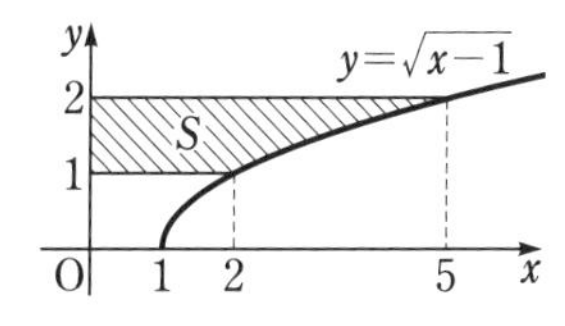

問41 2 曲線 $x=y^2-1$, $x=-y^2+y$ で囲まれた部分の面積 S を求めよ。

教科書 p.165

ガイド 2 曲線の交点の y 座標を求めて，グラフの位置関係を調べる。

解答 $y^2-1=-y^2+y$ を解くと，

$$y=-\frac{1}{2},\ 1$$

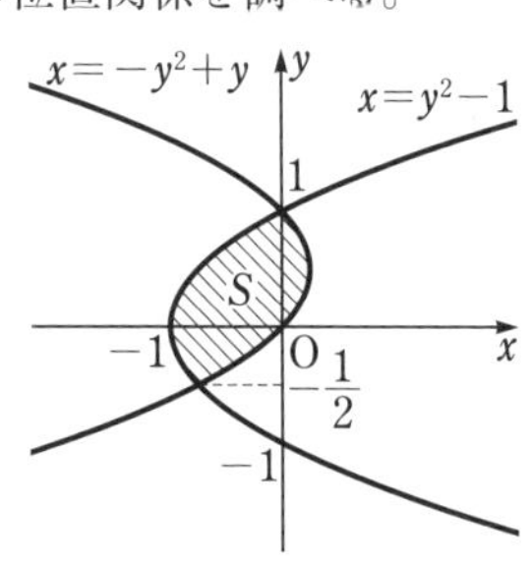

$-\dfrac{1}{2}\leqq y\leqq 1$ で $-y^2+y\geqq y^2-1$ であるから，

$$S=\int_{-\frac{1}{2}}^{1}\{(-y^2+y)-(y^2-1)\}dy$$

$$=\int_{-\frac{1}{2}}^{1}(-2y^2+y+1)dy$$

$$=\left[-\frac{2}{3}y^3+\frac{1}{2}y^2+y\right]_{-\frac{1}{2}}^{1}=\mathbf{\frac{9}{8}}$$

問42 曲線 $\sqrt{x}+\sqrt{y}=1$ と x 軸，y 軸で囲まれた部分の面積 S を求めよ。

教科書 p.166

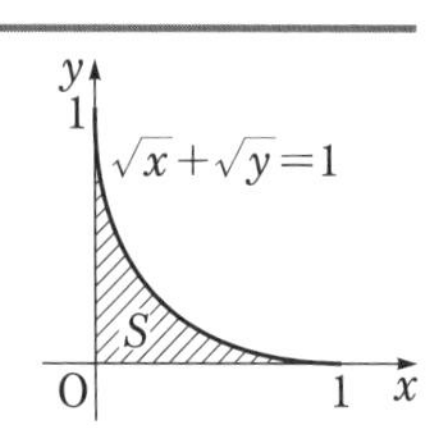

ガイド 曲線の方程式 $\sqrt{x}+\sqrt{y}=1$ を y について解く。

解答 $\sqrt{x}+\sqrt{y}=1$ を y について解くと，

$$y=x-2\sqrt{x}+1$$

したがって，

$$S=\int_{0}^{1}(x-2\sqrt{x}+1)dx=\left[\frac{1}{2}x^2-\frac{4}{3}x^{\frac{3}{2}}+x\right]_{0}^{1}=\mathbf{\frac{1}{6}}$$

☐ **問43** 媒介変数表示された次の曲線と x 軸で囲まれた部分の面積 S を求めよ。

教科書 **p.167**

$x=3\cos\theta,\ y=2\sin\theta\quad(0\leqq\theta\leqq\pi)$

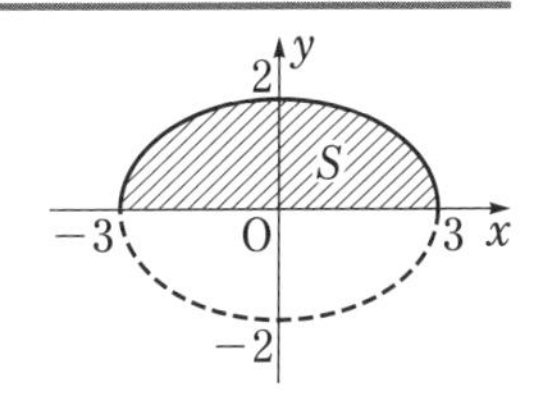

ガイド 求める面積 S は，$S=\int_{-3}^{3}y\,dx$ である。

解答 求める面積は，上の図の斜線部分の面積であるから，$S=\int_{-3}^{3}y\,dx$ と表される。

$\frac{dx}{d\theta}=-3\sin\theta$ より，

x	$-3\to3$
θ	$\pi\to0$

$$S=\int_{-3}^{3}y\,dx=\int_{\pi}^{0}2\sin\theta\cdot(-3\sin\theta)\,d\theta$$
$$=6\int_{0}^{\pi}\sin^2\theta\,d\theta=6\int_{0}^{\pi}\frac{1-\cos2\theta}{2}\,d\theta$$
$$=3\left[\theta-\frac{1}{2}\sin2\theta\right]_{0}^{\pi}=\mathbf{3\pi}$$

☐ **問44** 媒介変数表示された次の曲線と x 軸，y 軸で囲まれた部分の面積 S を求めよ。

教科書 **p.167**

$x=4-t^2,\ y=t^3\quad(0\leqq t\leqq2)$

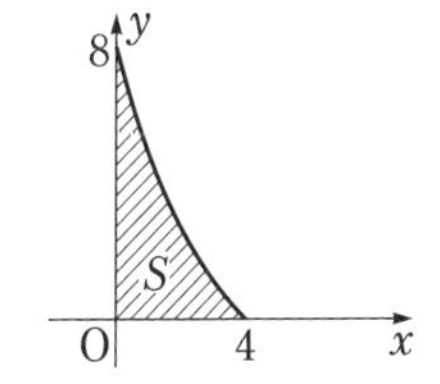

ガイド 求める面積 S は，$S=\int_{0}^{4}y\,dx$ である。

解答 求める面積は，上の図の斜線部分の面積であるから，$S=\int_{0}^{4}y\,dx$ と表される。

$\frac{dx}{dt}=-2t$ より，

x	$0\to4$
t	$2\to0$

$$S=\int_{0}^{4}y\,dx=\int_{2}^{0}t^3\cdot(-2t)\,dt$$
$$=2\int_{0}^{2}t^4\,dt=2\left[\frac{1}{5}t^5\right]_{0}^{2}=\mathbf{\frac{64}{5}}$$

2 体 積

□ 問45 底面の半径が r，高さが h の円錐の体積 V を，積分を用いて求めよ。

教科書 p.169

ガイド 空間において，x 軸に垂直な 2 平面 α，β にはさまれている右の図のような立体の体積を V とする。

また，2 平面 α，β と x 軸の交点の座標を，それぞれ a，b とし，$a<b$ とする。

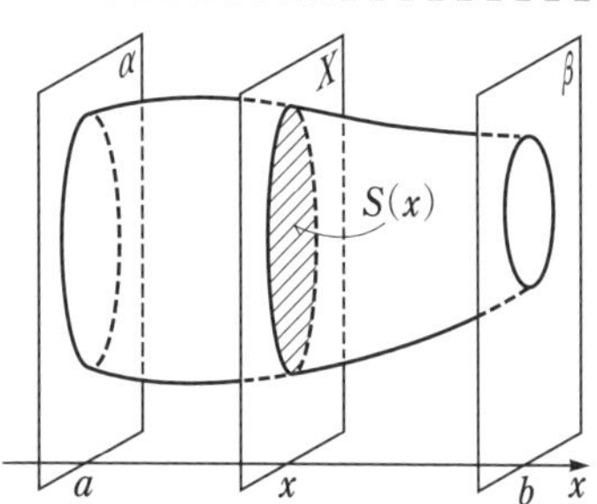

さらに，x 軸に垂直で，x 軸との交点の座標が $x\ (a<x<b)$ である平面 X による立体の切り口の面積を $S(x)$ とする。

このとき，次のことが成り立つ。

ここがポイント [切り口の面積 $S(x)$ と立体の体積 V]

$a<b$ のとき，　$V=\int_a^b S(x)\,dx$

解答 円錐の頂点を原点Oとし，O から底面に下ろした垂線を x 軸とする。

$0 \leqq x \leqq h$ のとき，x 軸上の座標 x の点を通り，x 軸に垂直な平面による円錐の切り口の面積を $S(x)$ とする。この切り口と底面は相似で，相似比は $x:h$ である。

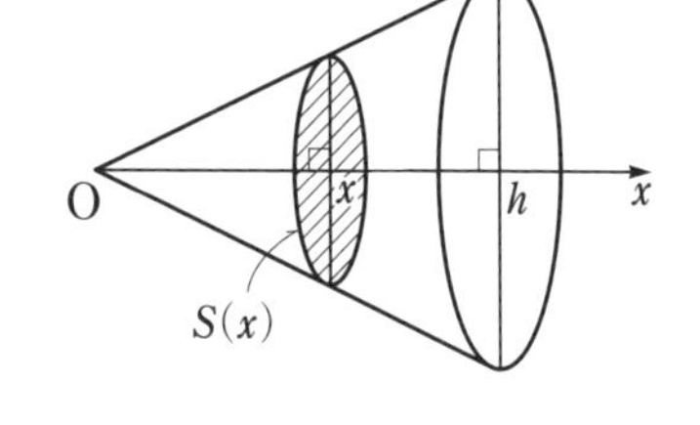

底面の面積は πr^2 であるから，

$$S(x):\pi r^2=x^2:h^2$$

したがって，　$S(x)=\frac{\pi r^2}{h^2}x^2$

よって，

$$V=\int_0^h S(x)\,dx=\int_0^h \frac{\pi r^2}{h^2}x^2dx=\frac{\pi r^2}{h^2}\left[\frac{1}{3}x^3\right]_0^h=\boldsymbol{\frac{1}{3}\pi r^2 h}$$

問46 座標平面上の2点 $P(x,\ 0)$, $Q(x,\ x\log x)$ について，線分PQを1辺とし，もう1辺の長さが x の長方形を x 軸に垂直な平面上に作る。x の値を1から e まで変化させるとき，この長方形が通過してできる立体の体積 V を求めよ。

教科書 p.170

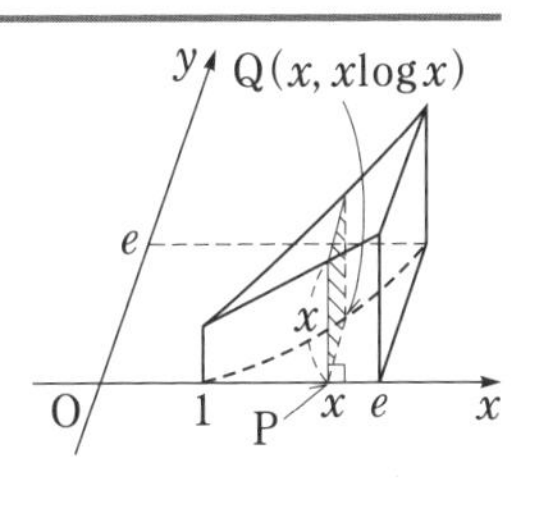

ガイド 長方形の面積 $S(x)$ を求め，区間 $[1,\ e]$ で積分する。

解答 点Pの x 座標が x のときの長方形の面積を $S(x)$ とすると，

$$S(x)=x\cdot x\log x=x^2\log x$$

よって，

$$V=\int_1^e x^2\log x\,dx=\left[\frac{1}{3}x^3\log x\right]_1^e-\int_1^e\frac{1}{3}x^3\cdot\frac{1}{x}\,dx$$

$$=\frac{e^3}{3}-\frac{1}{3}\int_1^e x^2dx=\frac{e^3}{3}-\frac{1}{3}\left[\frac{1}{3}x^3\right]_1^e=\boldsymbol{\frac{1}{9}(2e^3+1)}$$

問47 次の曲線や直線で囲まれた部分を，x 軸のまわりに1回転してできる立体の体積 V を求めよ。

教科書 p.171

(1)　$y=\dfrac{1}{1+x}$, x 軸，y 軸，直線 $x=1$　(2)　$y=\sin x$ $(0\leqq x\leqq\pi)$, x 軸

ガイド

ここがポイント **[x 軸のまわりの回転体の体積 V]**

$a<b$ のとき，　$\boldsymbol{V=\pi\int_a^b y^2dx=\pi\int_a^b\{f(x)\}^2dx}$

解答 (1)　体積を求める立体は，右の図の斜線部分を x 軸のまわりに1回転してできる回転体であるから，

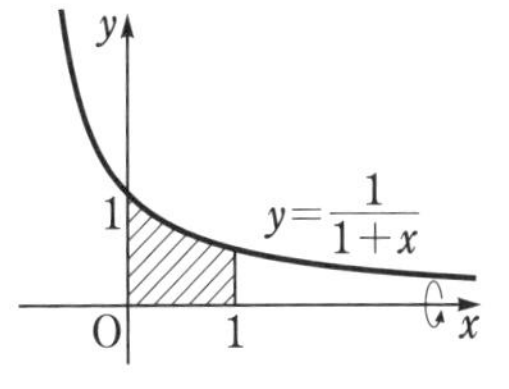

$$V=\pi\int_0^1 y^2dx=\pi\int_0^1\left(\frac{1}{1+x}\right)^2dx$$

$$=\pi\left[-\frac{1}{1+x}\right]_0^1=\boldsymbol{\frac{\pi}{2}}$$

(2) 体積を求める立体は，右の図の斜線部分を x 軸のまわりに1回転してできる回転体であるから，

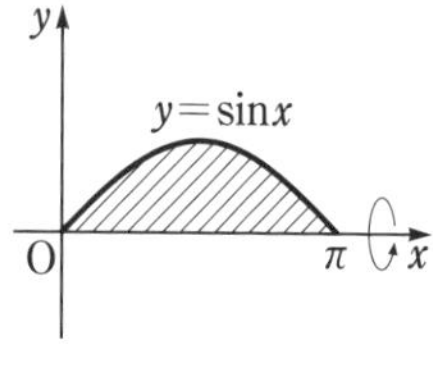

$$V=\pi\int_0^{\pi}y^2dx=\pi\int_0^{\pi}\sin^2x\,dx$$
$$=\pi\int_0^{\pi}\frac{1-\cos 2x}{2}dx=\frac{\pi}{2}\int_0^{\pi}(1-\cos 2x)\,dx$$
$$=\frac{\pi}{2}\left[x-\frac{1}{2}\sin 2x\right]_0^{\pi}=\boldsymbol{\frac{\pi^2}{2}}$$

問48 曲線 $y=\log x$ と x 軸，y 軸および直線 $y=1$ で囲まれた部分を，y 軸のまわりに1回転してできる立体の体積 V を求めよ。

教科書 p.172

ガイド $c<d$ のとき，曲線 $x=g(y)$ と y 軸および2直線 $y=c$，$y=d$ で囲まれた部分を，y 軸のまわりに1回転してできる立体の体積 V は，次のようになる。

$$\boldsymbol{V=\pi\int_c^d x^2dy=\pi\int_c^d \{g(y)\}^2dy}$$

解答 $y=\log x$ より，　$x=e^y$

体積を求める立体は，右の図の斜線部分を y 軸のまわりに1回転してできる回転体であるから，

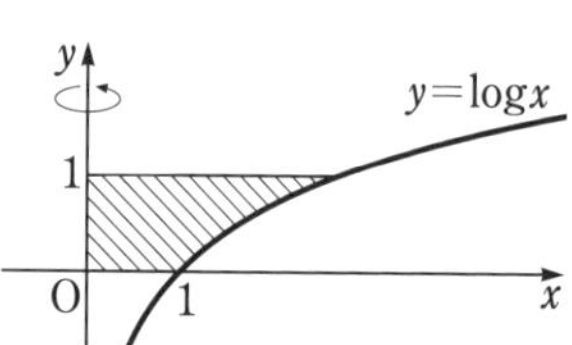

$$V=\pi\int_0^1x^2dy=\pi\int_0^1e^{2y}dy=\pi\left[\frac{1}{2}e^{2y}\right]_0^1$$
$$=\boldsymbol{\frac{\pi}{2}(e^2-1)}$$

問49 放物線 $y=x^2$ と直線 $y=x$ で囲まれた部分を，y 軸のまわりに1回転してできる立体の体積 V を求めよ。

教科書 p.172

ガイド 放物線 $y=x^2$ と y 軸との間の部分を y 軸のまわりに1回転してできる立体の体積から，直線 $y=x$ と y 軸との間の部分を y 軸のまわりに1回転してできる立体の体積を引く。

解答 $y=x^2$ より，　$x^2=y$

$y=x$ より，　$x^2=y^2$

$y=y^2$ を解くと，　$y=0,\ 1$

放物線 $y=x^2$ と直線 $y=x$ で囲まれた部分を，y 軸のまわりに1回転してできる立体の体積 V は，

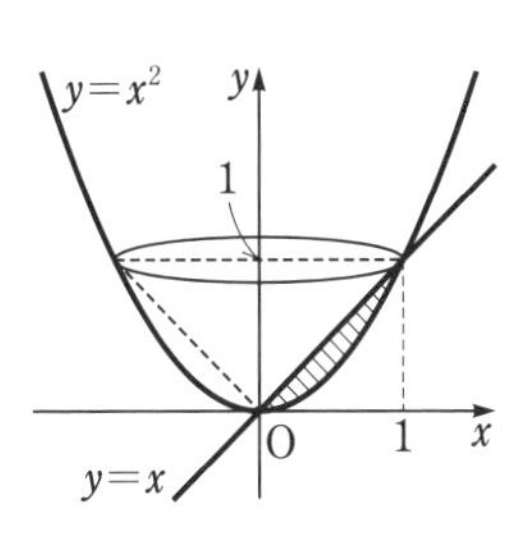

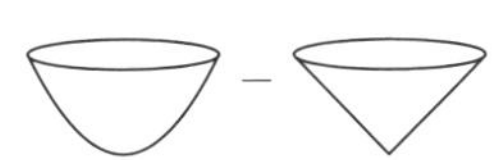

$$V=\pi\int_0^1 y\,dy-\pi\int_0^1 y^2dy$$

$$=\pi\int_0^1(y-y^2)\,dy$$

$$=\pi\left[\frac{1}{2}y^2-\frac{1}{3}y^3\right]_0^1=\boldsymbol{\frac{\pi}{6}}$$

問50 楕円 $\dfrac{x^2}{4}+(y-2)^2=1$ を，x 軸のまわりに1回転してできる立体の体積 V を求めよ。

教科書 p.173

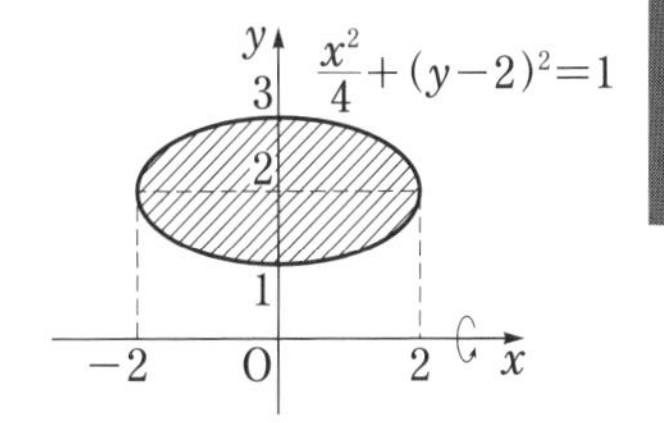

ガイド 楕円は上下2つの曲線に分けることができる。この2つの曲線のそれぞれと，x 軸および2直線 $x=-2$，$x=2$ で囲まれた部分を，x 軸のまわりに1回転してできる2つの立体の体積の差が求める立体の体積 V である。

解答 楕円 $\dfrac{x^2}{4}+(y-2)^2=1$ は，上下2つの曲線

$$y=2+\frac{1}{2}\sqrt{4-x^2},\quad y=2-\frac{1}{2}\sqrt{4-x^2}$$

に分けることができる。

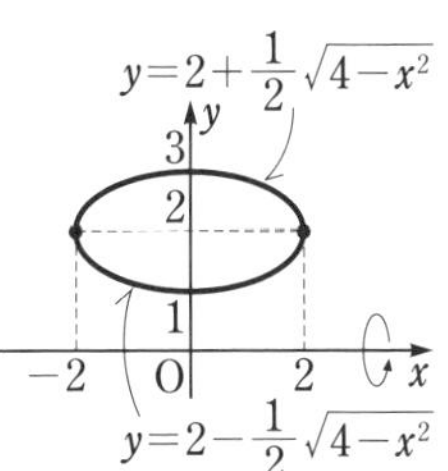

求める体積 V は，この2つの曲線のそれぞれと，x 軸および2直線 $x=-2$，$x=2$ で囲まれた部分を，x 軸のまわりに1回転してできる2つの立体の体積 V_1，V_2 の差となるから，

$$V=V_1-V_2$$
$$=\pi\int_{-2}^{2}\left(2+\frac{1}{2}\sqrt{4-x^2}\right)^2dx-\pi\int_{-2}^{2}\left(2-\frac{1}{2}\sqrt{4-x^2}\right)^2dx$$
$$=4\pi\int_{-2}^{2}\sqrt{4-x^2}\,dx$$
$$=4\pi\cdot2\pi=\boldsymbol{8\pi^2}$$

参考 $\int_{-2}^{2}\sqrt{4-x^2}\,dx$ は，半径 2 の半円の面積 2π に等しい。

問51 曲線 $x=\sin\theta$，$y=\sin2\theta$ $\left(0\leqq\theta\leqq\dfrac{\pi}{2}\right)$ と x 軸で囲まれた部分を，x 軸のまわりに 1 回転してできる立体の体積 V を求めよ。

教科書 p.174

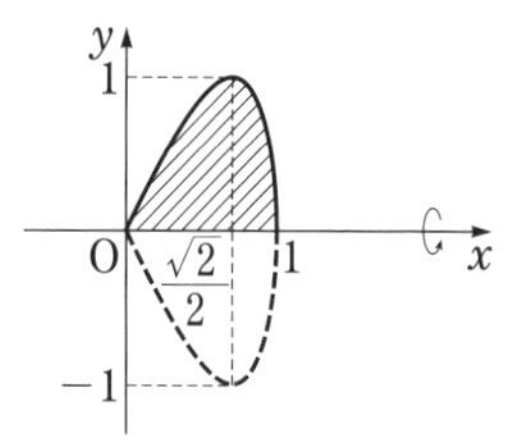

ガイド 求める体積 V は，$V=\pi\int_0^1 y^2dx$ となる。

解答 $V=\pi\int_0^1 y^2dx$ である。

$\dfrac{dx}{d\theta}=\cos\theta$ より，

x	$0\to1$
θ	$0\to\dfrac{\pi}{2}$

$$V=\pi\int_0^{\frac{\pi}{2}}\sin^2 2\theta\cdot\cos\theta\,d\theta$$
$$=\pi\int_0^{\frac{\pi}{2}}(2\sin\theta\cos\theta)^2\cdot\cos\theta\,d\theta$$
$$=\pi\int_0^{\frac{\pi}{2}}4\sin^2\theta\cos^3\theta\,d\theta$$
$$=4\pi\int_0^{\frac{\pi}{2}}\sin^2\theta(1-\sin^2\theta)\cos\theta\,d\theta$$
$$=4\pi\int_0^{\frac{\pi}{2}}(\sin^2\theta-\sin^4\theta)\cos\theta\,d\theta$$
$$=4\pi\left[\frac{1}{3}\sin^3\theta-\frac{1}{5}\sin^5\theta\right]_0^{\frac{\pi}{2}}=\boldsymbol{\frac{8}{15}\pi}$$

3 曲線の長さ

☐ **問52** $a>0$ とするとき，曲線

教科書 p.177

$$x=a\cos^3\theta,\ y=a\sin^3\theta \quad (0\leqq\theta\leqq 2\pi)$$

の長さ L を求めよ。

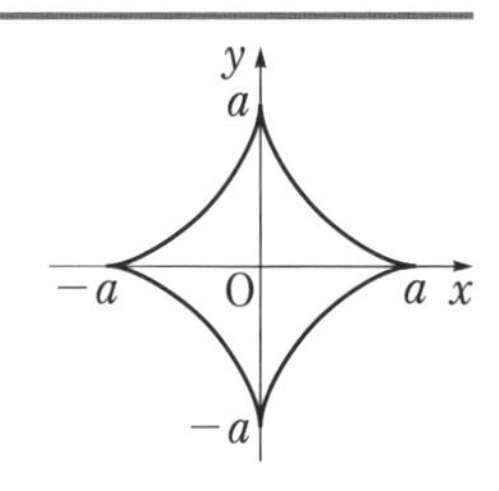

ガイド

ここがポイント **[媒介変数表示された曲線の長さ]**

曲線 $x=f(t)$，$y=g(t)$ $(a\leqq t\leqq b)$ の長さ L は，

$$L=\int_a^b\sqrt{\left(\frac{dx}{dt}\right)^2+\left(\frac{dy}{dt}\right)^2}\,dt=\int_a^b\sqrt{\{f'(t)\}^2+\{g'(t)\}^2}\,dt$$

本問の曲線を**アステロイド**という。

対称性から，$\theta=0$ から $\theta=\dfrac{\pi}{2}$ までの曲線の長さを 4 倍すればよい。

解答

$$L=\int_0^{2\pi}\sqrt{\left(\frac{dx}{d\theta}\right)^2+\left(\frac{dy}{d\theta}\right)^2}\,d\theta$$

$$\frac{dx}{d\theta}=-3a\sin\theta\cos^2\theta$$

$$\frac{dy}{d\theta}=3a\sin^2\theta\cos\theta$$

より，

$$L=\int_0^{2\pi}\sqrt{(-3a\sin\theta\cos^2\theta)^2+(3a\sin^2\theta\cos\theta)^2}\,d\theta$$

$$=3a\int_0^{2\pi}\sqrt{\sin^2\theta\cos^2\theta(\cos^2\theta+\sin^2\theta)}\,d\theta$$

$$=3a\int_0^{2\pi}\sqrt{\sin^2\theta\cos^2\theta}\,d\theta$$

対称性から，

$$L=4\cdot 3a\int_0^{\frac{\pi}{2}}\sqrt{\sin^2\theta\cos^2\theta}\,d\theta=12a\int_0^{\frac{\pi}{2}}\sqrt{\sin^2\theta\cos^2\theta}\,d\theta$$

$0 \leqq \theta \leqq \dfrac{\pi}{2}$ のとき，$\sin\theta\cos\theta \geqq 0$ であるから，

$$L=12a\int_0^{\frac{\pi}{2}}\sin\theta\cos\theta\,d\theta=6a\int_0^{\frac{\pi}{2}}\sin 2\theta\,d\theta$$

$$=6a\left[-\frac{1}{2}\cos 2\theta\right]_0^{\frac{\pi}{2}}=\boldsymbol{6a}$$

問53 半径 r の円を媒介変数で表し，これを用いて円の周の長さ L を求めよ。

教科書 p.177

ガイド 問 52 の ここがポイント を利用する。

解答 半径 r の円を媒介変数で表すと，　$\boldsymbol{x=r\cos\theta}$，$\boldsymbol{y=r\sin\theta}$

$$L=\int_0^{2\pi}\sqrt{\left(\frac{dx}{d\theta}\right)^2+\left(\frac{dy}{d\theta}\right)^2}\,d\theta$$

$$\frac{dx}{d\theta}=-r\sin\theta$$

$$\frac{dy}{d\theta}=r\cos\theta$$

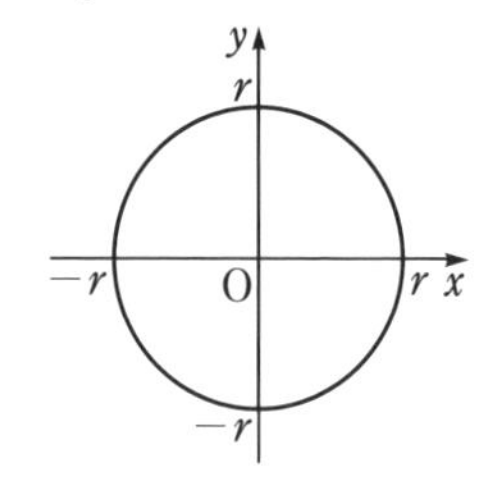

より，

$$L=\int_0^{2\pi}\sqrt{(-r\sin\theta)^2+(r\cos\theta)^2}\,d\theta$$

$$=r\int_0^{2\pi}\sqrt{\sin^2\theta+\cos^2\theta}\,d\theta$$

$$=r\int_0^{2\pi}d\theta=r\Big[\theta\Big]_0^{2\pi}=\boldsymbol{2\pi r}$$

問54 曲線 $y=x^{\frac{3}{2}}\left(0 \leqq x \leqq \dfrac{4}{3}\right)$ の長さ L を求めよ。

教科書 p.178

ガイド

ここがポイント [曲線 $y=f(x)$ の長さ]

曲線 $y=f(x)$ $(a \leqq x \leqq b)$ の長さ L は，

$$\boldsymbol{L=\int_a^b\sqrt{1+\left(\frac{dy}{dx}\right)^2}\,dx=\int_a^b\sqrt{1+\{f'(x)\}^2}\,dx}$$

解答　$\dfrac{dy}{dx}=\dfrac{3}{2}x^{\frac{1}{2}}$ より，

$$L=\int_0^{\frac{4}{3}}\sqrt{1+\left(\frac{dy}{dx}\right)^2}\,dx=\int_0^{\frac{4}{3}}\sqrt{1+\left(\frac{3}{2}x^{\frac{1}{2}}\right)^2}\,dx$$
$$=\int_0^{\frac{4}{3}}\sqrt{1+\frac{9}{4}x}\,dx=\left[\frac{4}{9}\cdot\frac{2}{3}\left(1+\frac{9}{4}x\right)^{\frac{3}{2}}\right]_0^{\frac{4}{3}}$$
$$=\boldsymbol{\frac{56}{27}}$$

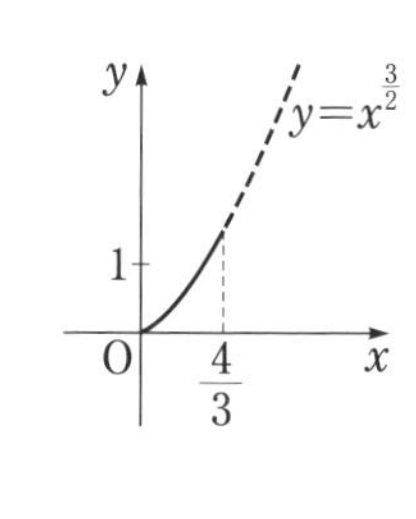

問55　数直線上を速度 $v(t)=2\cos 2t-1$ で動く点Pの，$t=0$ から $t=\dfrac{\pi}{2}$ までの位置の変化量を求めよ。

教科書 p.179

ガイド　求める位置の変化量は $v(t)$ を区間 $\left[0,\ \dfrac{\pi}{2}\right]$ で積分した値である。

解答　$\displaystyle\int_0^{\frac{\pi}{2}}(2\cos 2t-1)\,dt=\Big[\sin 2t-t\Big]_0^{\frac{\pi}{2}}=\boldsymbol{-\frac{\pi}{2}}$

問56　問 55 において，点Pが $t=0$ から $t=\dfrac{\pi}{2}$ までに動く道のり s を求めよ。

教科書 p.179

ガイド　点Pが実際に動く長さを**道のり**といい，数直線上を速度 v で動く点Pが $t=a$ から $t=b$ までに動く道のりは，$\displaystyle\int_a^b|\boldsymbol{v}|\boldsymbol{dt}$ である。

解答

$$s=\int_0^{\frac{\pi}{2}}|2\cos 2t-1|\,dt$$
$$=\int_0^{\frac{\pi}{6}}(2\cos 2t-1)\,dt+\int_{\frac{\pi}{6}}^{\frac{\pi}{2}}\{-(2\cos 2t-1)\}\,dt$$
$$=\int_0^{\frac{\pi}{6}}(2\cos 2t-1)\,dt+\int_{\frac{\pi}{6}}^{\frac{\pi}{2}}(-2\cos 2t+1)\,dt$$
$$=\Big[\sin 2t-t\Big]_0^{\frac{\pi}{6}}+\Big[-\sin 2t+t\Big]_{\frac{\pi}{6}}^{\frac{\pi}{2}}=\boldsymbol{\frac{\pi}{6}+\sqrt{3}}$$

問57 座標平面上を動く点 P$(x,\ y)$ の時刻 t における座標が，

教科書 p.180

$x=\cos t+t\sin t$, $y=\sin t-t\cos t$ と表されるとき，P が $t=0$ から $t=1$ までに動く道のり s を求めよ。

ガイド 座標平面上を動く点Pの時刻 t における座標を $(x,\ y)$ とすると，この点における速度 $\vec{v}$ は，

$$\vec{v}=\left(\frac{dx}{dt},\ \frac{dy}{dt}\right)$$

である。

点Pが $t=t_1$ から $t=t_2$ までに同じ点を通ることなく曲線 C 上を動くとき，Pの動く道のり s は，この部分の曲線 C の長さであるから，

$$\boldsymbol{s=\int_{t_1}^{t_2}\sqrt{\left(\frac{dx}{dt}\right)^2+\left(\frac{dy}{dt}\right)^2}\,dt=\int_{t_1}^{t_2}|\vec{v}|\,dt}$$

である。

解答

$$\frac{dx}{dt}=-\sin t+\sin t+t\cos t=t\cos t$$

$$\frac{dy}{dt}=\cos t-\cos t+t\sin t=t\sin t$$

より，$0\leqq t\leqq 1$ のとき，

$$s=\int_0^1\sqrt{(t\cos t)^2+(t\sin t)^2}\,dt$$

$$=\int_0^1 t\sqrt{\cos^2 t+\sin^2 t}\,dt=\int_0^1 t\,dt$$

$$=\left[\frac{1}{2}t^2\right]_0^1=\boldsymbol{\frac{1}{2}}$$

点Pがすでに通過した部分をまた通過する場合も，道のり s は，$s=\int_{t_1}^{t_2}|\vec{v}|\,dt$ で求めることができる。

節末問題　　第3節｜積分法の応用

1 教科書 p.181

次の曲線や直線で囲まれた部分の面積Sを求めよ。

(1) $y=x+\dfrac{2}{x}-3$, x軸　　(2) $y^2=4x$, $x^2=4y$

ガイド 図をかいて，面積を求める図形を確認する。

(2) $y^2=4x$ は $x^2=4y$ のxとyを入れ換えたものであるから，$y^2=4x$ のグラフと $x^2=4y$ のグラフは直線 $y=x$ に関して対称である。

解答 (1) $x+\dfrac{2}{x}-3=0$ を解くと，

$x^2-3x+2=0$

$(x-1)(x-2)=0$

$x=1,\ 2$

$1\leqq x\leqq 2$ で $x+\dfrac{2}{x}-3\leqq 0$ であるから，

$$S=-\int_1^2\left(x+\frac{2}{x}-3\right)dx$$

$$=-\left[\frac{1}{2}x^2+2\log|x|-3x\right]_1^2=\mathbf{\frac{3}{2}-2\log 2}$$

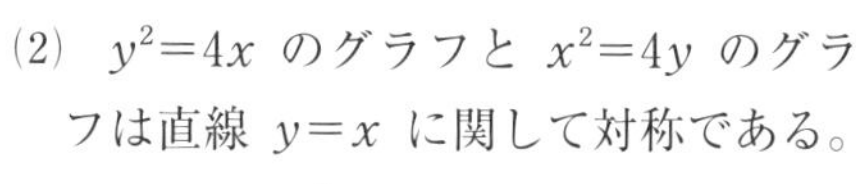

(2) $y^2=4x$ のグラフと $x^2=4y$ のグラフは直線 $y=x$ に関して対称である。

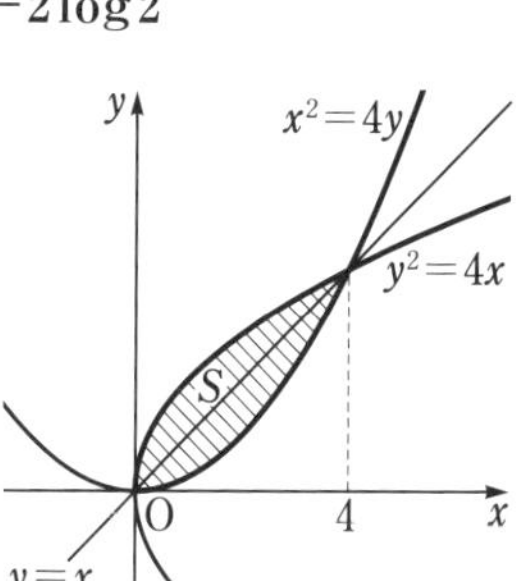

曲線 $y=\dfrac{1}{4}x^2$ と直線 $y=x$ の交点のx座標は，

$\dfrac{1}{4}x^2=x$

$x(x-4)=0$

$x=0,\ 4$

$0\leqq x\leqq 4$ で $x\geqq\dfrac{1}{4}x^2$ であるから，

$$S=2\int_0^4\left(x-\frac{1}{4}x^2\right)dx$$

$$=2\left[\frac{1}{2}x^2-\frac{1}{12}x^3\right]_0^4=\mathbf{\frac{16}{3}}$$

第4章 積分法

2 教科書 p.181

曲線 $2x^2-2xy+y^2=4$ で囲まれた部分の面積 S を求めよ。

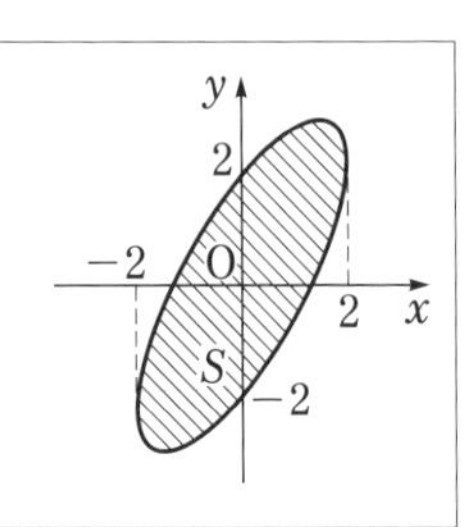

ガイド 求める面積は，2曲線 $y=x+\sqrt{4-x^2}$，$y=x-\sqrt{4-x^2}$ で囲まれた部分の面積である。

解答 $2x^2-2xy+y^2=4$ を y について解くと，

$$y=x\pm\sqrt{4-x^2}$$

したがって，

$$S=\int_{-2}^{2}\{(x+\sqrt{4-x^2})-(x-\sqrt{4-x^2})\}dx=2\int_{-2}^{2}\sqrt{4-x^2}\,dx$$

ここで，$\int_{-2}^{2}\sqrt{4-x^2}\,dx$ は半径2の半円の面積 2π に等しいから，

$$S=2\cdot2\pi=\mathbf{4\pi}$$

3 教科書 p.181

媒介変数表示された次の曲線で囲まれた部分の面積 S を求めよ。

$$x=\sin t,\ y=\sin 2t \quad (0\leqq t\leqq\pi)$$

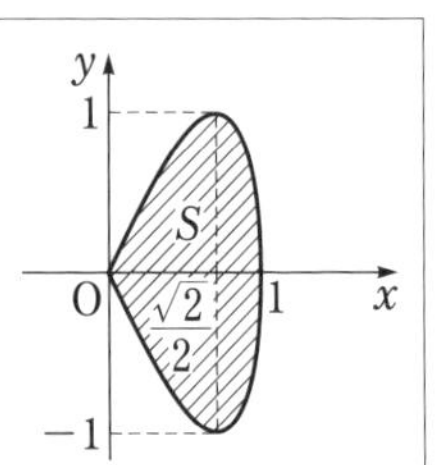

ガイド $y_1=\sin 2t\left(0\leqq t\leqq\dfrac{\pi}{2}\right)$ とすると，$S=2\int_0^1 y_1\,dx$ である。

解答 求める面積は，$y_1=\sin 2t\left(0\leqq t\leqq\dfrac{\pi}{2}\right)$ とすると，$S=2\int_0^1 y_1\,dx$ である。

x	$0\to1$
t	$0\to\dfrac{\pi}{2}$

$\dfrac{dx}{dt}=\cos t$ より，

$$S=2\int_0^{\frac{\pi}{2}}\sin 2t\cdot\cos t\,dt=2\int_0^{\frac{\pi}{2}}2\sin t\cos t\cdot\cos t\,dt$$

$$=4\int_0^{\frac{\pi}{2}}\sin t\cos^2 t\,dt=4\left[-\frac{1}{3}\cos^3 t\right]_0^{\frac{\pi}{2}}=\mathbf{\frac{4}{3}}$$

☐ **4**

教科書 p.181

楕円 $\dfrac{x^2}{a^2}+\dfrac{y^2}{b^2}=1$ で囲まれた図形を，x 軸のまわりに1回転してできる立体の体積 V_x と，y 軸のまわりに1回転してできる立体の体積 V_y の比を求めよ。

ガイド $V_x=\pi\displaystyle\int_{-a}^{a}y^2dx$，$V_y=\pi\displaystyle\int_{-b}^{b}x^2dy$ である。

解答 $y^2=b^2-\dfrac{b^2}{a^2}x^2$ より，

$$V_x=\pi\int_{-a}^{a}y^2dx$$

$$=\pi\int_{-a}^{a}\left(b^2-\frac{b^2}{a^2}x^2\right)dx$$

$$=2\pi b^2\int_0^a\left(1-\frac{1}{a^2}x^2\right)dx=2\pi b^2\left[x-\frac{1}{3a^2}x^3\right]_0^a=\frac{4}{3}\pi ab^2$$

$x^2=a^2-\dfrac{a^2}{b^2}y^2$ より，

$$V_y=\pi\int_{-b}^{b}x^2dy=\pi\int_{-b}^{b}\left(a^2-\frac{a^2}{b^2}y^2\right)dy$$

$$=2\pi a^2\int_0^b\left(1-\frac{1}{b^2}y^2\right)dy=2\pi a^2\left[y-\frac{1}{3b^2}y^3\right]_0^b=\frac{4}{3}\pi a^2b$$

よって，　$\boldsymbol{V_x : V_y}=\dfrac{4}{3}\pi ab^2 : \dfrac{4}{3}\pi a^2b=\boldsymbol{b : a}$

☐ **5**

教科書 p.181

次の曲線や直線で囲まれた部分を，x 軸のまわりに1回転してできる立体の体積 V を求めよ。

(1)　$y=x^2$，$y=\sqrt{x}$　　(2)　$y=\sin x$ $(0\leqq x\leqq\pi)$，$y=\dfrac{2}{\pi}x$

ガイド (2)　曲線 $y=\sin x$ $(0\leqq x\leqq\pi)$ と直線 $y=\dfrac{2}{\pi}x$ の交点の x 座標は，

$x=0$，$\dfrac{\pi}{2}$ である。

解答 (1)　$x^2=\sqrt{x}$ を解くと，

$$\sqrt{x}\{(\sqrt{x})^3-1\}=0$$

$$\sqrt{x}(\sqrt{x}-1)\{(\sqrt{x})^2+\sqrt{x}+1\}=0$$

$$x=0,\ 1$$

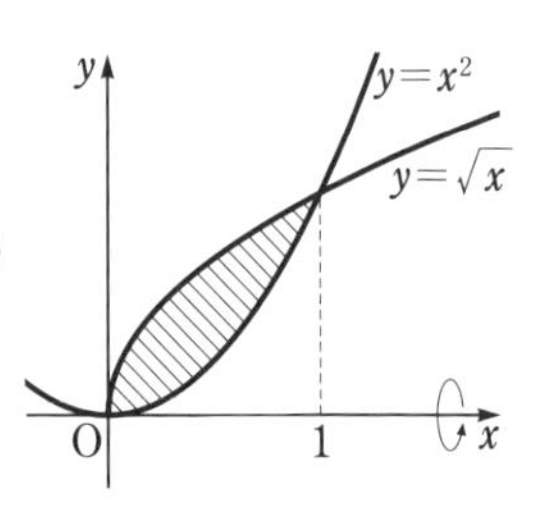

よって，

$$V=\pi\int_0^1(\sqrt{x})^2dx-\pi\int_0^1(x^2)^2dx$$

$$=\pi\int_0^1(x-x^4)\,dx$$

$$=\pi\left[\frac{1}{2}x^2-\frac{1}{5}x^5\right]_0^1$$

$$=\boldsymbol{\frac{3}{10}\pi}$$

(2)　曲線 $y=\sin x$ $(0\leqq x\leqq\pi)$ と直線 $y=\frac{2}{\pi}x$ の交点の x 座標は，

$$x=0,\ \frac{\pi}{2}$$

よって，

$$V=\pi\int_0^{\frac{\pi}{2}}\sin^2x\,dx-\pi\int_0^{\frac{\pi}{2}}\left(\frac{2}{\pi}x\right)^2dx$$

$$=\pi\int_0^{\frac{\pi}{2}}\frac{1-\cos 2x}{2}\,dx-\frac{4}{\pi}\int_0^{\frac{\pi}{2}}x^2\,dx$$

$$=\frac{\pi}{2}\left[x-\frac{1}{2}\sin 2x\right]_0^{\frac{\pi}{2}}-\frac{4}{\pi}\left[\frac{1}{3}x^3\right]_0^{\frac{\pi}{2}}=\boldsymbol{\frac{\pi^2}{12}}$$

注意　例えば(1)では，立体の体積 V を

$$V=\pi\int_0^1(\sqrt{x}-x^2)^2dx$$

としないようにしよう。

求める体積は，
2つの回転体の
体積の差だね。

6 教科書 p.181

次の曲線の長さ L を求めよ。

(1) $x=e^{-t}\cos\pi t,\ y=e^{-t}\sin\pi t\quad(0\leqq t\leqq 2)$

(2) $y=\dfrac{1}{4}x^2-\dfrac{1}{2}\log x\quad(1\leqq x\leqq e)$

ガイド (1) $\dfrac{dx}{dt}$, $\dfrac{dy}{dt}$ を求めて，$\sqrt{\left(\dfrac{dx}{dt}\right)^2+\left(\dfrac{dy}{dt}\right)^2}$ を積分する。

解答 (1)

$$\frac{dx}{dt}=-e^{-t}\cos\pi t-\pi e^{-t}\sin\pi t=-e^{-t}(\cos\pi t+\pi\sin\pi t)$$

$$\frac{dy}{dt}=-e^{-t}\sin\pi t+\pi e^{-t}\cos\pi t=-e^{-t}(\sin\pi t-\pi\cos\pi t)$$

より，

$$\begin{aligned}&\left(\frac{dx}{dt}\right)^2+\left(\frac{dy}{dt}\right)^2\\&=\{-e^{-t}(\cos\pi t+\pi\sin\pi t)\}^2+\{-e^{-t}(\sin\pi t-\pi\cos\pi t)\}^2\\&=e^{-2t}\{\cos^2\pi t+\sin^2\pi t+\pi^2(\sin^2\pi t+\cos^2\pi t)\}\\&=(1+\pi^2)e^{-2t}\end{aligned}$$

よって，$e^{-t}>0$ より，

$$\begin{aligned}L&=\int_0^2\sqrt{\left(\frac{dx}{dt}\right)^2+\left(\frac{dy}{dt}\right)^2}\,dt\\&=\int_0^2\sqrt{1+\pi^2}\,e^{-t}\,dt=\sqrt{1+\pi^2}\int_0^2 e^{-t}\,dt\\&=\sqrt{1+\pi^2}\Big[-e^{-t}\Big]_0^2=\boldsymbol{\sqrt{1+\pi^2}\left(1-\frac{1}{e^2}\right)}\end{aligned}$$

(2) $\dfrac{dy}{dx}=\dfrac{x}{2}-\dfrac{1}{2x}$ より，

$$1+\left(\frac{dy}{dx}\right)^2=1+\left(\frac{x}{2}-\frac{1}{2x}\right)^2=\left(\frac{x}{2}+\frac{1}{2x}\right)^2=\left\{\frac{1}{2}\left(x+\frac{1}{x}\right)\right\}^2$$

$1\leqq x\leqq e$ のとき，$x+\dfrac{1}{x}>0$ より，

$$\begin{aligned}L&=\int_1^e\sqrt{1+\left(\frac{dy}{dx}\right)^2}\,dx\\&=\int_1^e\frac{1}{2}\left(x+\frac{1}{x}\right)dx\\&=\frac{1}{2}\left[\frac{1}{2}x^2+\log|x|\right]_1^e=\boldsymbol{\frac{1}{4}(e^2+1)}\end{aligned}$$

章末問題

A

1. 教科書 p.182

次の問いに答えよ。

(1) 等式 $\dfrac{1}{x(x+1)^2}=\dfrac{a}{x}+\dfrac{b}{x+1}+\dfrac{c}{(x+1)^2}$ が成り立つように，定数 a，b，c の値を定めよ。

(2) 不定積分 $\displaystyle\int\frac{dx}{x(x+1)^2}$ を求めよ。

ガイド (2) (1)の結果を利用する。

解答 (1) $\dfrac{1}{x(x+1)^2}=\dfrac{a}{x}+\dfrac{b}{x+1}+\dfrac{c}{(x+1)^2}$ より，分母を払うと，

$$1=a(x+1)^2+bx(x+1)+cx$$

$$1=(a+b)x^2+(2a+b+c)x+a$$

係数を比較して， $a+b=0$，$2a+b+c=0$，$a=1$

これより， $\boldsymbol{a=1}$，$\boldsymbol{b=-1}$，$\boldsymbol{c=-1}$

(2) (1)より，

$$\int\frac{dx}{x(x+1)^2}=\int\left\{\frac{1}{x}-\frac{1}{x+1}-\frac{1}{(x+1)^2}\right\}dx$$

$$=\log|x|-\log|x+1|+\frac{1}{x+1}+C$$

$$=\boldsymbol{\frac{1}{x+1}+\log\left|\frac{x}{x+1}\right|+C}$$

2. 教科書 p.182

次の定積分を求めよ。

(1) $\displaystyle\int_1^e x(\log x)^2dx$　　(2) $\displaystyle\int_0^2\frac{dx}{e^x+1}$

ガイド (1) 部分積分法を2回用いる。

(2) $e^x=t$ とおく。

解答 (1) $\displaystyle\int_1^e x(\log x)^2dx=\left[\frac{1}{2}x^2(\log x)^2\right]_1^e-\int_1^e\frac{1}{2}x^2\cdot2\log x\cdot\frac{1}{x}dx$

$$=\frac{e^2}{2}-\int_1^e x\log x\,dx$$

$$=\frac{e^2}{2}-\left(\left[\frac{1}{2}x^2\log x\right]_1^e-\int_1^e\frac{1}{2}x^2\cdot\frac{1}{x}dx\right)$$

$$=\frac{e^2}{2}-\left(\frac{e^2}{2}-\int_1^e\frac{1}{2}x\,dx\right)=\left[\frac{1}{4}x^2\right]_1^e=\mathbf{\frac{1}{4}(e^2-1)}$$

(2)　$e^x=t$ とおくと，$x=\log t$ より，　$\frac{dx}{dt}=\frac{1}{t}$

x	$0\to 2$
t	$1\to e^2$

$$\int_0^2\frac{dx}{e^x+1}=\int_1^{e^2}\frac{1}{t+1}\cdot\frac{1}{t}dt$$

$$=\int_1^{e^2}\left(\frac{1}{t}-\frac{1}{t+1}\right)dt=\Big[\log|t|-\log|t+1|\Big]_1^{e^2}$$

$$=\left[\log\left|\frac{t}{t+1}\right|\right]_1^{e^2}=\log\frac{e^2}{e^2+1}-\log\frac{1}{2}=\mathbf{\log\frac{2e^2}{e^2+1}}$$

3.　教科書 p. 182

定積分を利用して，次の極限値を求めよ。

$$\lim_{n\to\infty}\frac{1}{n^2}(\sqrt{n^2-1^2}+\sqrt{n^2-2^2}+\cdots\cdots+\sqrt{n^2-(n-1)^2})$$

ガイド　$\sum_{k=1}^{n-1}\sqrt{n^2-k^2}=\sum_{k=1}^{n}\sqrt{n^2-k^2}$ である。

解答

$$\frac{1}{n^2}(\sqrt{n^2-1^2}+\sqrt{n^2-2^2}+\cdots\cdots+\sqrt{n^2-(n-1)^2})$$

$$=\frac{1}{n}\left\{\sqrt{1-\left(\frac{1}{n}\right)^2}+\sqrt{1-\left(\frac{2}{n}\right)^2}+\cdots\cdots+\sqrt{1-\left(\frac{n-1}{n}\right)^2}\right\}$$

$$=\frac{1}{n}\left\{\sqrt{1-\left(\frac{1}{n}\right)^2}+\sqrt{1-\left(\frac{2}{n}\right)^2}+\cdots\cdots+\sqrt{1-\left(\frac{n-1}{n}\right)^2}+\sqrt{1-\left(\frac{n}{n}\right)^2}\right\}$$

よって，$f(x)=\sqrt{1-x^2}$ とすると，

$$\lim_{n\to\infty}\frac{1}{n^2}(\sqrt{n^2-1^2}+\sqrt{n^2-2^2}+\cdots\cdots+\sqrt{n^2-(n-1)^2})$$

$$=\lim_{n\to\infty}\frac{1}{n}\left\{f\left(\frac{1}{n}\right)+f\left(\frac{2}{n}\right)+\cdots\cdots+f\left(\frac{n}{n}\right)\right\}$$

$$=\int_0^1 f(x)\,dx=\int_0^1\sqrt{1-x^2}\,dx$$

x	$0 \to 1$
θ	$0 \to \frac{\pi}{2}$

$x=\sin\theta$ とおくと, $\dfrac{dx}{d\theta}=\cos\theta$

$0 \leqq \theta \leqq \dfrac{\pi}{2}$ のとき, $\cos\theta \geqq 0$ より,

$$\sqrt{1-x^2}=\sqrt{1-\sin^2\theta}=\sqrt{\cos^2\theta}=\cos\theta$$

よって, $\displaystyle\int_0^1 \sqrt{1-x^2}\,dx=\int_0^{\frac{\pi}{2}} \cos\theta \cdot \cos\theta\,d\theta=\int_0^{\frac{\pi}{2}} \frac{1+\cos 2\theta}{2}\,d\theta$

$$=\frac{1}{2}\left[\theta+\frac{1}{2}\sin 2\theta\right]_0^{\frac{\pi}{2}}=\boldsymbol{\frac{\pi}{4}}$$

参考 $\displaystyle\int_0^1 \sqrt{1-x^2}\,dx$ は, 半径1の円の面積の $\dfrac{1}{4}$ に等しく, $\dfrac{\pi}{4}$ である。

4. 教科書 p.182

原点から曲線 $y=\log 2x$ に接線を引く。この接線と曲線 $y=\log 2x$ および x 軸で囲まれた部分の面積 S を求めよ。

ガイド 接点の座標を $(t,\ \log 2t)$ として, 接線の方程式を求める。

解答 接点の座標を $(t,\ \log 2t)$ とすると,

$y'=\dfrac{1}{x}$ であるから, 接線の方程式は,

$$y-\log 2t=\frac{1}{t}(x-t) \quad \cdots\cdots ①$$

接線①は原点 $(0,\ 0)$ を通るから,

$$0-\log 2t=\frac{1}{t}(0-t)$$

$\log 2t=1$ よって, $t=\dfrac{e}{2}$

①より, 接線の方程式は, $y-\log e=\dfrac{2}{e}\left(x-\dfrac{e}{2}\right)$

すなわち, $y=\dfrac{2}{e}x$

よって, $\displaystyle S=\int_0^{\frac{e}{2}} \frac{2}{e}x\,dx-\int_{\frac{1}{2}}^{\frac{e}{2}} \log 2x\,dx$

$$=\left[\frac{1}{e}x^2\right]_0^{\frac{e}{2}}-\left(\left[x\log 2x\right]_{\frac{1}{2}}^{\frac{e}{2}}-\int_{\frac{1}{2}}^{\frac{e}{2}} x\cdot\frac{1}{x}\,dx\right)$$

$$=\frac{e}{4}-\left(\frac{e}{2}-\left[x\right]_{\frac{1}{2}}^{\frac{e}{2}}\right)=\boldsymbol{\frac{1}{4}(e-2)}$$

5.

教科書 p.182

平面上に半径 a の円がある。この円の直径 AB 上の任意の点Pを通り，AB に垂直な弦 QR をとり，これを1辺とする正三角形 SQR を円に垂直な平面上に作る。
Pを A から B まで動かすとき，△SQR が通過してできる立体の体積 V を求めよ。

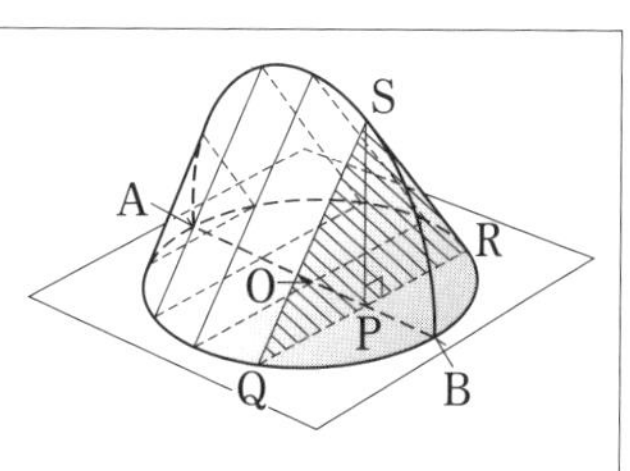

ガイド 円の中心を原点 O，直径 AB を x 軸，点Pの x 座標を x とすると，

$\triangle SQR=\frac{1}{2}\cdot 2\sqrt{a^2-x^2}\cdot\sqrt{3}\sqrt{a^2-x^2}$ である。

解答 円の中心を原点 O，直径 AB を x 軸，点Pの x 座標を x とする。
このとき，$PR=\sqrt{a^2-x^2}$，$PS=\sqrt{3}PR=\sqrt{3}\sqrt{a^2-x^2}$ であるから，

$$\triangle SQR=\frac{1}{2}\cdot 2\sqrt{a^2-x^2}\cdot\sqrt{3}\sqrt{a^2-x^2}=\sqrt{3}(a^2-x^2)$$

よって，

$$V=\int_{-a}^{a}\sqrt{3}(a^2-x^2)\,dx=2\sqrt{3}\int_0^a(a^2-x^2)\,dx$$

$$=2\sqrt{3}\left[a^2x-\frac{1}{3}x^3\right]_0^a=\boldsymbol{\frac{4\sqrt{3}}{3}a^3}$$

6.

教科書 p.182

曲線 $y=\frac{e^x+e^{-x}}{2}$ と x 軸および2直線 $x=-1$，$x=1$ で囲まれた部分を，x 軸のまわりに1回転してできる立体の体積 V を求めよ。

ガイド 求める体積 V は，$V=2\pi\int_0^1 y^2\,dx$ である。

解答 曲線は y 軸に関して対称であるから，

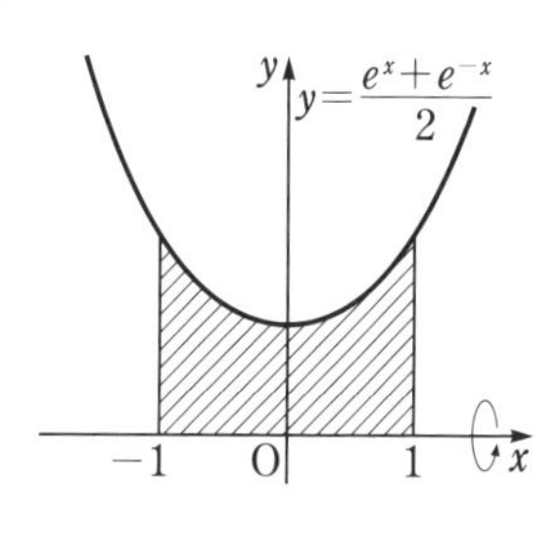

$$V=2\pi\int_0^1\left(\frac{e^x+e^{-x}}{2}\right)^2dx$$

$$=\frac{\pi}{2}\int_0^1(e^{2x}+2+e^{-2x})\,dx$$

$$=\frac{\pi}{2}\left[\frac{1}{2}e^{2x}+2x-\frac{1}{2}e^{-2x}\right]_0^1$$

$$=\boldsymbol{\frac{\pi}{4}\left(e^2+4-\frac{1}{e^2}\right)}$$

□ **7.** 教科書 p.183

座標平面上を動く点P$(x,\ y)$の時刻 t における座標が，$x=2\sin t+\sin 2t$，$y=2\cos t-\cos 2t$ と表されるとき，Pが $t=0$ から $t=\dfrac{\pi}{2}$ までに動く道のり s を求めよ。

ガイド $\left(\dfrac{dx}{dt}\right)^2+\left(\dfrac{dy}{dt}\right)^2$ を加法定理と半角の公式を利用して，簡単な形にする。

解答

$$\frac{dx}{dt}=2\cos t+2\cos 2t$$

$$\frac{dy}{dt}=-2\sin t+2\sin 2t$$

より，

$$s=\int_0^{\frac{\pi}{2}}\sqrt{(2\cos t+2\cos 2t)^2+(-2\sin t+2\sin 2t)^2}\,dt$$

$$=\int_0^{\frac{\pi}{2}}\sqrt{8+8(\cos t\cos 2t-\sin t\sin 2t)}\,dt$$

$$=\int_0^{\frac{\pi}{2}}\sqrt{8+8\cos 3t}\,dt=\int_0^{\frac{\pi}{2}}\sqrt{16\cos^2\frac{3}{2}t}\,dt=4\int_0^{\frac{\pi}{2}}\left|\cos\frac{3}{2}t\right|dt$$

$0\leqq t\leqq\dfrac{\pi}{3}$ のとき，$\cos\dfrac{3}{2}t\geqq 0$，$\dfrac{\pi}{3}\leqq t\leqq\dfrac{\pi}{2}$ のとき，$\cos\dfrac{3}{2}t\leqq 0$ であるから，

$$s=4\int_0^{\frac{\pi}{3}}\cos\frac{3}{2}t\,dt+4\int_{\frac{\pi}{3}}^{\frac{\pi}{2}}\left(-\cos\frac{3}{2}t\right)dt$$

$$=4\left[\frac{2}{3}\sin\frac{3}{2}t\right]_0^{\frac{\pi}{3}}+4\left[-\frac{2}{3}\sin\frac{3}{2}t\right]_{\frac{\pi}{3}}^{\frac{\pi}{2}}=\boldsymbol{\frac{4}{3}(4-\sqrt{2})}$$

B

□ **8.** 教科書 p.183

m，n を自然数とするとき，定積分 $\displaystyle\int_0^{2\pi}\sin mt\sin nt\,dt$ を求めよ。

ガイド $\sin\alpha\sin\beta=-\dfrac{1}{2}\{\cos(\alpha+\beta)-\cos(\alpha-\beta)\}$ を用いる。

解答 $m \neq n$ **のとき**,

$$\sin mt \sin nt = -\frac{1}{2}\{\cos(m+n)t - \cos(m-n)t\}$$

$$\int_0^{2\pi} \sin mt \sin nt\, dt$$

$$= -\frac{1}{2}\int_0^{2\pi}\{\cos(m+n)t - \cos(m-n)t\}dt$$

$$= -\frac{1}{2}\left[\frac{1}{m+n}\sin(m+n)t - \frac{1}{m-n}\sin(m-n)t\right]_0^{2\pi} = \mathbf{0}$$

$m = n$ **のとき**,

$$\sin mt \sin nt = \sin^2 mt = \frac{1}{2}(1 - \cos 2mt)$$

$$\int_0^{2\pi} \sin mt \sin nt\, dt = \frac{1}{2}\int_0^{2\pi}(1 - \cos 2mt)\,dt$$

$$= \frac{1}{2}\left[t - \frac{1}{2m}\sin 2mt\right]_0^{2\pi} = \boldsymbol{\pi}$$

9. 教科書 p.183

2つの楕円 $\dfrac{x^2}{3} + y^2 = 1$, $x^2 + \dfrac{y^2}{3} = 1$ の内部の重なった部分の面積 S を求めよ。

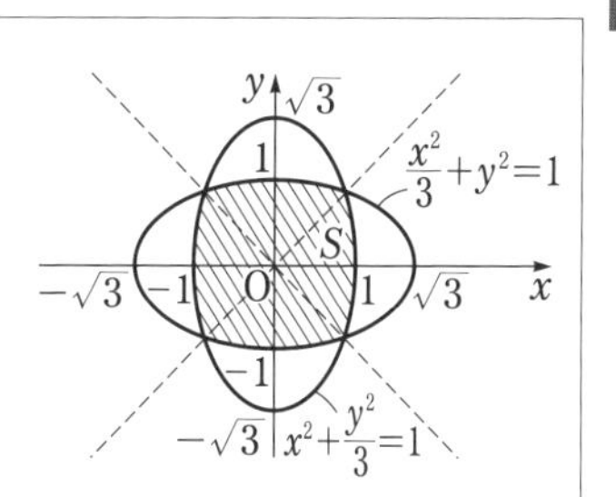

ガイド 面積を求める図形は, x 軸, y 軸によって, 面積が等しい4つの部分に分けられる。

解答 $\dfrac{x^2}{3} + y^2 = 1$ より, $y^2 = 1 - \dfrac{x^2}{3}$ であるから, 2つの楕円の交点の x 座標は, 方程式 $x^2 + \dfrac{1}{3}\left(1 - \dfrac{x^2}{3}\right) = 1$ の解である。$9x^2 + 3 - x^2 = 9$ より,

$$x^2 = \frac{3}{4}$$

$$x = \pm\frac{\sqrt{3}}{2}$$

面積を求める図形は，x 軸，y 軸によって，面積が等しい4つの部分に分けられる。

楕円 $\dfrac{x^2}{3}+y^2=1$ の $y\geqq 0$ の部分は，$y=\sqrt{1-\dfrac{x^2}{3}}$，楕円 $x^2+\dfrac{y^2}{3}=1$ の $y\geqq 0$ の部分は，$y=\sqrt{3-3x^2}$ で表されるから，

$$S=4\left(\int_0^{\frac{\sqrt{3}}{2}}\sqrt{1-\frac{x^2}{3}}\,dx+\int_{\frac{\sqrt{3}}{2}}^1\sqrt{3-3x^2}\,dx\right)$$

$\displaystyle\int_0^{\frac{\sqrt{3}}{2}}\sqrt{1-\frac{x^2}{3}}\,dx$ で，$x=\sqrt{3}\sin\theta$ とすると，

x	$0\to\dfrac{\sqrt{3}}{2}$
θ	$0\to\dfrac{\pi}{6}$

$$\frac{dx}{d\theta}=\sqrt{3}\cos\theta$$

よって，$0\leqq\theta\leqq\dfrac{\pi}{6}$ で $\cos\theta>0$ であるから，

$$\int_0^{\frac{\sqrt{3}}{2}}\sqrt{1-\frac{x^2}{3}}\,dx=\int_0^{\frac{\pi}{6}}\sqrt{1-\sin^2\theta}\cdot\sqrt{3}\cos\theta\,d\theta=\sqrt{3}\int_0^{\frac{\pi}{6}}\cos^2\theta\,d\theta$$
$$=\sqrt{3}\int_0^{\frac{\pi}{6}}\frac{1+\cos 2\theta}{2}\,d\theta=\frac{\sqrt{3}}{2}\left[\theta+\frac{1}{2}\sin 2\theta\right]_0^{\frac{\pi}{6}}$$
$$=\frac{\sqrt{3}}{24}(2\pi+3\sqrt{3})$$

$\displaystyle\int_{\frac{\sqrt{3}}{2}}^1\sqrt{3-3x^2}\,dx$ で $x=\sin\theta$ とすると，

x	$\dfrac{\sqrt{3}}{2}\to 1$
θ	$\dfrac{\pi}{3}\to\dfrac{\pi}{2}$

$$\frac{dx}{d\theta}=\cos\theta$$

よって，$\dfrac{\pi}{3}\leqq\theta\leqq\dfrac{\pi}{2}$ で $\cos\theta\geqq 0$ であるから，

$$\int_{\frac{\sqrt{3}}{2}}^1\sqrt{3-3x^2}\,dx=\int_{\frac{\pi}{3}}^{\frac{\pi}{2}}\sqrt{3}\sqrt{1-\sin^2\theta}\cdot\cos\theta\,d\theta=\sqrt{3}\int_{\frac{\pi}{3}}^{\frac{\pi}{2}}\cos^2\theta\,d\theta$$
$$=\sqrt{3}\int_{\frac{\pi}{3}}^{\frac{\pi}{2}}\frac{1+\cos 2\theta}{2}\,d\theta=\frac{\sqrt{3}}{2}\left[\theta+\frac{1}{2}\sin 2\theta\right]_{\frac{\pi}{3}}^{\frac{\pi}{2}}$$
$$=\frac{\sqrt{3}}{24}(2\pi-3\sqrt{3})$$

以上から，

$$S=4\left\{\frac{\sqrt{3}}{24}(2\pi+3\sqrt{3})+\frac{\sqrt{3}}{24}(2\pi-3\sqrt{3})\right\}=\boldsymbol{\frac{2\sqrt{3}}{3}\pi}$$

☐10. 教科書 p.183

> 曲線 $xy=2$ 上の点Pから x 軸に下ろした垂線をPQとし，点Qからこの曲線に引いた接線の接点をTとする。
> このとき，線分PQ，TQおよびこの曲線で囲まれた部分の面積 S は，Pが曲線上のどこにあっても一定であることを示せ。

ガイド 点Pの座標を $\left(t,\ \dfrac{2}{t}\right)$ $(t\neq 0)$ とおいて，点Tの座標を t を用いて表し，面積 S を求めると一定となることを示す。

解答 点Pの座標を $\left(t,\ \dfrac{2}{t}\right)$ $(t\neq 0)$ とおくと，　$Q(t,\ 0)$

$y=\dfrac{2}{x}$ より，　$y'=-\dfrac{2}{x^2}$

点Tの座標を $\left(a,\ \dfrac{2}{a}\right)$ $(a\neq 0)$とおくと，接線の方程式は，

$$y-\frac{2}{a}=-\frac{2}{a^2}(x-a)$$

点Qを通るから，

$$-\frac{2}{a}=-\frac{2}{a^2}(t-a)$$

$$a=t-a$$

$$a=\frac{t}{2}$$

よって，　$T\left(\dfrac{t}{2},\ \dfrac{4}{t}\right)$

$t>0$ のとき，

$$S=\int_{\frac{t}{2}}^{t}\frac{2}{x}dx-\frac{1}{2}\cdot\frac{t}{2}\cdot\frac{4}{t}=\Big[2\log|x|\Big]_{\frac{t}{2}}^{t}-1$$

$$=2\log t-2\log\frac{t}{2}-1=2\log 2-1$$

$t<0$ のとき，

$$S=\int_{t}^{\frac{t}{2}}\left(-\frac{2}{x}\right)dx-\frac{1}{2}\cdot\left(-\frac{t}{2}\right)\cdot\left(-\frac{4}{t}\right)=\int_{\frac{t}{2}}^{t}\frac{2}{x}dx-1$$

$$=\Big[2\log|x|\Big]_{\frac{t}{2}}^{t}-1=2\log|t|-2\log\left|\frac{t}{2}\right|-1=2\log 2-1$$

よって，S は一定である。

☐11. 教科書 p.183

半径 a cm の半球形の容器に水が満たしてある。これを静かに45°傾けるとき，どれだけの水が残るか。

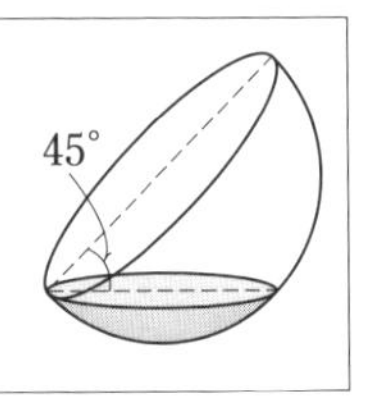

ガイド 半球の中心を原点O，原点Oから水面に下ろした垂線を x 軸とし，下向きを x 軸の正の向きとする。水のある部分の x 軸に垂直な平面による切り口を考え，体積 V を求める。

解答 半球の中心を原点O，原点Oから水面に下ろした垂線を x 軸とし，下向きを x 軸の正の向きとすると，水が残っている部分は

$\dfrac{a}{\sqrt{2}} \leqq x \leqq a$ である。水を x 軸上の x 座標が x の点を通り x 軸に垂直な平面で切ったときの切り口は，半径 $\sqrt{a^2-x^2}$ の円になるから，求める体積 V は，

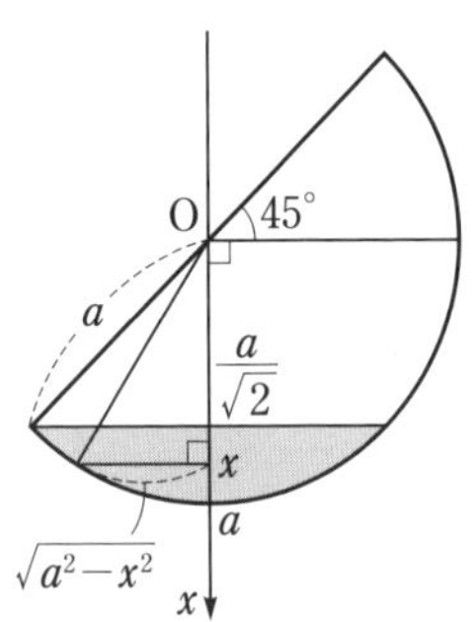

$$V=\int_{\frac{a}{\sqrt{2}}}^{a} \pi(\sqrt{a^2-x^2})^2 dx=\pi\int_{\frac{a}{\sqrt{2}}}^{a}(a^2-x^2)\,dx$$

$$=\pi\left[a^2x-\frac{1}{3}x^3\right]_{\frac{a}{\sqrt{2}}}^{a}$$

$$=\left(\frac{2}{3}-\frac{5\sqrt{2}}{12}\right)\pi a^3 \ (\mathrm{cm}^3)$$

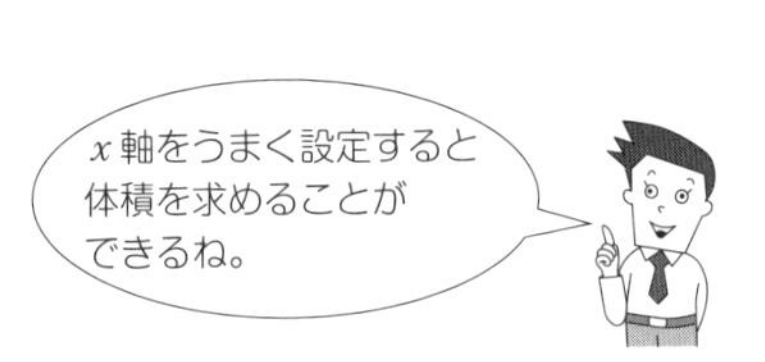

☐12. 教科書 p.183

放物線 $y=-x^2+2x$ と x 軸で囲まれた部分を，y 軸のまわりに1回転してできる立体の体積 V を求めよ。

ガイド $y=-x^2+2x$ を x について解くと，$x=1\pm\sqrt{1-y}$ である。

解答 $y=-x^2+2x$ を x について解くと，

$$x=1\pm\sqrt{1-y}$$

であるから，放物線 $y=-x^2+2x$ は左右2つの曲線

$$x=1+\sqrt{1-y},\ x=1-\sqrt{1-y}$$

に分けることができる。

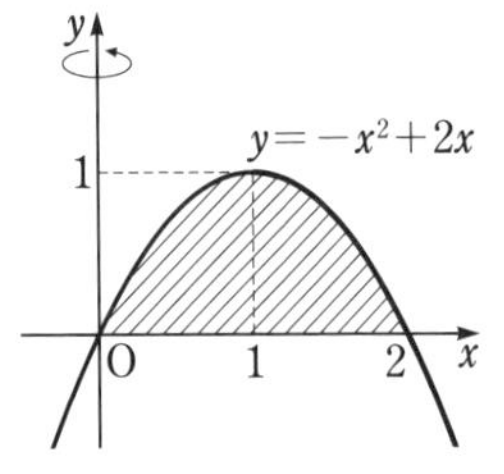

求める体積 V は，曲線 $x=1+\sqrt{1-y}$ と y 軸および 2 直線 $y=0$，$y=1$ で囲まれた部分と，曲線 $x=1-\sqrt{1-y}$ と y 軸および直線 $y=1$ で囲まれた部分のそれぞれを，y 軸のまわりに 1 回転してできる 2 つの立体の体積 V_1，V_2 の差となるから，

$$\begin{aligned}V&=V_1-V_2\\&=\pi\int_0^1(1+\sqrt{1-y})^2dy-\pi\int_0^1(1-\sqrt{1-y})^2dy\\&=4\pi\int_0^1\sqrt{1-y}\,dy=4\pi\left[-\frac{2}{3}(1-y)^{\frac{3}{2}}\right]_0^1=\boldsymbol{\frac{8}{3}\pi}\end{aligned}$$

13. 教科書 p.183

放物線 $y=x^2-1$ と直線 $y=x+1$ で囲まれた部分を，x 軸のまわりに 1 回転してできる立体の体積 V を求めよ。

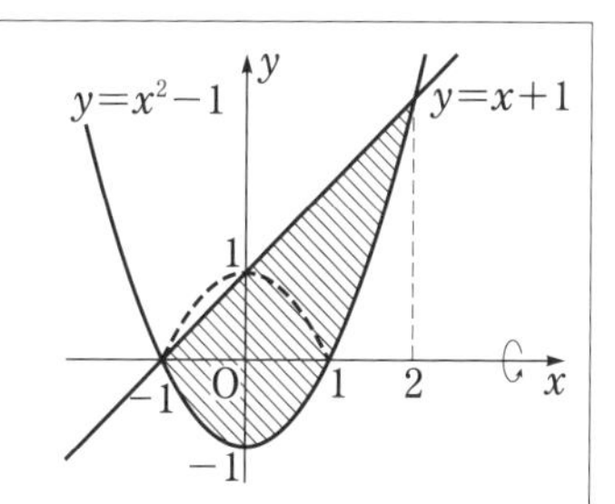

ガイド 回転する部分が回転軸の両側にあるときは，上の図の点線のように一方に折り返して考え，上側にある曲線で回転体の体積を求める。

解答 放物線 $y=x^2-1$ と直線 $y=x+1$ の交点の x 座標は，図より，

$x=-1,\ 2$

放物線 $y=x^2-1$ と x 軸の交点の座標は，　$x=\pm1$

放物線 $y=x^2-1$ を x 軸に関して対称移動した放物線 $y=-x^2+1$ と直線 $y=x+1$ の交点の x 座標は，　$x=-1,\ 0$

よって，

$$\begin{aligned}V&=\pi\int_{-1}^0(-x^2+1)^2dx+\pi\int_0^2(x+1)^2dx-\pi\int_1^2(x^2-1)^2dx\\&=\pi\int_{-1}^0(x^4-2x^2+1)\,dx+\pi\int_0^2(x+1)^2dx\\&\qquad-\pi\int_1^2(x^4-2x^2+1)\,dx\\&=\pi\left[\frac{1}{5}x^5-\frac{2}{3}x^3+x\right]_{-1}^0+\pi\left[\frac{1}{3}(x+1)^3\right]_0^2-\pi\left[\frac{1}{5}x^5-\frac{2}{3}x^3+x\right]_1^2\\&=\boldsymbol{\frac{20}{3}\pi}\end{aligned}$$

第4章 積分法

研究 微分方程式 発展

問題1 x 軸上を動く点の時刻 t における座標 $x(t)$ が

教科書 p.184 $\dfrac{d}{dt}x(t)=2\sin\pi t$，$x(0)=0$ を満たすとき，$x(t)$ を求めよ。

ガイド 未知の関数の導関数を含む関係式を**微分方程式**という。そして，微分方程式を満たす関数を，その微分方程式の**解**という。

一般に，微分方程式の解は，すべての実数値をとり得る定数（Cとする）を含む。微分方程式のすべての解を求めることを**微分方程式を解く**という。

条件を与えると微分方程式の解が決まるとき，すなわち，定数Cの値が決まるとき，その条件をその微分方程式の**初期条件**という。

解答 $\dfrac{d}{dt}x(t)=2\sin\pi t$ の両辺を t で積分すると，

$$x(t)=\int 2\sin\pi t\,dt=-\frac{2}{\pi}\cos\pi t+C$$

$x(0)=0$ より，

$$0=-\frac{2}{\pi}+C$$

したがって，　$C=\dfrac{2}{\pi}$

よって，　$\boldsymbol{x(t)=-\dfrac{2}{\pi}\cos\pi t+\dfrac{2}{\pi}}$

問題2 室温15°Cの部屋に90°Cのコーヒーを5分間置いておいたところ，

教科書 p.185 60°Cになった。さらに5分間置いておくとコーヒーは何°Cになるか。

ガイド 周囲の温度が一定（a°C）に保たれているとき，時刻 t における物体の温度を x°C とすると，物体の温度が変化する速度 $\dfrac{dx}{dt}$ は物体の温度と周囲の温度の差 $x-a$ に比例し，kを正の定数として，微分方程式 $\dfrac{dx}{dt}=-k(x-a)$ で表される。この式を用いて考える。

解答 微分方程式 $\dfrac{dx}{dt}=-k(x-a)$ において $a=15$ であるから,

$$\frac{dx}{dt}=-k(x-15)$$

$x-15\neq0$ として, 両辺を $x-15$ で割ると,

$$\frac{1}{x-15}\cdot\frac{dx}{dt}=-k$$

両辺を t で積分すると,

$$\int\frac{1}{x-15}\cdot\frac{dx}{dt}dt=\int(-k)dt$$

すなわち, $\displaystyle\int\frac{1}{x-15}dx=-k\int dt$

これより, $\log|x-15|=-kt+C$

したがって, $x-15=\pm e^{-kt+C}$

すなわち, $x-15=\pm e^{C}\cdot e^{-kt}$

ここで, e^{C} は定数であるから, $\pm e^{C}=A$ とおくと,

$$x=Ae^{-kt}+15 \quad \cdots\cdots①$$

$t=0$ のとき $x=90$, $t=5$ のとき $x=60$ であるから, ①より,

$$\begin{cases} 90=A+15 & \cdots\cdots② \\ 60=Ae^{-5k}+15 & \cdots\cdots③ \end{cases}$$

②より, $A=75$

これを③に代入して整理すると, $45=75e^{-5k}$

これより, $e^{-5k}=\dfrac{3}{5}$

さらに5分間置いておくと, ①より,

$$\begin{aligned} x&=75\cdot e^{-10k}+15 \\ &=75\cdot(e^{-5k})^2+15 \\ &=75\cdot\left(\frac{3}{5}\right)^2+15=42 \end{aligned}$$

よって, コーヒーは **42°C** になる。

思考力を養う $n!$ の近似値 課題学習

Q 1 教科書 p.186

$\log(n!)=\log 1+\log 2+\cdots\cdots+\log n$

であるから，

$$\int_1^n \log x\,dx<\log(n!) \quad \cdots\cdots ①$$

である。

右の図を用いて，①が成り立つことを説明してみよう。

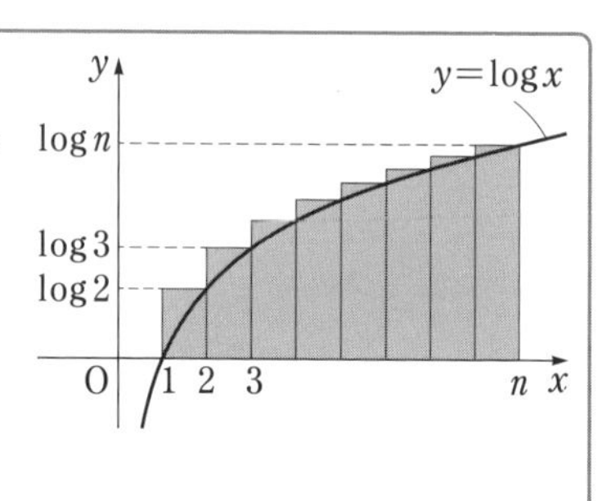

ガイド 左辺と右辺がそれぞれ表す面積を考える。

解答 $\int_1^n \log x\,dx$ は，上の図に示す $y=\log x$ のグラフと x 軸，直線 $x=n$ で囲まれた部分の面積を表しており，$\log(n!)$ は，上の図の色のついた長方形の面積の総和を表している。

したがって，$\int_1^n \log x\,dx<\log(n!)$ が成り立つ。

Q 2 教科書 p.186

右の図の色のついた部分の面積の和は，およそ $\dfrac{\log n}{2}$ であることを説明してみよう。

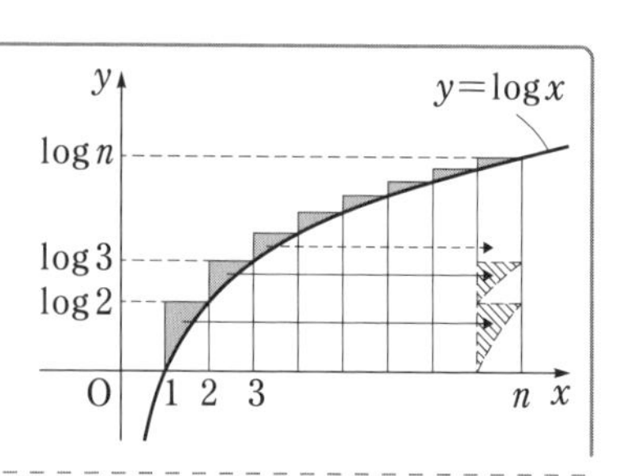

ガイド 上の図のように，色のついた部分を斜線のついた部分に平行移動して考える。

解答 上の図のように，色のついた部分を斜線のついた部分に平行移動して，横の長さが1，縦の長さが $\log n$ の右端の長方形の内部にすべて移すことを考えると，色のついた部分の面積の和は，その長方形のおよそ $\dfrac{1}{2}$ となる。

右端の長方形の面積は $\log n$ であるから，色のついた部分の面積の和は，およそ $\dfrac{\log n}{2}$ である。

☐ **Q 3**　Q 2 で説明したことを用いて，$n! \fallingdotseq n^{n+\frac{1}{2}} \cdot e^{1-n}$ を導いてみよう。また，$n=100$ のとき，教科書 p.186 の表を用いて右辺の近似値を計算してみよう。

教科書 p.186

ガイド　**Q 2** の結果より，$\log(n!)$ は，$\int_1^n \log x\,dx + \frac{\log n}{2}$ の値を用いて近似することができる。

解答　**Q 2** の結果より，

$$\begin{aligned}\log(n!) &\fallingdotseq \int_1^n \log x\,dx + \frac{\log n}{2}\\ &= \Big[x\log x\Big]_1^n - \int_1^n x\cdot\frac{1}{x}\,dx + \frac{\log n}{2}\\ &= n\log n - \int_1^n dx + \frac{\log n}{2}\\ &= n\log n - \Big[x\Big]_1^n + \frac{\log n}{2}\\ &= n\log n - n + 1 + \frac{\log n}{2}\\ &= \left(n+\frac{1}{2}\right)\log n - n + 1\end{aligned}$$

よって，　$n! \fallingdotseq e^{\left(n+\frac{1}{2}\right)\log n - n + 1} = e^{\log n^{n+\frac{1}{2}}} \cdot e^{1-n} = n^{n+\frac{1}{2}} \cdot e^{1-n}$

また，$n^{n+\frac{1}{2}} \cdot e^{1-n} = \sqrt{n} \cdot n^n \cdot e^{1-n}$ であり，$n=100$ のとき，$n^n \cdot e^{1-n} = 1.01 \times 10^{157}$ であるから，

$$\begin{aligned}n^{n+\frac{1}{2}} \cdot e^{1-n} &= \sqrt{100} \cdot 1.01 \times 10^{157}\\ &= \mathbf{10.1 \times 10^{157}}\end{aligned}$$

巻末広場

思考力をみがく フラクタル図形 課題学習

Q 1 教科書 p.188　もとの正三角形の面積を1とするとき，コッホ雪片で囲まれる部分の面積を求めてみよう。

ガイド 正三角形から出発して，次の操作Aを無限に繰り返してできる図形は，**コッホ雪片**または**コッホ曲線**と呼ばれている。コッホ雪片の一部分を拡大すると，もとの図形の一部がみられる。

このように，図形の一部分と全体が相似形になっている図形を，一般に**フラクタル図形**と呼ぶ。

操作A：すべての辺を3等分し，それぞれ，その中央の線分を1辺とする正三角形を図形の外側にかき，もとの中央の線分を消す。

解答 操作Aを1回行うと，1つの線分が4つの線分に変化するから，n 回目の操作で付け加える正三角形の数は $3\cdot4^{n-1}$ 個である。

また，もとの正三角形の面積を1とするとき，n 回目の操作で付け加える正三角形の1つの面積は $\left(\dfrac{1}{9}\right)^n$ である。

したがって，求める面積は，

$$1+\frac{1}{9}\cdot3+\left(\frac{1}{9}\right)^2\cdot3\cdot4+\left(\frac{1}{9}\right)^3\cdot3\cdot4^2+\left(\frac{1}{9}\right)^4\cdot3\cdot4^3+\cdots\cdots$$

$$=1+\sum_{n=1}^{\infty}\frac{3}{9}\left(\frac{4}{9}\right)^{n-1}=1+\frac{\frac{3}{9}}{1-\frac{4}{9}}=\mathbf{\frac{8}{5}}$$

Q 2 教科書 p.189　教科書 p.189 であげた例の他にも，自然の中でフラクタル図形に似た形を探してみよう。

解答 （例）リアス式海岸，木の根っこ，河川が枝分かれしていく様子，人間の血管網，葉の葉脈などがある。

思考力をみがく　原始関数　課題学習

Q 1

教科書 p.190

$$f(x)=\begin{cases} 0 & (x \leqq -1) \\ 2x+2 & (-1<x \leqq 0) \\ -2x+2 & (0<x \leqq 1) \\ 0 & (1<x) \end{cases}$$

上の関数 $f(x)$ の原始関数 $F(x)$ の1つは次のようになる。

$$F(x)=\begin{cases} 0 & (x \leqq -1) \\ x^2+2x+1 & (-1<x \leqq 0) \\ -x^2+2x+1 & (0<x \leqq 1) \\ 2 & (1<x) \end{cases}$$

上の関数 $y=f(x)$ のグラフと x 軸および直線 $x=a$ で囲まれた右の図の斜線部分の面積を $G(a)$ とする。$-1 \leqq x \leqq 1$ のとき，$F(x)=G(x)$ を示してみよう。

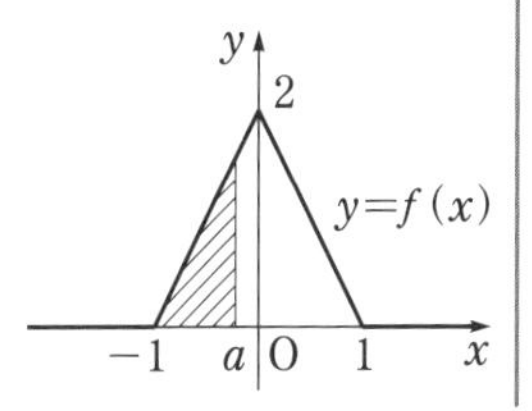

ガイド $a=-1$，$-1<a \leqq 0$ と，$0<a \leqq 1$ とに分けて考える。

解答 $a=-1$ のとき，　$F(a)=0$，$G(a)=0$

$-1<a \leqq 0$ のとき，

$$F(a)=a^2+2a+1$$

$$G(a)=\frac{1}{2}\{a-(-1)\}(2a+2)=a^2+2a+1$$

$0<a \leqq 1$ のとき，

$$F(a)=-a^2+2a+1$$

$$G(a)=\frac{1}{2}\cdot 1\cdot 2\times 2-\frac{1}{2}(1-a)(-2a+2)=-a^2+2a+1$$

よって，$-1 \leqq x \leqq 1$ のとき，$F(x)=G(x)$ である。

☐ **Q 2** 次の関数の原始関数 $G(x)$ を求めてみよう。

教科書 p. 191

$$g(x)=\begin{cases} 1 & (x\leqq 0) \\ x+1 & (0<x\leqq 1) \\ 2 & (1<x) \end{cases}$$

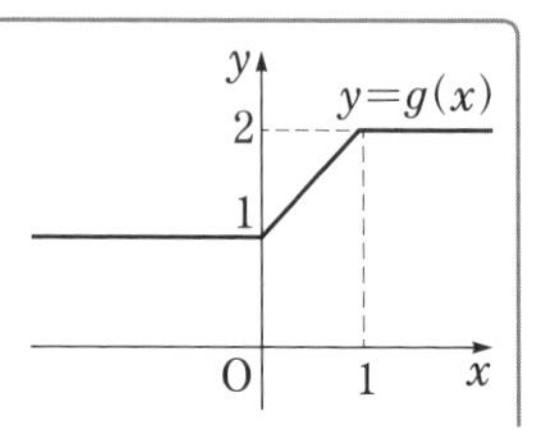

ガイド $G(x)$ は微分可能であるから連続であり，$x=0$，1 でも連続である。

解答 $G'(x)=g(x)$ となる原始関数 $G(x)$ があるとすると，

$$G(x)=\begin{cases} x+C_1 & (x<0) \\ \dfrac{1}{2}x^2+x+C_2 & (0<x<1) \\ 2x+C_3 & (1<x) \end{cases}$$

を満たす。

$G(x)$ は微分可能であるから連続である。

したがって，$G(x)$ は $x=0$，1 でも連続であるから，$C_2=C_1$，

$C_3=C_2-\dfrac{1}{2}$ となる。

よって，$C_1=C$ とすると，

$$\boldsymbol{G(x)=\begin{cases} x+C & (x\leqq 0) \\ \dfrac{1}{2}x^2+x+C & (0<x\leqq 1) \\ 2x-\dfrac{1}{2}+C & (1<x) \end{cases}}$$

□ **Q 3**　次の関数 $h(x)$ に対して $H'(x)=h(x)$ となるような微分可能な関数 $H(x)$ があるかを考えてみよう。

教科書 p.191

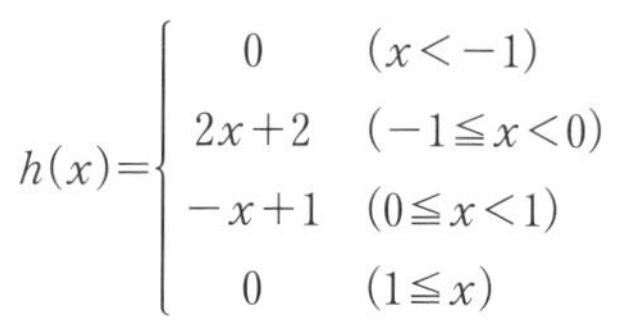

$$h(x)=\begin{cases} 0 & (x<-1) \\ 2x+2 & (-1\leqq x<0) \\ -x+1 & (0\leqq x<1) \\ 0 & (1\leqq x) \end{cases}$$

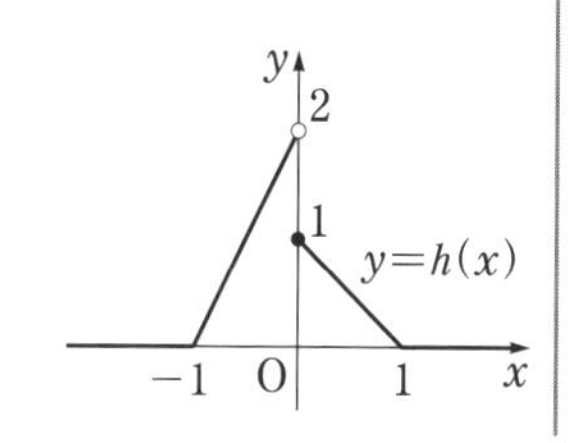

ガイド　$H(x)$ が $x=0$ で微分可能であるかどうかを調べるとよい。

解答　$H'(x)=h(x)$ となるような関数 $H(x)$ があるとすると，$-1\leqq x<1$ で，

$$H(x)=\begin{cases} x^2+2x+C_1 & (-1\leqq x<0) \\ -\dfrac{x^2}{2}+x+C_2 & (0\leqq x<1) \end{cases}$$

を満たす。

$H(x)$ は微分可能であるから連続である。

したがって，$H(x)$ は $x=0$ でも連続であるから，$C_1=C_2$ である。

$-1\leqq x<0$ のとき，

$$\lim_{x\to -0}\frac{H(x)-H(0)}{x-0}=\lim_{x\to -0}\frac{x^2+2x}{x}=\lim_{x\to -0}(x+2)=2$$

$0\leqq x<1$ のとき，

$$\lim_{x\to +0}\frac{H(x)-H(0)}{x-0}=\lim_{x\to +0}\frac{-\dfrac{x^2}{2}+x}{x}=\lim_{x\to +0}\left(-\frac{x}{2}+1\right)=1$$

となるから，$x\to 0$ のときの $\dfrac{H(x)-H(0)}{x-0}$ の極限は存在しない。

よって，$H(x)$ は $x=0$ で微分可能ではない。

すなわち，**$H'(x)=h(x)$ となるような微分可能な関数 $H(x)$ はない。**

巻末広場

課題学習